Bargatzky
Das Universum lebt

Walter Bargatzky

DAS UNIVERSUM LEBT

Gedanken über den organischen Aufbau des Weltalls

Econon Verlag
Düsseldorf · Wien

1. Auflage 1978

Gesetzt aus der Times der Linotype GmbH
Satz: Uni-Set GmbH, Düsseldorf
Papier: Papierfabrik Schleipen GmbH, Bad Dürkheim
Druck und Bindearbeiten: J. Ebner, Ulm
Printed in Germany
ISBN 3 430 111 773

INHALTSVERZEICHNIS

Vorwort — 9

Kapitel I: Die Hypothese — 11
1. Das Weltall – ein kosmischer Organismus oder eine Vielzahl von Organismen? — 11
2. Zeugnisse aus der Vergangenheit — 20
3. Warum das lebende Weltall aus der Diskussion verschwunden ist — 43
4. Ein lebendes Weltall widerspricht nicht dem physikalischen — 76

Kapitel II: Neue Gesichtspunkte — 81
1. Das ruhende Universum ist ein bewegtes geworden — 81
2. Lebendes tarnt sich als Unbelebtes – auch der Organismus ist physikalisiert — 91

Kapitel III: Äußere Merkmale des Lebens — 97
1. Leben – ein Geheimnis — 99
2. Typische Eigenschaften des Organismus — 105
3. Folgerungen für kosmische Organismen — 116

Kapitel IV: Die Hierarchie des Universums — 125

Kapitel V: Die Milchstraßen (Galaxien) als mögliche Einzelorganismen — 135
1. Die größten geordneten Systeme, die es gibt — 138

2. Anzeichen für biologische Prozesse 144
3. Zwischenbilanz 206
4. Lebensmerkmale: ja – Lebensbedingungen: nein? 212
5. Ergebnis 222

Kapitel VI: Die Galaxienhaufen 227

Kapitel VII: Das Universum als möglicher Gesamtorganismus 231
1. Die beiden Alternativen 231
2. Die biologischen Merkmale 234

Kapitel VIII: Folgerungen 263

Nachwort 267

Literaturverzeichnis 271

Register 275

Jeder Mensch hat seine eigene Kosmologie, und wer kann sagen, daß seine Theorie richtig ist?

Albert Einstein

Anders als jene, die meinen, daß fast alle fundamentalen Naturgesetze schon bekannt seien und daß man hier nur noch etwas fertigmachen, einige kleine Risse zunähen müsse, denke ich, daß im 21. Jahrhundert prinzipiell neue Aspekte von Naturerscheinungen entdeckt werden.

Viktor A. Ambarzumjan, russischer Astronom

Das Vordringen in den Mikrokosmos wie den Makrokosmos bedeutet einen Exodus aus der vertrauten Welt – vorderhand noch einen Exodus des Geistes, dem aber bereits die ersten Versuche zum Aufbruch in den Weltraum gefolgt sind.

Adolf Portmann

VORWORT

Die Lehre von der Entstehung, der Entwicklung und dem heutigen Zustand des Kosmos hat in den letzten Jahrzehnten zahlreiche Theorien hervorgebracht. Das hat zwei Gründe. Einmal sind der Astronomie überaus wichtige Entdeckungen gelungen, so daß sie endlich hoffen kann, auch die Struktur des Weltganzen zu erforschen und bis zu seinen Anfängen zurückzuverfolgen. Zum anderen haben sich bei diesen Fortschritten viele neue Rätsel ergeben, und es scheint, daß sie nur noch vom Kosmologischen her gelöst werden können, anhand eines Weltmodells, das uns diese seltsamen Erscheinungen erklärt.

Wie stürmisch aber auch die Entwicklung der Astronomie verläuft, sie ist noch nicht in der Lage, sich für ein bestimmtes Weltmodell zu entscheiden. Alle heute diskutierten Weltmodelle sind umstritten. Die einen haben mehr Beweise für sich als die anderen, einige neuere stehen in offenem Widerspruch zu anerkannten Naturgesetzen. Jedes von ihnen aber hat die Forschung um einen Schritt weitergebracht. Die Kosmologie wird sich noch lange von bloßen Hypothesen ernähren müssen.

In diesem Buch behandle ich eine These, die sich von allen herkömmlichen Meinungen unterscheidet. Das Weltall ist nach ihr nicht anorganisch, sondern *organisch* aufgebaut. Die großen Sternsysteme, die wir am Himmel sehen, vielleicht auch das Universum als Ganzes, sind *lebende Strukturen,* lebend im körperlichen Sinn.

Anlaß zu dieser Hypothese war vor allem die Tatsache, daß

sie mit einigen neueren Entdeckungen in überraschendem Einklang steht. Auch scheint mir, daß sie eine Reihe rätselhafter Vorgänge, wie die Neubildung von Materie im Weltraum und die Entstehung des Universums nach der Theorie des Urknalls, besser erklären kann, als es nach den herrschenden Ansichten der Fall ist.

Natürlich erwarte ich nicht, daß man allen meinen Argumenten beipflichtet. Jahrtausendelang hat man das Weltall – auch körperlich – für ein Lebewesen gehalten. Seit der Aufklärung aber haben wir uns immer mehr daran gewöhnt, es nur noch als ein lebloses Objekt anzusehen. Nun fällt es schwer, wieder das Gegenteil anzunehmen und die rein physikalische Betrachtungsweise durch eine *biophysikalische* zu ersetzen. Dennoch hoffe ich, daß das Buch der allgemeinen Diskussion in diesem oder jenem Punkt von Nutzen sein kann – auch wenn es von einem Außenseiter stammt.

Bonn, Frühjahr 1978

KAPITEL I: DIE HYPOTHESE

1.
Das Weltall – ein kosmischer Organismus oder eine Vielzahl von Organismen?

In der modernen Astronomie gibt es eine sehr merkwürdige Tatsache. Dank der stürmischen Fortschritte in der Beobachtungstechnik, vor allem der Radio-, neuerdings auch der Infrarot- und der Röntgenastronomie, sind wir in immer größere Tiefen des Universums vorgedrungen. Wir überblicken heute ungeahnte Entfernungen und Zeiträume. Wir entdecken immer neue, zum Teil völlig fremdartige Himmelskörper. Wir stoßen auf immer rätselhaftere physikalische Prozesse. Nicht zuletzt vervielfacht sich von Jahr zu Jahr die Gesamtmasse der Materie, die wir vor uns sehen. Das ganze Weltall scheint ins Gigantische zu wachsen.

In Max Wilhelms Meyer »Weltgebäude«, dem astronomischen Hausbuch unserer Großeltern, stand noch zu lesen, daß der Durchmesser unserer Milchstraße, der einzigen, die es nach damaliger Ansicht gab, 7000 Lichtjahre beträgt (1 Lichtjahr = 9,46 Billionen Kilometer), die Anzahl ihrer Sterne 1 bis 1 1/2 Millionen, und daß die Sonne in ihrem Mittelpunkt steht. Heute wissen wir, daß sich der Durchmesser der Milchstraße auf mindestens 100000 Lichtjahre beläuft, daß sie rund 200 Milliarden Sterne zählt – unsere Sonne ziemlich am Rande – und daß es in dem von uns überblickbaren Teil des Universums

100 Milliarden weitere Milchstraßen gibt. Eine Revolution der Zahlen, die sich unentwegt fortsetzt.

Auch die Daten, die wir den neuesten Lehrbüchern entnehmen, über Anzahl, Größe, Entfernung, Bewegung der Sterne, der Sternhaufen, der Milchstraßen, über Volumen und Dichte ihrer Massen, über Kräfte und Energien, über chemische Elemente und Verbindungen, über Alter und Ausdehnung des Weltalls, sind in den nächsten Auflagen wieder überholt. Es ist, als habe sich unter dem bohrenden Zugriff unserer hochentwickelten Instrumente das Universum entschlossen, in immer unvorstellbarere Größenordnungen zu entweichen.

Das merkwürdige ist nun folgendes: Wie gewaltig sich auch die Dimensionen des Weltalls erweitern, zu welchen Riesenmassen die kosmische Materie auch anwächst, niemand scheint sich daran zu stoßen, daß es sich bei diesen Massen angeblich um gänzlich tote Stoffe und Kräfte handeln soll. Es gibt Leben auf der Erde – gut. Und sicher gibt es auch Leben auf einer großen Zahl anderer Planeten, die ähnliche Bedingungen aufweisen wie die Erde. Beides aber, so scheint es, ist der Wissenschaft Leben genug. Ob $1\frac{1}{2}$ Millionen Sterne oder ob 100 Milliarden mal 100 Milliarden Sterne – was wir durch unsere Teleskope ermitteln, stellt nichts anderes dar als eine Anhäufung lebloser Substanzen; höchst interessanter Substanzen zwar, aber alle anorganisch und tot.

Das ist es, was mich stört. Seit sich die Kosmologie als eigener Wissenszweig der Astronomie entwickelt hat – seit Einsteins Allgemeiner Relativitätstheorie (1916) –, ist eine Fülle kosmologischer Theorien aus dem Boden geschossen. Wie verschiedenartig sie auch sind, sie stimmen alle darin überein, daß das Universum ein anorganisches Gebilde ist. Und das seltsamste ist, daß die Vertreter dieser Theorien es nicht einmal für wert halten, diese Tatsache mit einem einzigen Wort zu erwähnen. Sie machen nicht einmal den geringsten Versuch, über die gegenteilige Möglichkeit nachzudenken, so daß wir auch nichts über die Gründe erfahren, auf die sie diese einhellige Ansicht stützen. Sie gehen allesamt von der *stillschweigenden Vermutung des Anorganischen* aus.

Aber ist das, was wir als Lebewesen auf der Erde kennen oder was wir als Leben auf fremden Planeten vermuten, angesichts dieser ungeheuren Massen von Weltraummaterie an Leben wirklich genug?

Nach heutiger Schätzung beläuft sich der Umfang der Gesamtmasse im Universum auf mindestens 10 Billionen Billionen Billionen Billionen Tonnen, eine Summe, die – wie alle anderen – bald wieder als zu nieder befunden werden wird. Kann sich die Natur einen so unerklärlichen Aufwand leisten? Nur um da und dort einige winzige, was den Erdenmenschen angeht, höchst kurzlebige Sternenbewohner hervorzubringen?

Der deutsche Physiker Pascual Jordan, der es für möglich hält, daß es nur auf der Erde intelligentes Leben geben könnte, tröstet sich mit dem Gedanken, »daß der Schöpfer nicht verpflichtet war, uns ein Vorbild an Sparsamkeit zu liefern«. Gewiß nicht. Aber müssen wir dann einfach damit rechnen, daß Gott ein Verschwender ist?

Wenn in der Natur, wie sich doch bei aller Nüchternheit sagen läßt, eine gewisse Tendenz erkennbar ist, aus toter Materie Leben und innerhalb des Lebens immer kompliziertere Stufen des Lebens zu entwickeln, kurzum wenn ein allgemeiner Zug zur biologischen Evolution besteht: Könnte es dann nicht sein, daß es so etwas wie ein Mengenverhältnis zwischen Anorganischem und Organischem gibt? Daß, aus welchen Gründen auch immer – aus metaphysischen, ökonomischen, chemisch-physikalischen oder statistischen –, eine bestimmte Quantität von lebloser Materie nicht überschritten werden darf, ohne daß sich daraus mit großer Wahrscheinlichkeit lebende Formen entwickeln? Auch Lebensformen *überstellaren* Ausmaßes, wenn eine entsprechende Fülle an kosmischer Materie besteht?

Wir denken viel über ein mögliches Leben auf anderen Sternen nach, und es wird eine Menge darüber geschrieben, ob wir es jemals nachweisen, ob wir es eines Tages vielleicht sogar sehen können. Aber sollten wir uns nicht einmal Gedanken darüber machen, ob wir dieses außerirdische Leben nicht längst schon vor uns haben? Nicht als kleine Sternenbewohner, wie wir es sind, als Marsmenschen, Ufopassagiere oder dergleichen, *sondern als die Sterne selbst, als die Masse der Himmelskörper, die in klaren Nächten am Himmel stehen?* Daß wir, ohne es zu wissen, längst auf Formen außerirdischen Lebens blicken und sie nur deshalb für anorganische Gebilde halten, weil sie viel riesiger sind, als wir immer meinen, und wir uns nur nicht in die totale Andersartigkeit dieses überdimensionalen Lebens hineinversetzen können?

Die Frage ist nicht so neu, wie es den Anschein hat. Sie hat in weniger nüchterner Form alle großen Weltkulturen beschäftigt, und auch im Abendland haben jahrtausendelang, von Platon bis Cusanus, von Kepler bis Schelling und Schleiermacher, Philosophen, Astronomen, Theologen und Dichter gelehrt, daß das Weltall etwas Lebendiges sei. Erst seit dem vorigen Jahrhundert, seit wir dazu übergegangen sind, das Universum zum Gegenstand reiner Messungen zu machen, hat es dieses Leben nach und nach ausgehaucht. Und schließlich ist es zum Schauplatz bloßer Quantitäten und Gesetzmäßigkeiten, zu einer Wüste toter Massen herabgesunken. Ein Umstand übrigens, der vielleicht die Hauptschuld daran trägt, daß die Astronomie, obwohl im Begriff, sich den ersten Platz unter den Naturwissenschaften zurückzuerobern, für das breite Publikum immer uninteressanter wird, trotz vieler glänzender Darstellungen, die es über ihre großartigen Entdeckungen gibt. Sie hat eben jeden Bezug auf das Leben verloren. Sie hat den Kosmos in eine chemisch-physikalische Mammutfabrik, in einen riesigen Kernreaktor, in ein Schlachtfeld atomarer Superenergien verwandelt. Und niemals in der ganzen Menschheitsgeschichte ist er so tot gewesen wie heute.

Aber auch für die Astronomie gilt, was für jede andere Wissenschaft gilt. Nur soweit Ziel ihrer Forschungen das Lebendige bleibt, kann sie sich selbst am Leben erhalten. Andernfalls droht sie sich aus dem Zusammenhang der großen geistigen Grundfragen zu lösen. Sie verliert die Anteilnahme der übrigen Wissenszweige, auch die Anteilnahme des Laien, die stets ein Maßstab für die Lebendigkeit einer Wissenschaft bleibt. Dann mag sie zwar dem Spezialisten noch die interessantesten Neuigkeiten liefern, gemessen an ihrem eigentlichen Auftrag aber trocknet sie aus und wird leer. Ich will damit nicht sagen, daß sie nur Resultate hervorbringen soll, die von der breiten Öffentlichkeit verstanden werden oder die gar das allgemeine Gefallen finden – das wäre ihr Ende. Aber ich meine, sie sollte sich der entsetzlichen Armut an Leben bewußt werden, in die sie das Universum gestürzt hat. Und gerade in einem ihrer jüngsten Fachbereiche, der Kosmologie, wo es ohnehin nur so von Theorien wimmelt, sollte sie den Mut aufbringen, einmal zu prüfen, ob jene Vermutung des Anorganischen, von der hier gesprochen wird, auch tatsächlich zutrifft. Ob es am Ende nicht doch möglich sein könnte, daß man sich in dieser allgemeinen Vermutung irrt. Und ob im Kosmos vielleicht nicht doch mehr an Leben existieren mag, an Leben in kosmischen Ausmaßen, als wir heute wahrhaben wollen. Auch wenn wir niemals die Hoffnung haben können, dieses Leben, so wie wir es bisher mit allem Lebenden gewohnt sind, auf unsere Seziertische zu legen, um es zu präparieren.

Doch ist klar, daß die Frage, die mir vorschwebt, nur mittels der Hypothese angegangen werden kann. Ich habe schon im Vorwort gesagt, die Kosmologie wird sich noch lange Zeit von bloßen Hypothesen ernähren müssen. Nun ist die Zulässigkeit von Hypothesen nicht unproblematisch. Gerade in den sogenannten exakten Wissenschaften, wie der Physik, ist sie bis in die jüngste Vergangenheit heftig umstritten gewesen. Und je nach der Vorliebe, die wir für bloße Fakten empfinden, wird der Streit darüber, ob Hypothesen erlaubt sind oder nicht, immer wieder aufflammen.

Noch vor 80 Jahren haben angesehene Gelehrte eine »hypothesenfreie« Chemie und Physik gefordert. Einer ihrer Gegner, der Physiker Ludwig Boltzmann, dessen Hypothesen wir wichtige Erkenntnisse über die Bewegung der Gasmoleküle verdanken, ist durch die Verachtung der »Positivisten« zum Selbstmord getrieben worden. »Die Naturwissenschaft jener

Tage«, sagt der deutsche Physiker und Philosoph Bernhard Bavink, »war empiristisch bis zum äußersten. Sie erkannte nur die Erfahrung und abermals die Erfahrung als alleinige Erkenntnisquelle an, jede spekulative Betätigung erschien ihr von vornherein verdächtig.« Inzwischen ist das einigermaßen überholt.

Wir wissen heute, daß es gerade Hypothesen waren, die uns zu einer Reihe bedeutender Entdeckungen verholfen haben, lange bevor ihr exakter Nachweis gelungen war. Das berühmteste Beispiel bietet die Atomphysik. Anfangs hat man das Atom als reines Phantasieprodukt, als »Gedankending« verschrien, Jahrzehnte später hat es sich dann als Angelpunkt der ganzen modernen Physik erwiesen. Auch die Hypothese vom Leben auf fremden Planeten gehört hierher. Niemand hat solches Leben bisher gesehen, und es scheint, daß auch die Marssonden, auf die wir so große Hoffnungen setzten, es uns nicht sichtbarer machen werden. Und doch ist kein Zweifel, daß allein schon die Diskussion über das Thema, auch wenn sie von völlig unbewiesenen Behauptungen ausgehen muß, unser Gesichtsfeld wesentlich erweitert und der Exobiologie, der Wissenschaft vom außerirdischen Leben, wertvolle Anregungen gegeben hat.

Auch dieses Leben auf anderen Sternen zählt übrigens zu den festen Grundannahmen der Vergangenheit. Bedeutende Denker haben daran geglaubt, Pythagoras, Platon, Aristoteles, Giordano Bruno, Johannes Kepler, Tycho Brahe, Christian Huygens, Immanuel Kant, Wilhelm Herschel – der Namen ist kein Ende. Nikolaus Cusanus, dem der Kosmos als homogen galt, ohne Mitte und Rangordnung, hat kurz und bündig erklärt: »Wir nehmen an, kein Stern sei unbewohnt.« Aber niemand hatte sich je daran gestoßen, daß es sich dabei um bloße Hypothesen handelte.

Erst als in den Naturwissenschaften die empiristische Richtung die Oberhand gewann, hat man um seines hypothetischen Charakters willen das ganze Thema verbannt (so wie es auch mit dem Thema geschehen ist, mit dem wir uns hier beschäftigen). Bis die Raumfahrt es wieder aus seinem Jahrhundertschlaf erweckt hat, notgedrungen von neuem als Hypothese, woran man sich jetzt aber weniger stört. *Hypothesen sind die Herzschläge der Wissenschaft, auch der Astronomie.* Ja, gerade der Astronomie, in der das äußere Beobachtungsmaterial, über das wir verfügen, noch immer einen so winzigen Bruchteil der Wirklichkeit ausmacht.

Indessen müssen wir an die Gefahren erinnern, die jeder hypothetischen Betrachtungsweise anhaften. Sie verführt allzu leicht zu kühnen Spekulationen, zu großartigen Visionen, die mit den gültigen Naturgesetzen oder mit einwandfrei festgestellten Tatsachen nicht mehr in Einklang stehen. Daher ist jede hypothetische Überlegung an zwei unabdingbare Voraussetzungen geknüpft:

Erstens darf sie den gesicherten wissenschaftlichen Befunden nicht widersprechen.

Zweitens muß sie einen so hohen Grad an Schlüssigkeit aufweisen, daß sie der weiteren Forschung brauchbare Anregungen gibt.

Anders läßt sich unsere Phantasie nicht zügeln und der Wissenschaft dienstbar machen. Zumal dann nicht, wenn es sich um ein Thema wie das unsrige handelt, das alle Grenzen menschlicher Vorstellungskraft übersteigt.

Meine Hypothese ist die folgende: Es gibt einige neuere Entdeckungen, die es äußerst fraglich erscheinen lassen, ob wir uns weiterhin mit rein anorganischen Weltmodellen begnügen dürfen. Wichtige Prozesse im Weltall, die wir uns nicht mehr erklären können, an deren Richtigkeit aber kein ernsthafter Zweifel mehr besteht, legen die Frage nahe, ob die ungeheuren Massen und Energien im Universum nicht am Ende zu lebenden Strukturen gehören. Mit anderen Worten, die Forschung hat einen Stand erreicht, bei dem wir auch die Möglichkeit eines organischen Aufbaus des Weltalls ins Auge fassen müssen.

Ich behaupte daher – und möchte das als Ansporn zu weiteren Untersuchungen verstanden wissen –, daß das Weltall kein anorganisches, sondern ein organisches Gebilde ist; daß wir es bei ihm entweder mit einer Vielzahl organischer Systeme zu tun haben, die untereinander in einem mehr oder minder losen Zusammenhang stehen, oder mit einem einheitlichen Organismus, der sich aus einer Summe abgrenzbarer organischer Teilsysteme zusammensetzt; *kurz, daß das Universum eine Vielheit von Lebewesen oder ein einziges Lebewesen darstellt.*

Es ist wohl klar – es sei noch einmal ausdrücklich betont –, daß ich dabei nicht an das Problem des sogenannten »außerirdischen Lebens« denke, also daran, ob es analog zur Erde auch auf anderen Planeten pflanzliches, tierisches oder menschenähnliches Leben gibt. Mit der überwiegenden Mehrzahl der Astronomen und Biologen habe ich keinen Zweifel, daß solches Leben auf anderen Gestirnen tatsächlich existiert.

Die Frage wird allerdings noch immer heftig diskutiert, wie ja alles umstritten ist, was die zentrale Rolle des Menschen im Kosmos zu erschüttern droht. Allein in unserer Milchstraße schätzt man die Zahl von erdähnlichen Planeten auf etliche Millionen, eine Vermutung, die sich auf viele Gemeinsamkeiten in der Sternenentwicklung stützt. Wenn wir als richtig unterstellen, daß es mindestens 100 Milliarden Milchstraßen gibt, so leuchtet ja auch ein, daß selbst bei skeptischer Beurteilung die Zahl bewohnbarer Sterne im gesamten Kosmos außerordentlich groß sein muß und daß damit auch für das Vorkommen intelligenter Wesen auf anderen Sternen ein hoher Grad von Wahrscheinlichkeit besteht. Zu einem Kontakt mit fremden Sternenbewohnern mag es zwar kaum jemals kommen, trotz der bekannten Bemühungen, vor allem in den Vereinigten Staaten, mit Hilfe besonders leistungsstarker Radioteleskope eine Funkverbindung mit ihnen herzustellen. Innerhalb unseres Planetensystems ist die Existenz solcher Lebewesen höchst fraglich, außerhalb sind die Entfernungen zu groß. Zum

Beispiel würde es 50000 Jahre dauern, bis uns auf die codierten Botschaften, die das Radioteleskop in Arecibo (Puerto Rico) regelmäßig zum Sternhaufen M 13 im Sternbild Herkules entsendet, eine Antwort erreicht. Allein in dieser Region des Himmels rechnet man mit vielen tausend Planeten.

Doch, wie gesagt, dieses mögliche Leben auf anderen Sternen, ob wir nun mit ihnen in Verbindung treten können oder nicht, hat nichts mit unserem Thema zu tun. Es geht mir ausschließlich um Lebensformen *überstellaren* Ausmaßes, das heißt um Strukturen, die ganze Sterne und Sternsysteme umfassen.

Ich möchte dieses überstellare Leben auch allein nach seiner *körperlichen* Seite untersuchen, mag es auch eine geistige Seite besitzen (wie ich annehme) oder nicht. Das Problem rein immaterieller Kräfte oder Wesen, die das Geschehen im Universum bestimmen – Weltgeist, Weltseele, Gott oder was immer –, gehört nicht zu meinen Überlegungen; ebensowenig die Frage, ob der Materie im Weltraum, konsequenterweise auch der Materie auf der Erde, eine irgendwie geartete psychische Natur zukommt. Meine Hypothese ist eine rein biologische, keine philosophische oder religiöse.

Aber natürlich leugne ich nicht, daß es für unser geistiges Dasein weitreichende Folgen haben würde, wenn sich tatsächlich gewisse Anhaltspunkte für einen organischen Aufbau des Universums ergäben. Schon der bloße Gedanke daran beschwört ja das Bild nicht nur übergeordneter, sondern auch übermächtiger Lebewesen herauf, die mit dem Geschehen am Himmel auch unser persönliches Schicksal beeinflussen. Kein Wunder, daß man sich früher hauptsächlich mit dieser Seite des Problems befaßt hat. Es ist eben nur allzu naheliegend, daß Organismen so großen Ausmaßes notwendig auch eine »Innenseite« des Lebens haben müßten, wie das bereits bei den höheren Lebewesen auf der Erde der Fall ist; und daß sich dieses Innenleben dann auch in neuen, uns unbekannten und universalen Bewußtseinsebenen äußern würde, die auf unser eigenes Bewußtsein oder Unterbewußtsein nicht ohne Wirkung bleiben können.

Doch ich wiederhole, auch diese philosophischen Aspekte des Problems müssen wir beiseite lassen. Was wir untersuchen wollen, ist viel nüchterner und konkreter gemeint. Um es noch einmal in aller Kürze zu formulieren: Haben wir es bei gewissen Erscheinungen im Weltall mit den biologischen Merkmalen großer Organismen zu tun?

2.
Zeugnisse aus der Vergangenheit

Vorweg sei kurz versucht, die große abendländische Tradition deutlich zu machen, die unserer Hypothese zugrunde liegt. Sie wird so etwas von dem Gespenstischen verlieren, das ihr auf den ersten Blick anzuhaften scheint.

Die Idee eines lebendigen Universums ist alt, aber vergessen. In der heutigen Literatur geht man stillschweigend von dem anorganischen Aufbau des Weltalls aus, nur sehr selten hören wir etwas darüber, daß sich in der Vergangenheit gerade Anhänger der »exakten Wissenschaften« zu dem Bild eines lebenden Kosmos bekannt haben.

Wer über die Geschichte der Astronomie nachliest, könnte oft meinen, die großen Denker von einst hätten sich immer nur mit den äußeren Erscheinungen des Himmels abgegeben, mit der Natur der Fixsterne, den Bewegungen und Umlaufzeiten der Sonne, der Planeten, der Gestalt und Stellung der Erde, den Sternbildern und so weiter, kurz mit dem, was auch uns interessiert, weil es sich beobachten, zählen und messen läßt. In Wahrheit hat für sie gar nicht die Architektur, sondern das Wesen des Kosmos im Vordergrund gestanden. Und zu diesem Wesen gehörte es, daß es ein lebendiger Kosmos war.

Es fällt uns offenbar schwer, dies einzugestehen. Wir können uns nicht vorstellen, daß Männer, die wir sonst für so genial halten und die wir in anderer Hinsicht so häufig und so nutzbringend zitieren, in diesem einen Punkt so naiv gewesen sein sollen. Man wird sehen, wie sehr wir ihnen damit unrecht tun.

Der Umfang des geschichtlichen Materials ist so groß, daß er hier nur angedeutet werden kann. Im Laufe der Vergangenheit haben unzählige Völker und Kulturen, hat eine endlose Reihe von religiösen, philosophischen und naturwissenschaftlichen Lehren an die Existenz eines lebendigen Universums geglaubt. Es würde viele Seiten füllen, sollten sie hier auch nur flüchtig skizziert werden, ganz zu schweigen von den tieferen geistigen Zusammenhängen, die jeweils für sie maßgebend gewesen sind.

Eine genauere Übersicht würde uns auch nur wenig helfen. Nirgends würde sich die leiseste Andeutung einer logischen Beweisführung finden, die wir heute für so unentbehrlich halten und auf die man früher nicht den geringsten Wert gelegt hat. Vor allem aber würden wir auf eine verwirrende Fülle von Motiven und Schlußfolgerungen stoßen, die sich bald diametral widersprechen, bald in so starkem Maße miteinander übereinstimmen, daß man sie später säuberlich hat rubrizieren können: die Animisten, die Vitalisten, die Hylozoisten, die Panpsychisten, die Finalisten und wie immer sie heißen, alle wieder mit vielen Spielarten und Übergängen. Wir halten von solchen Einteilungen nicht viel. Bis auf ein wichtiges Unterscheidungsmerkmal, das sich durch alle Jahrhunderte hindurchzieht und das uns auch den Geist der jeweiligen Epoche besser verstehen läßt. Die einen haben die lebende Natur des Weltalls mehr aus der lebenden Natur der Materie, die anderen mehr aus der immateriellen Natur des Lebens hergeleitet. Das ist eigentlich das Interessanteste, was von den oft recht willkürlichen Einteilungen übrigbleibt.

Das wichtigste aber ist dieses: Niemals hat man dem Universum das Leben in einem solchen Grade abgesprochen, wie wir es heute tun, indem wir seine rein anorganische Zusammensetzung behaupten. Und niemals hat man, wie wir es heute tun, schon die bloße Frage, ob das Weltall lebt, als absurd empfunden. Im Gegenteil. Es wäre absurd erschienen, hätte man die Frage verneint.

Die vorwiegend religiös bestimmten Kosmologien seien nur

kurz gestreift. Der Idee, daß das Universum ein Lebewesen sei oder eine Familie von Lebewesen, begegnen wir sowohl in den Religionen primitiver Naturvölker wie aller höheren Stufen, bei den Chinesen, Indern, Ceylonesen, Ägyptern, Assyrern, Kelten, Germanen, Peruanern usw., in jeder nur denkbaren Schattierung und meist in der Form mythischer Legenden und Gestalten. Bald werden die Gestirne als Sitz von Göttern und Helden betrachtet, der Sirius zum Beispiel als Sitz der ägyptischen Göttin Isis, bald werden sie unmittelbar mit ihnen identifiziert und verehrt – der »Sonnengott«, die »Mondgöttin« und ähnliche.

Nicht selten unterstellt man auch eine im Kosmos herrschende geschlechtliche Polarität, so bei der Himmelsgöttin Nut und dem Erdgott Geb der Ägypter, einem Paar, dem wir eine der schönsten Darstellungen des Altertums verdanken; Schu (der Luftraum) steht über dem am Boden liegenden Geb und hält an Schoß und Brüsten die wie einen Bogen gespannte Nut über Geb empor. Die ersten Anfänge mythischer Kosmologien sind wohl im alten China zu suchen. Schon im 3. Jahrtausend vor Christus hat man das Universum dort als einen riesigen lebenden Organismus angesehen, der die Welt mit Ordnung und Harmonie erfüllt, weil er in sich die kosmischen Potenzen von Himmel und Erde vereinigt.

Den Griechen der frühhellenischen Zeit, für die aus allem Geschaffenen das Göttliche sprach, lag die Verknüpfung von Theologie und Kosmologie, von Gottheiten und Gestirnen ohnehin nahe. Man denke an die Gestirnsgötter bei Homer und Hesiod, an Helios, die Verkörperung der Sonne, an Selene, die Mondgöttin, an die »rosenfingrige Eos«, die Göttin der Morgenröte, ein Vorherrschen des Mythos, das nicht nur das griechische Denken, sondern das des ganzen Mittelmeerraums geprägt hat. Vielleicht finden sich auch in der alten jüdischen Religion verwandte Elemente. Bei Jesaja 40, 26 heißt es: »Hebet eure Augen in die Höhe und sehet! Wer hat solche Dinge geschaffen und führt ihr Heer bei der Zahl heraus? Er ruft sie alle mit Namen...«

Allmählich, unter dem Einfluß der babylonischen Astronomie, hat dann ein Prozeß der Rationalisierung eingesetzt, und von da an beginnt eine Entwicklung, die für neuzeitliche Begriffe etwas verständlicher wird. Nicht als hörten die Mythen mit einem Schlage auf. Aber es tritt ein Zweifaches hinzu. Immer mehr wächst die Überzeugung, zuerst wohl bei den Griechen, daß die Himmelserscheinungen auch gewissen physikalisch-mechanischen Gesetzen standhalten müssen. Zum anderen schält sich die Vorstellung heraus, die für die folgenden Epochen – die Philosophie sowohl wie das gesamte geistige Denken – von größter Bedeutung ist: die Idee vom Mikrokosmos und Makrokosmos, in der sich Mythisches und Biologisches erstmals vereinigen. *So wie der Mensch ein Abbild der Welt im Kleinen ist, ein Auszug, ein abgekürzter Ausdruck des Alls, so ist auch das Universum, das Weltganze ein Abbild des Menschen, ein belebtes, mit Seele ausgestattetes Wesen, ein menschlicher Organismus im Großen, ein vergrößerter Mensch.*

Einer der ersten, der diese Schwelle vom Mythos zum Logos überschreitet, ist *Platon*, und ihm möchte ich selbst das Wort geben, schon um der unvergleichlichen Schönheit seiner Sprache willen. Im Dialog »Timaios« heißt es (Übersetzung Otto Apelt):

»... in dieser Erwägung bildete er (Gott) die Welt als ein einziges Ganzes aus lauter in sich vollständigen Teilen als ein vollkommenes, von Alter und Krankheit unberührtes lebendes Wesen. Ferner gab er ihr eine Gestalt, die ihrem Wesen durchaus entspricht und verwandter Natur ist. Demjenigen Geschöpfe, das alle Geschöpfe in sich fassen soll, dürfte wohl diejenige Gestalt recht eigentlich angemessen sein, die alle anderen Gestalten in sich faßt. Daher bildete er sie durch Drehung kugelförmig... Auch auswändig glättete er sie dann kugelförmig ab aus vielerlei Gründen. Bedurfte sie doch keiner Augen, denn außerhalb ihrer gab es ja sonst nichts Sichtbares, auch keines Gehörs, denn es gab für sie nichts Hörbares; auch gab es keine umgebende Luft, die eingesogen werden mußte... Er verlieh ihr diejenige Bewegung, die ihre Körpergestalt als die ihr eigentümliche entsprach, ...immer in dem nämlichen Raum und um ihre eigene Achse und ließ sie so im Kreise sich umschwingen... Zu dieser ihrer Umdrehung bedurfte sie keiner Füße, und deshalb schuf er sie ohne Schenkel und Füße... Dieser ganze wohlerwogene Plan brachte es mit sich, daß der Körper der Welt glatt und gleichförmig war und überall gleich weit vom Zentrum entfernt, ...ein Körper vollkommen und fehlerlos, bestehend aus fehlerlosen Körpern...«

Und weiter lesen wir:

»Da Gott wollte, daß alles möglichst gut, nichts aber schlecht sei, so führte er das ganze Reich des Sichtbaren, das er nicht in Ruhe, sondern in unharmonischer und ungeordneter Bewegung vorfand, aus der Unordnung zur Ordnung über, überzeugt, daß dieser Zustand in jeder Hinsicht besser sei als jener. Nun stand es aber von jeher, wie noch jetzt, dem Besten nicht zu, etwas anderes als das Schönste zu vollbringen. Indem er also die Sache erwog, fand er, daß unter allem von Natur her Sichtbaren nichts Vernunftloses jemals schöner sein werde als etwas Vernunftbegabtes, Vernunft aber andererseits keinem Wesen ohne Seele beiwohnen könne. Von dieser Erwägung geleitet, fügte er das Weltall in der Weise zusammen, daß er der Seele die Vernunft, die Seele aber dem Körper beigesellte, um so ein Werk von höchster natürlicher Schönheit und Trefflichkeit zu vollenden. Und so haben wir denn... zu verkünden, dies Weltall sei ein beseeltes und in Wahrheit vernünftiges lebendes Wesen, wozu es durch die Vorsehung Gottes geworden.«

Dann schließt der Dialog:

»Von den aufgenommenen sterblichen und unsterblichen lebenden Wesen gänzlich erfüllt ist so dieser Kosmos, der als sichtbares lebendes Wesen das Sichtbare umfaßt hält und als Abbild des nur durch Denken Erfaßbaren ein wahrnehmbarer Gott ist, zum größten und besten, zum schönsten und vollkommensten, eben zu diesem einen Himmel geworden, der als einziger geschaffen ist.«

Nun ist deutlich, daß hier noch immer ein starker Mythos mitschwingt. Zwar wird die Lebendigkeit der Himmelskörper damit begründet, daß sie sich kreisförmig bewegen und daß dies am ehesten mathematischen Gesetzen entspricht. Das ist aber auch alles, was sich an Beweisführung findet. Es gehört eben zum Wesen dieses frühgriechischen Denkens, daß man mehr dem inneren Empfinden, der Vision, folgt als Gedankengängen der Vernunft. Weshalb wir in Platon auch keinen Kronzeugen für unsere Hypothese sehen wollen. Diese Hypothese ist eine biologisch-physikalische, sie gehört einer Denkkategorie an, die jener Zeit völlig fremd war. Umgekehrt würde uns der ganze Zauber der frühen kosmologischen Vorstellungen verlorengehen, wenn wir sie allein an unseren heutigen rationalen Maßstäben messen würden. Es mutet schon etwas komisch an, in einer neueren Untersuchung (Bernulf Kanitscheider) zu lesen, das Verfahren,... dem Universum menschliche Eigenschaften beizulegen, sei »prinzipiell verfehlt«, auch Platon habe dem Fortschritt der Wissenschaft damit »keinen Dienst erwiesen«. Platon wird darüber hinwegkommen.

Bei *Aristoteles*, seinem Schüler, gibt es weniger zu beanstanden. Von viel strengerer Wissenschaftlichkeit als Platon, war er jeder dichterischen Phantasie abgeneigt. Sein berühmtes Himmelsmodell von den kristallartigen Sphären, die als durchsichtige, übereinander gewölbte Hohlkugeln die Erde umkreisen, hat noch das Mittelalter beherrscht. Aber auch für ihn sind diese Sphären und die an ihnen haftenden Gestirne lebendige Wesen, Organismen, erzeugt von der ihnen innewohnenden Seele. Die Sphären selbst können weder entstehen noch vergehen, sie sind von ewiger Dauer.

»Wir sehen aber, daß von den natürlichen Körpern, die einen Wechsel in einer Eigenschaft erfahren, alle auch Wachstum und Abnahme erleiden, wie etwa die Körper der Tiere und ihre Teile und die der Pflanzen, ebenso aber auch die der Elemente. Kann also der sich im Kreis bewegende Körper weder Wachstum noch Abnahme erfahren, so muß er sinnvollerweise auch unwandelbar sein.« Doch die Erde ist vergänglich. »Der Erdkörper entwickelt sich in lebendiger Weise, ist jung und wird alt.« Auch hier übrigens deutliche Anklänge an den Mikrokosmos-Makrokosmos, an die uns so fern gerückte Parallelität von Kleinem und Großem. »Das belebte Wesen bewegt sich selbst; warum könnte das nicht auch im All geschehen; wenn es in einer kleinen Welt geschieht, dann wohl auch in einer großen.«

Zu seiner eigentlichen Blüte erwacht das lebende Weltall unter den *Stoikern*, immer stärker zeigt sich jetzt auch ein Zug zur wissenschaftlichen Argumentation. Das Resultat: Der ganze Kosmos ist ein lebendes Wesen, ausgestattet mit Seele und Verstand. Ein lebendes Wesen ist vollkommener als ein nichtlebendiges, und etwas Vollkommeneres als den Kosmos kann es nicht geben. Grundlage war die These, daß alles aus dem »Urpneuma« stammt, einem mit Urkraft begabten Stoff, dessen Wesen ätherisches Feuer ist. Daraus leiten sich alle kosmischen und menschlichen Verhältnisse ab – wieder die Parallelisierung von Welt und Mensch. Hören wir *Cicero*, den Zeitgenossen Cäsars, dem die stoische Lehre ihren Einfluß in der römischen Welt verdankt (»Von dem Wesen der Götter«, Übersetzung Raphael Kühner):

> »Weil aus dem Feuerstoff der Welt alle Bewegung entspringt, dieser Feuerstoff sich aber nicht durch fremden Anstoß, sondern aus eigenem Antrieb in Bewegung setzt, muß er notwendig Seele sein. Hieraus folgt, daß die Welt beseelt ist. Und hieraus wird man auch begreifen können, daß in ihr Einsicht wohnt, weil sicherlich die Welt besser ist als sonst irgendein Wesen. Denn so wie unser Körper keinen Teil hat,

der nicht von geringerem Wert wäre, als wir selbst sind, so muß auch die ganze Welt von größerem Wert sein als ein Teil des Weltalls. Ist dem nun so, so muß die Welt weise sein. Denn im entgegengesetzten Fall müßte der Mensch, der nur einen Teil der Welt ausmacht, weil er der Vernunft teilhaftig ist, von größerem Wert sein als die gesamte Welt... Da das Sonnenfeuer dem Feuer ähnlich ist, das sich in dem Körper der lebenden Wesen befindet, muß auch die Sonne ein lebendes Wesen sein, sowie auch gewiß die übrigen Gestirne, die in der himmlischen Glut, die Äther oder Himmel genannt wird, ihren Ursprung haben.«

Anders aber als bei Aristoteles ist dieser kosmische Organismus sterblich, er entsteht und vergeht, seiner Geburt folgt die Auflösung. Und wie alle Organismen bedarf er auch der Nahrung. Die Gestirne als seine Glieder und Teile führen ihm diese Nahrung zu, zum Beispiel die Ausdünstungen der Erde und ihrer Gewässer – ein Bild, das uns auf den ersten Blick schmunzeln läßt. Trotzdem finde ich, daß sich dahinter etwas Großartiges verbirgt, nicht weil ich mir das etwa für meine Hypothese zu eigen machen möchte. Aber hier äußert sich ein Gefühl des Weltzusammenhangs, dem auch eine klare ethische Forderung zugrunde liegt: Daß der Mensch nämlich ein Leben führen soll, das sich immer nach den Verhältnissen des Alls zu richten hat, und daß er sich in allen seinen Handlungen dieses Weltzusammenhangs bewußt bleiben muß.

Von den Stoikern wird die Idee des lebenden Kosmos dann den *Neuplatonikern* weitergereicht – um das 3. Jahrhundert n. Chr. –, diese wieder pflanzen sie bis ins Mittelalter fort. Auf ihre verschiedenen Nuancen muß hier nicht besonders eingegangen werden. Immerhin sei daran erinnert, daß von der neuplatonischen Lehre eine ungeheure Wirkung ausgegangen ist; wohl wegen der Idee der totalen Harmonie im Weltall, die den eigentlichen Kern der Lehre ausmacht.

Plotin, ihr bedeutendster Vertreter, verwirft die Weltverachtung seiner christlichen Gegner. Man kann, so sagt er, die unsichtbaren Götter nicht ehren, wenn man zugleich ihr sichtbares Abbild geringschätzt; wenn man die schlechtesten Menschen für unsterblich hält, aber dem Himmel und den Gestirnen die unsterbliche Seele abspricht. Ordnung und Schönheit des Universums – das Universum als etwas Körperliches begriffen – beweisen, daß dessen Seele noch weit reiner und vollkommener sein muß als die menschliche.

Genug der Beispiele aus der Antike, ein kurzer Blick aufs Mittelalter. Die Ansichten werden immer aktueller, sie bestimmen auch immer stärker die Diskussion ihrer Zeit. Es sei nur das Wichtigste herausgegriffen. Wieder stoßen wir auf berühmte Namen. Und wieder muß man sich wundern, daß man heute so wenig darüber liest, was sie zu unserem Thema gesagt haben. Es ist, als hätten wir Angst, sie damit zu Phantasten zu stempeln, wo wir uns doch auf vielen anderen Gebieten so gerne auf sie berufen.

An erster Stelle steht *Nikolaus Cusanus*, der aus Kues an der Mosel stammende Philosoph, Theologe und Mathematiker, zuletzt Bischof und Kardinal. Karl Jaspers hat ihn den »Mitschöpfer der großen Metaphysik der Jahrtausende, Europas und Asiens« genannt. Für die kirchliche Lehre ungewöhnlich, verkündet er in aller Offenheit, daß der Mensch nur ein Mikrokosmos sei, ein getreues Spiegelbild des Lebens im Großen, und daß dieses größere Leben sich eben in der Gestalt des lebenden Universums offenbart. Dieses Universum ist nicht etwa Gott selbst. Es ist das »zur Wirklichkeit zusammengezogene, in allen seinen Teilen vom göttlichen Geist gleichmäßig durchwirkte und *dadurch* organisch gegliederte Weltall« (Ernst Hoffmann).

Wir stoßen hier auf Cusanus' berühmte »Koinzidenz der Gegensätze«: Gott ist zugleich im Größten wie im Kleinsten, und wie der Mensch ein Reich im Kleinen bildet, so bildet das Universum *als eine in sich bestehende individuelle Persönlichkeit ein Reich im Großen*. Die Vorstellung vom Weltall als von einer bloßen Anhäufung toter Materie wäre dem Cusaner als eine geistige Barbarei erschienen. Und ich hoffe, daß wir uns dessen bewußt sind, wenn wir heute Gymnasien nach ihm benennen, und daß auch die Lehrer dieses wissen, wenn sie darin Astronomie unterrichten.

Von noch größerem Interesse, weil wir in ihnen die ersten modernen Physiker sehen, sind *Nikolaus Kopernikus* und *Johannes Kepler*, die das alte astronomische Weltbild zertrümmert haben. Kopernikus (wie übrigens schon *Aristarch von Samos* 320 v.Chr.!) hat bekanntlich die Jahrtausende geltende Lehre von der Erde als dem ruhenden Weltmittelpunkt widerlegt; gleich den übrigen Planeten ist die Erde in einer kreisförmigen Bewegung um die Sonne begriffen. Kepler hat dann die scheinbar kreisähnlichen Planetenbahnen als elliptische erkannt.

Man sollte meinen, die Idee vom lebendigen Weltall werde von Männern, die eine so deutliche Vorliebe für eine rein mathematische Beweisführung zeigen, nicht sonderlich geschätzt. Um so faszinierender ist es, daß beide gerade aus dieser Idee heraus zu ihren Untersuchungen getrieben worden sind. Von Kopernikus wissen wir, wie stark er in der neuplatonischen Lehre verwurzelt war. Für ihn existieren noch die Himmelssphären der alten Griechen, zuoberst die unbewegliche, an der die Fixsterne haften. Und auch für ihn ist die Kreisbewegung dieser Sphären noch Ausdruck des den ganzen Kosmos erfüllenden Lebens. Nur daß er eben als Mittelpunkt dieses Kosmos statt der Erde die Sonne setzt. Warum? Weil es die Sonne ist, die das belebte und beseelte Universum am vollkommensten widerspiegelt:

»In der Mitte von allem aber herrscht die Sonne. Wer nämlich wollte in diesem herrlichen Tempel diese Leuchte an einen anderen oder besseren Ort setzen, als an diesen, von dem aus sie das Ganze erleuchten kann? Wenn anders nicht unpassend sie einige das Licht der Welt, andere ihren Geist, noch andere ihren Regenten nennen. Trismegistos nennt sie den sichtbaren Gott, die Elektra des Sophokles den Allessehenden. So lenkt in der Tat die Sonne, auf dem königlichen

Throne sitzend, die sie umkreisende Familie der Gestirne.« (De revolutionibus orbium coelestium libri VI.)

Das ist ganz in der uns bekannten Tradition geschrieben.

Bei Kepler spielt der belebte Kosmos eine noch viel größere Rolle. Seine Leidenschaft für Mathematik und Geometrie war nicht geringer als die des Kopernikus. »Ich halte es«, so sagt er, »für ein Recht, ja für eine Pflicht, in behutsamer Weise nach den Zahlen, Maßen und Gewichten zu forschen, nach deren Norm er – der Schöpfer – alles geschaffen hat.« Und ein andermal (meine jungen Leser werden verzeihen): »Geometrie ist ein Widerschein aus dem Geiste Gottes.« Aber auch bei ihm, als eigentliches Motiv der astronomischen Forschung, das Bild von der göttlichen Rolle der Sonne und der Planeten. Nicht weil ihn die entdeckte Gesetzmäßigkeit dazu führt, gelangt er zum heliozentrischen System, sondern umgekehrt; weil die Sonne für ihn »das schönste Wesen in der ganzen Körperwelt« ist, eine »Matrix aller animalischen Lebensfähigkeiten und das Band zwischen der physischen und geistigen Welt«, gelangt er zu seinen Gesetzen.

»Mundus est imago Dei corporae«, die Welt ist das körperliche Bild Gottes, schreibt er schon in jungen Jahren. Hinter allem Sichtbaren und Greifbaren, sagt sein Biograph Max Caspar, erfühlt und ahnt er psychische Potenzen, die Welt ist ihm niemals eine Anhäufung toter Körper. Die Erde ist ihm ein Lebewesen wie der Mensch, wobei es leider zu ziemlich verschrobenen Vergleichen kommt, so daß Alexander von Humboldt später nicht ganz zu Unrecht meinte, er habe die Begründung seines wichtigen dritten Gesetzes »durch die mutwilligsten Phantasiespiele verunstaltet«. So sieht er groteske Analogien zu tierischen Lebensäußerungen – die Erde hat Haare und Haut, sie nimmt Nahrung auf, sie scheidet sie aus, das An- und Abschwellen der Meere (das er an anderer Stelle ganz zutreffend aus der Anziehungskraft des Mondes erklärt) ist nichts anderes als der Rhythmus des irdischen Atems. Doch wie unerträglich sich das heute auch anhören mag, das Wichtigste dürfen wir darüber nicht vergessen: Es war der Glaube an die lebende Natur der Himmelskörper, der ihm den Anstoß zu seinen genialen Entdeckungen gab.

Zwischen beiden, Kopernikus und Kepler, leuchtet nun der größte Geist der mittelalterlichen Kosmologie auf, *Giordano Bruno*, Mönch, Dichter, Priester, Philosoph, richtiger gesagt der erste, tragische Bote der neuen Zeit. An seinen astronomischen Vorstellungen ist alles revolutionär. Die Aristotelische Sphärentheorie, von Kopernikus und Kepler noch lebhaft verteidigt, wird preisgegeben. Im Kosmos gibt es keine übereinander geordneten Kugelschalen mehr, keine festen Firmamente. Vom Kleinsten bis zum Größten herrscht eine Gleichheit des Stoffes, eine Gleichheit der Naturgesetze. Das Weltall, bisher abgeschlossen mit der ruhenden Sphäre der Fixsterne, ist unendlich und unbegrenzt. Unsere Sonne, entgegen Kopernikus und Kepler, ist nicht mehr der Weltmittelpunkt, ebensowenig wie früher die Erde. Sie ist in ständigem Umlauf begriffen, desgleichen die Fixsterne, die nichts anderes als rotierende Sonnen sind, umgeben von eigenen Planeten. Kurz, Bruno stülpt alles um. Kein Wunder, daß Kepler, der ihn um dreißig Jahre überlebte, aufs heftigste gegen ihn ankämpfte.

Was nun die lebende Natur des Universums angeht, das »magnum animal«, wie Bruno es nennt, so teilt er allerdings ganz die überkommene Ansicht vom organischen Aufbau der Welt, nur eben ohne die Einteilung in verschiedene Sphären:

> »... die bewegende Seele und der bewegte Leib ... geben den unendlichen und unzähligen Welten die Möglichkeit, sich zu bewegen; diese großen und kleinen Tiere, verteilt in den Weiten des Universums, bergen in sich, ein jedes nach seiner Beschaffenheit und Bestimmung, den Urgrund seiner Bewegung, seiner Änderungen und seiner besonderen Verwandlungen« (Del infinito, I).
> »... diese Welten haben ein inneres Prinzip der Bewegung, ihre eigene Natur, ihre eigene Seele, ihre eigene Intelligenz ...« (La Cena de le Cineri, V, T. 93–94).

Aber dahinter taucht dann, zum ersten Mal, soweit ich sehe, die großartige Vision eines lebenden Universums auf, das eine ganze Hierarchie von Organismen darstellt. Alle Gestirne sind Individuen, die sich spontan bewegen, vollenden und erneuern. Und da das Weltall nach allen Seiten hin unermeßlich ist, kann keines dieser Gestirne in der Mitte sein. Also gibt es ebenso viele Mittelpunkte der Welt, wie es beispielsweise Atome gibt. Aber als Kolossalorganismen sind die Sterne doch wiederum nur Teile und Organe eines noch größeren Organismus, eines allumfassenden Makrokosmos, des Weltindividuums, und dieses Weltindividuum ist zwar Gottes Schöpfung, aber es ist nicht Gott selbst.

Und noch etwas weiteres ist neu, wenigstens hat es bis dahin noch niemand mit dieser Ungeschminktheit gesagt. Wenn schon die Sterne eigene Lebewesen sind und auch der Kosmos als Ganzes, so ist klar, daß auch auf vielen dieser Sterne Leben herrschen muß, ähnlich dem auf der Erde:

»Nur ein ganz Törichter kann die Ansicht haben, im unendlichen Raum, auf den zahllosen Riesenwelten, von denen gewiß die meisten mit einem besseren Los begabt sind als wir, gebe es nichts anderes als das Licht, das wir auf ihnen wahrnehmen. Es ist geradezu albern anzunehmen, es gebe keine anderen Lebewesen, keine anderen Denkvermögen, keine anderen Sinne als die uns bekannten.«

Giordano Bruno, bald auf der Flucht, bald in hohem Ansehen, umhergetrieben in Italien, Frankreich, England, Deutschland, hat für seine ketzerischen Ansichten in Rom den Feuertod erlitten. Eine so weitgehende Allbelebtheit des Universums widersprach der Lehre, die Schöpfung sei einzig für den Menschen gemacht. Anders als sein Zeitgenosse Galilei widerrief er nicht. Die Protokolle des Inquisitionsgerichts in Venedig sind noch heute eine erregende Lektüre. In der Niederschrift über seine Aussage am Dienstag, dem 2. Juni 1592, heißt es zum Beispiel:

»Des weiteren führe ich in dieses Universum eine universelle Vorsehung ein, kraft deren jeder Körper lebt, wächst und sich bewegt oder in seiner endgültigen Gestalt verharrt.«

Das war der Kern seiner These: Weil Gott universell ist, muß auch das körperliche Leben ein universelles sein. Ein Märtyrer der Wissenschaft, dem wir, so schillernd er in mancher Hinsicht ist, noch immer viel zuwenig Beachtung schenken. Selbst unser zeitgenössischer Kosmologe, Bernulf Kanitscheider, der als Kritiker Platons zitiert wurde, meint, Bruno habe doch immerhin »einige Treffer erzielt«.

Den weiteren Weg unserer Idee, bis ins 18. Jahrhundert hinein, umsäumen dann mehr und mehr Pantheisten und Panpsychisten. Sie gelangen vorwiegend auf metaphysische Weise zum belebten Weltall, weniger über das Stofflich-Organische; Natur ist gleich Gott, Materie und Geist sind eins – Gedanken, die auch früher schon, auch bei Cusanus und Bruno, mithereingespielt haben.

Typische Vertreter sind Spinoza und Goethe. Nach seinem Gespräch mit Spinoza in Den Haag hat Leibniz gesagt: »Spinoza hat eine seltsame Metaphysik voller Paradoxen. Unter anderem glaubt er, daß Gott und das Weltall der Substanz nach identisch sind..., ich habe jedoch bemerkt, daß einige angebliche Beweise, die er mir vorgetragen hat, an Exaktheit zu wünschen übriglassen.«

Das war in der Tat Spinozas Grundidee: Gott bildet die »absolute Substanz«, und zu dieser Substanz gehört nicht nur das Geistige, sondern auch das Körperliche. Goethe, dessen Pantheismus nicht zuletzt auf den starken Einfluß Spinozas zurückgeht, hat das poetischer ausgedrückt: »Das Ewige regt sich fort in allen Dingen.« So sehr aber auch bei den Pantheisten und Panpsychisten der spirituelle Zusammenhang der Welt statt ihres körperlichen im Vordergrund steht, maßgebend bleibt das alte Motiv, zumal für Goethe: *Die Einheit der organischen Natur.*

Auch einigen noch immer rätselhaften Gestalten begegnen wir um jene Zeit. Längst schon hätte *Paracelsus* genannt werden sollen (sein eigentlicher Name: Theophrastus von Hohenheim), Arzt und Philosoph, der im 16. Jahrhundert lebte, dessen Lehren aber auf alle folgenden Epochen hinüber wirkten und noch heute ihre Anhänger finden. Die Parallelität von Makrokosmos und Mikrokosmos wird bei ihm ins Grenzenlose gesteigert. Die Welt nimmt Speise zu sich in Form von Reif, Schnee, Kälte, Hitze, Feuchtigkeit, Trockenheit, das Firmament – belebt natürlich – leidet an Krankheiten, an stürmischem Pulsschlag, an hohem Fieber, ja häufig wechselt es seine Physiognomie. Die Konsequenz von alledem: Auf Krankheitszustände des Firmaments, auf ungünstige Konstellationen der Gestirne sind auch die Krankheiten des Mikrokosmos, also des Menschen zurückzuführen, und daraus wieder folgt eine ganze Liste von Ratschlägen, wie man den kranken Menschen kurieren kann. Der Schlußeffekt ist also ein medizinischer, eine Art kosmischer Heilpraxis, was auch die langdauernde Popularität des Paracelsus erklärt.

Geradezu krankhaft mutet der schwedische Philosoph und Naturforscher *Emanuel von Swedenborg* an, in vieler Hinsicht, als Mineraloge, Ingenieur, Erfinder, ein exakter Forscher modernen Stils. Goethe hielt ihn für den »gewürdigten Seher unserer Zeiten«, der viel trockenere Kant zutreffender für einen »Geisterseher« voller »Hirngespinste«. Swedenborg ist unter anderem dadurch berühmt geworden, daß er in Gotenburg 1756 vor erschreckten Freunden den Ausbruch und Verlauf einer Feuersbrunst in dem weit entfernten Stockholm beschrieben hat, ein Ereignis, von dem erst am Abend des nächsten Tages offizielle Kunde eintreffen konnte. Selbst Kant meinte damals, der Vorfall enthalte den »kräftigsten Beweis« für Swedenborgs Umgang mit Geistern »und läßt wirklich keinen Zweifel übrig«.

Für Swedenborg nun ist der Himmel das Corpus maximum, der »Große Leib« oder der »Größte Mensch« und analog dem menschlichen Leib aus einer Vielzahl von Teilen und Gliedern zusammengefügt. Wie das Universum ein Mensch im Großen, so ist der Mensch ein Universum im Kleinen – die schon bekannte Leitidee. »Diese alte mystische Lehre vom Menschen als Mikrokosmos«, sagt der Marburger Theologe Ernst Benz, »liegt der ganzen modernen Entwicklung der modernen Naturwissenschaft von Nikolaus Cusanus bis Paracelsus, Boehme, Helmont, Kepler und Newton zugrunde, aber sie wird bei Swedenborg durch eine Fülle naturwissenschaftlicher Beobachtungen gestützt.« Nur daß ihn diese Beobachtungen zu haarsträubenden Vergleichen führen. Hören wir ihn selbst:

> »Es sind drei Himmel und diese untereinander völlig verschieden. Der innerste oder dritte, der mittlere oder zweite und der unterste oder erste; sie folgen aufeinander und bestehen untereinander wie das Oberste des Menschen, das das Haupt heißt, sein Mittleres, das der Leib, und das Unterste, das die Füße sind. ... Alle Bestandteile (nämlich des menschlichen Körpers, wie Gehirn, Hirnhaut, Rückgrat, Blutgefäße, Drüsen usw.) entsprechen aufs genauste dem Größten Menschen, und hier wieder gleichsam ebenso vielen Himmeln; denn auch der Himmel des Herrn ist gleicherweise eingeteilt in kleine, und diese wieder in kleinere und kleinste...«

Die einzelnen Teile des Himmels sind von »Gesellschaften« abgeschiedener Bewohner der Erde und anderer Sterne besiedelt:

> »Einmal wurde mir auch ganz lebhaft gezeigt, welche und was für Gesellschaften das sind und wie diejenigen (auf den Menschen) einfließen und wirken, welche (im Himmel) das Gebiet des Angesichts zusammenbilden und in die Muskeln der Stirne, der Wangen, des Kinns und Nackens einfließen... Hieraus konnte auch erhellen, daß alle, welche in den Himmel kommen, Organe oder Glieder des Größten Menschen sind.«

Genug, Swedenborg war krank, und eigentlich zitiere ich ihn überhaupt nur aus zwei Gründen. Einmal verfügt er noch immer, wie Paracelsus, über etliche Bewunderer, ja über ganze Gemeinden. Zum anderen möchte ich vermeiden, daß man meine Hypothese mit seinen Phantasiegebilden in irgendeine Beziehung bringt. Der Leser braucht nicht zu befürchten, daß hier von bedauernswerten Verstorbenen berichtet wird, die sich im Jenseits bemühen, von ihren Wohnungen unterhalb der Fußsohlen des Weltalls zu dessen Knien hinaufzugelangen, eine Mitteilung, die ebenfalls von Swedenborg stammt. »Es wurde mir gesagt, es seien solche, welche andere verachtet haben, weshalb sie nicht nur durch den Fuß in den Schenkel kommen wollen, sondern über das Haupt hinauf, dennoch aber fallen sie zurück.«

Das Ernste bleibt aber dahinter bestehen, sonst hätte Swedenborg auch niemals ein so großes Echo gefunden. Es ist das immerwährende Ringen um die Rätselhaftigkeit des Kosmos, die absolute Weigerung, sich mit seiner Leblosigkeit abzufinden. Und der tiefste Grund dieses Ringens, von der Antike bis ins vorige Jahrhundert, ist und bleibt die Vorstellung von der unteilbaren Einheit der Natur; von der Rolle des Menschen als eines bloßen Exempels, dessen Urbild sich notwendig im Universum wiederfinden muß. Von diesem unveränderten Grundmotiv aus geht der Meinungsstrom über alle Zeiten hinweg bis an die Schwelle unserer Gegenwart, wo er dann unter den wuchtigen Schlägen der modernen Physik zu verebben beginnt. Und wie um diesen Schlägen auszuweichen, verschiebt sich die Auseinandersetzung in ihrer letzten Phase wieder mehr ins rein Philosophische.

Dabei taucht noch einmal eine Reihe bedeutender Namen auf. Da ist *Friedrich Ernst Daniel Schleiermacher*, dessen Bedeutung zwar auf anderem Gebiet liegt, der die Welt aber als ein »Ineinander von Natur und Vernunft in einem alles in sich schließenden Organismus« sieht. Da ist vor allem *Friedrich Wilhelm Schelling*. Seine oft verwirrenden Ideen kreisen immer wieder um die Einheit des Lebens, geboren aus der Einheit der Natur; denn das Ursprüngliche in der Natur ist nicht die tote Materie, sondern das Leben. Die ganze Welt ist ein

All-Organismus, der sowohl Organisches wie Anorganisches umschließt. »Das Universum ist im Absoluten als das vollkommenste organische Wesen... gebildet.« Auch ist »alles im Universum beseelt«, beseelt von der »Weltseele«, die die »Kontinuität der anorganischen Welt unterhält und die ganze Natur zu einem allgemeinen Organismus verknüpft«. Dieser von der Weltseele beherrschte All-Organismus bedeutet aber nicht etwa einen Gegensatz zu Gott. »Das ganze räumlich ausgedehnte Weltall ist nichts anderes als das schwellende Herz der Gottheit, das, durch unsichtbare Kräfte gehalten, in beständigem Pulsschlag oder Wechsel von Ausdehnung und Zusammenziehung fortdauert.«

Schellings Naturphilosophie ist wegen ihrer mangelhaften Systematik, wegen ihrer allzu phantasievollen Bilder oft kritisiert worden. Aber sie bedeutet doch ein letztes, dramatisches Aufbäumen gegen den Einbruch der mechanistischen Naturerklärung, wenn auch ein unzugängliches und vergebliches. Übrigens hat Goethe auch ihm nahegestanden. Der Titel eines seiner großen Gedichte, »Die Weltseele«, ist Schellings Wortschatz entlehnt. Dort findet sich die berühmte Zeile: »Und jedes Stäubchen lebt.«

Ein weiterer Name: der deutsche Physiker und Philosoph *Gustav Theodor Fechner*. Niemand liest ihn mehr heute, aber vor zwei Generationen ist sein »Büchlein vom Leben nach dem Tode« noch ein Bestseller gewesen – ein Mann von hohem Ansehen sowohl als Naturwissenschaftler (Begründer der experimentellen Psychologie und Entdecker eines ihrer ersten Gesetze) wie als Naturphilosoph. William James, der englische Philosoph, hat ihm besondere Vorlesungen gewidmet, um seine Gabe »leidenschaftlichen Schauens« der »blutleeren Philosophie der Jahrhundertwende« entgegenzuhalten.

Fechner geht von einem bestechenden, zumindest poetischen Gedanken aus. Der Wissenschaftler, so meint er, müsse eine doppelte Betrachtungsweise haben: die sogenannte »Nachtansicht«, die das physikalisch-mathematische Weltbild im Auge hat, die sogenannte »Tagansicht«, deren Ziel die beseelte Sinnenwelt ist. Diese Tagansicht wird überall Leben entdecken, im ganzen Kosmos, auch in der Sonne und ihren Planeten, einschließlich der Erde:

> »Sie (die Gestirne) sind alle individueller Beseelung teilhaftig und bilden so ein Reich höherer, uns übergeordneter himmlischer Wesen. Die Gestirne entsprechen sowohl nach körperlicher wie geistiger Hinsicht den Anforderungen, die wir an höhere, uns übergeordnete Wesen stellen.« ... »Die Sonne bewegt die Planeten als ihre Gliedmaßen in weiten Kreisen um sich oder, richtiger, das Sonnensystem tut es..., als *ein* Körper, ohne die Planeten gedacht, wäre sie wie ein verstümmelter Leib, dem man die größten bewegenden und empfindenden Glieder abgeschnitten.«

Eine Hymne also auf die lebende Sonne, die deutlich an Kopernikus und Kepler erinnert. Und wie bei Bruno findet sich auch der Gedanke einer kosmischen Hierarchie:

> »Kein Geschöpf der Welt ist ganz sein eigen Geschöpf, jedes ist hervorgegangen aus einer oberen Stufe, die sich gesondert hat; der Mensch mit Tieren, Pflanzen kam aus der Muttererde, die Erde mit ihren Geschwistern aus oberer himmlischer Sphäre. Jedes konnte nur entstehen, jedes kann nur fortbestehen in Ergänzung mit dem andern, was auf selbiger Stufe entsprang, je nach dem letzten Grunde nur aus dem vollen Ganzen. Doch jedes, je weiter es oben steht, schließt mehr der Schöpferkräfte in sich und läßt mehr aus sich entspringen...«

Auch die Erde ist »ein Geschöpf wie unser Leib«, doch hier nun versteigt sich Fechner zu Vergleichen, die kaum mehr genießbar sind. In langen Kapiteln versucht er zu beweisen, daß die Erde ähnliche Organe besitzt wie der Mensch. Ihr Auge zum Beispiel, mit dem sie auf den Himmel blickt, »ist die Verbindung des konvexen Meeresspiegels mit der Luftlinse (Atmosphäre)«. Sie ist auch imstande zu hören. Zwar hat sie keine Ohren, aber sie vernimmt »den Tritt der Sterne« mittels Ebbe und Flut, die ja durch die Gestirne hervorgerufen werden – »Oszillationen«, die langsamer sind als die, die an unser menschliches Ohr dringen, so daß sie auch einer ganz anderen Tonlage angehören, »aber es hindert nichts, daß die Erde viel tiefere Töne wahrnimmt als wir«.

Natürlich hat sie auch einen Kreislauf. »Die Flüsse gehen ins Meer, das Meer in die Wolken, die Wolken in die Flüsse, die Flüsse wieder ins Meer, zu diesem Kreislauf geben auch die Bäume ausdünstend ihren Saft...«, usw. usw. Kurz, es klingt alles ein wenig verrückt. Doch würde man Fechner unrecht tun, wollte man ihn allein nach solchen Stellen beurteilen. Es gibt auch andere. Einmal, mitten in seinen sonderbaren Betrachtungen, denkt er darüber nach, wie die Erde wohl aus der Ferne aussehen könnte, und sicher hätte man längst entdeckt, daß seine Schilderung mit den Fotografien, die uns die ersten Mondfahrer nach Hause brachten, ziemlich genau übereinstimmt. Aber um diese Zeit waren seine Bücher längst verstaubt. Hören wir an, was er sagt:

> »Man stelle sich die Schönheit der Erde vor – ein leuchtender Ball – die eine Hälfte himmelblau und sonnenbestrahlt, die andere in Sternennacht getaucht, die Himmel widerspiegelnd in allen ihren Wassern, Myriaden von Lichtern und Schatten in den Falten ihrer Berge und in den Windungen ihrer Täler. Sie würde ein Schauspiel vom Glanze eines Regenbogens sein, könnte man sie nur von weitem sehen, wie wir Teile von ihr von den Berggipfeln sehen. Jede Eigenart der Landschaft, die wir angeben können, würde dann auf ihr gleichzeitig sichtbar sein, alles was zart oder anmutig, ruhig oder wild, romantisch oder öde, freundlich, üppig oder frisch ist. Diese Landschaft ist ihr Antlitz... Grün würde ihre herrschende Farbe sein, aber die blaue Atmosphäre und die Wolken würden sie umhüllen, wie eine Braut sich in ihren Schleier hüllt...«

Wer denkt heute noch daran, wenn er die berühmten Aufnahmen der Astronauten von unserer saphirnen Kugel sieht, daß sie ein lebendes Geschöpf sein könnte?

Bald nach Fechner verschwindet das Thema eines lebenden Weltalls fast ganz aus der Diskussion. Ich möchte aber noch an *Teilhard de Chardin* erinnern, den französischen Jesuiten, Paläontologen und Philosophen. Er sieht die Entwicklung des Lebens zunächst auf die Schaffung des Menschen gerichtet, sodann auf die des »Menschheits-Körpers«, einer großen »Totalisation«, die schon gegenwärtig im Gange ist. Ziel dieses »Menschheits-Körpers« ist ein Höchstmaß an »Innerlichkeit«. Und auf diese Innerlichkeit hin ist nun auch das ganze Universum in Bewegung; denn auch für das Universum gilt, daß alle Materie Leben und alles Leben Bewußtsein ist. Darum ist Leben im Universum auch nicht nur ein bloßer Zwischenfall, vielmehr kann Gott gar nicht anders als »organisch« schaffen. »Das Phänomen der Belebung ist ein Prozeß, der das Universum in der Ganzheit seiner Substanz und seiner Geschichte berührt und bestimmt.«

Viallet, Teilhards Freund und Biograph, drückt das so aus: Der Kosmos in Teilhards Vorstellung ist »irgendwie belebt« und der Mensch nur »eine Fiber, eine Masche im biologischen Gewebe«. Aber was ist dieses »biologische Gewebe«? Vor Jahren habe ich Viallet danach gefragt, und wie sehr er sich auch bemüht hat, es ist mir aus meinem Gespräch mit ihm nicht klargeworden, was Teilhard damit gemeint hat. Sicher wohl kaum ein Lebewesen mit eigener Individualität. Darum bezweifle ich auch, ob sein Name in diesen historischen Zusammenhang gehört. Vielleicht hat der Theologe Ernst Benz recht, wenn er meint, Teilhards Entwicklungsstufen: Materie-Menschheitskörper-belebtes Universum erklärten sich in Wahrheit aus religiösen Motiven; daß er nämlich das Universum immer mehr zu einem Riesenleib Christi anwachsen sieht – eine Idee, die außerhalb unserer Betrachtung liegt.

Damit sei der Exkurs in die Vergangenheit beendet, die Übersicht kann ohnehin nur unvollständig sein. Wichtige Namen müssen unerwähnt bleiben, vor allem die einiger ausländischer Philosophen aus neuerer Zeit. So fehlt zum Beispiel der Franzose *Jean Marie Guyau,* der das Hauptziel der Natur darin sieht, in möglichst großem Umfang Leben zu entfalten, so daß er sich auch das Universum nur als ein lebendes denken kann. Oder sein Landsmann *L. Bardonnet*, der 1912 ein Buch mit dem vielsagenden Titel »L'Univers-organisme« geschrieben hat. Ebenso der englische Philosoph *J. G. Bennett*, dessen Werk »The dramatic universe« (1956) von nicht geringer Bedeutung zu sein scheint. Es befaßt sich mit der Möglichkeit kosmischer »Ganzheiten«, darunter »kreativer«, »superkreativer« und »autokratischer«. Die Tatsache solcher lebenden Großeinheiten, schreibt er, würde bedeuten, »daß der Mensch nicht die höchste Rangstufe unter den Lebewesen einnimmt, deren Existenz wir mit unseren Sinnen wahrnehmen können«; vielmehr sind wir schon bei der untersten »Großeinheit«, der Biosphäre der Erde, »Teile ihres physischen Organismus, und zwar so kleine Teile, daß wir nach Maß und Zahl in gleichem Verhältnis zu diesem Organismus stehen wie die einzelne Zelle zum menschlichen Körper«. Das erinnert an manches, was schon Fechner gesagt hat. Nur ist Bennett wegen seiner geschraubten Begriffe viel unverständlicher als er.

Auf *Rudolf Steiners* Anthroposophie, zu der ja auch das Problem Mikrokosmos-Makrokosmos gehört, kann hier nicht näher eingegangen werden. Wie alle Theosophie ist sie als Heilslehre gedacht und weniger ein Produkt des Verstandes als des Glaubens. Zwar wurden auch sonst Stimmen erwähnt, die zwischen beiden nicht scharf unterschieden haben, aber Verstand war früher viel stärker mit dem Glauben verwoben als heute, auch in der Wissenschaft. Das hat erst mit der Aufklärung sein Ende gefunden. Seitdem ist die Forschung immer mehr dazu übergegangen, beide Kategorien streng voneinander zu trennen – zum Nutzen oder zum Schaden –, und dieser Tatsache müssen wir Rechnung tragen. Andernfalls würde die Hypothese, um die es mir geht, auf jeden Anspruch verzichten müssen, wissenschaftlich nachprüfbar zu sein. Um so mehr sollten alle irrationalen, metaphysischen Überlegungen beiseite bleiben.

Wozu nun dieser geschichtliche Überblick, was sagt uns das alles? Um jedes Mißverständnis zu vermeiden: Es sagt uns nicht das geringste darüber, ob meine Hypothese richtig ist oder falsch. Der Leser möge nicht etwa glauben, diese vielen bedeutenden Namen seien nur zu dem Zweck genannt, ihn für meine Behauptung gefügig zu machen und mir weitere Beweise zu ersparen. Meine Absicht war eine andere. Ich knüpfe an das an, was zu Anfang gesagt wurde, jetzt vielleicht mit etwas größerer Berechtigung. Das lebende Universum ist ein Grundthema der abendländischen Geistesgeschichte. Es hat alle Epochen durchzogen, von der Antike bis in die Neuzeit, eines der brennendsten Probleme, die je den Menschen beschäftigt haben.

Sicher haben sich im Laufe der Zeit die Gesichtspunkte verschoben. Bald ist es mehr ein Gegenstand erzählender Mythen gewesen, bald mehr das Ziel strenger Erkenntnistheorien. Bald ist man mehr von unserem Planetensystem ausgegangen oder nur von der Erde, bald mehr vom Kosmos als Ganzem. Bald hat man die Himmelskörper vergeistigt, bald vergöttlicht, bald vermenschlicht. Stets aber hat man den Menschen, wie überhaupt alle Lebewesen auf der Erde, als Teil eines *universalen* Lebens betrachtet, und dieses Leben hat nicht etwa nur aus bloßem Geist bestanden, es hat alles Stoffliche am Himmel mitumschlossen. Das Universum war belebt, beseelt, intelligent, tätig, eine schöpferische Einheit über alle höheren und niederen Stufen hinweg; ein Wesen von einem uns unbekannten Leben freilich – wie sollten wir dieses Leben je begreifen, wo es räumlich so unermeßlich war?

Doch heute, wo diese Unermeßlichkeit sich noch von Jahr zu Jahr multipliziert, ist dieses Weltall mit einemmal tot. Nicht tot im metaphysischen Sinne. Gerade Physiker und Astronomen lehren uns immer wieder, daß wir den Geheimnissen des Alls mit Ehrfurcht begegnen sollen. Und bei den bedeutenden Leistungen, die sie vollbringen, haben ihre Stimmen besonderes Gewicht. Aber die Welt bleibt für sie aus toter Materie geschaffen – und da liegt die tiefe Kluft, in die wir blicken, wenn wir am anderen Ufer die großen Gestalten aus früheren Jahrhunderten aufragen sehen, die nur die eine Frage auf ihren Lippen hätten, wenn sie von unseren gewaltigen Fortschritten erführen: »Jetzt, da ihr so viel Neues entdeckt habt, so vieles, was noch unermeßlicher ist als zu unserer Zeit, wo seht ihr da das Leben?«

3.
Warum das lebende Weltall aus der Diskussion verschwunden ist

Wir müssen auch dieser Frage kurz nachgehen, ehe wir mit der eigentlichen Untersuchung beginnen. Wir können das weitere dann besser verstehen. Warum ist diese lange Tradition, die eben umrissen wurde, diese grandiose Übereinstimmung, die ganze Völker, Religionen, Philosophien in dem Gedanken an einen organisch aufgebauten Kosmos vereint hat, zusammengebrochen? Warum ist uns die jahrtausendealte Vorstellung, daß wir Teile eines körperlich lebenden Universums sind, heute so fremd?

Früher war es die Regel, daß das Weltall lebt. Heute ist es die Regel, daß es tot ist. Mag sich die alte Regel auch physikalisch nicht bestätigt haben, hat man sie ausdrücklich widerlegt? Ich kann nirgends etwas von einer solchen Widerlegung lesen. Man wirft die Frage nur einfach nicht wieder auf. Es ist, als habe sie sich aus unserem Bewußtsein heimlich davongeschlichen, ohne daß je darüber entschieden worden ist. Sie liegt uns so fern, daß wir in den neueren Werken über Astronomie kein einziges der oben angeführten Zitate wiederfinden, selbst dort nicht, wo sie in alten Auflagen desselben Buches noch enthalten waren. Offenbar fürchtet man, sich damit lächerlich zu machen, oder die Urheber dieser Zitate, die man in anderer Hinsicht nun wieder schätzt.

Wie kommt das? Was sind die Gründe?

Die Erfahrung lehrt, daß sich so tiefgreifende Wandlungen unseres Bewußtseins nur selten aus einer einzigen Ursache erklären. Meistens liegen ihnen sehr komplizierte Vorgänge zugrunde, zumal dann, wenn ein Gegenstand langen Nachdenkens nicht abgetan wird, weil man ihn für geklärt hält, sondern weil man ihn vergißt.

In unserem Fall sind die Ursachen besonders verwickelt. Sie sind teils psychologischer Art, teils liegen sie in der Natur der neueren Entdeckungen begründet. Beides zusammen erst hat zu dieser eigenartigen Mischung von allgemeiner Unfähigkeit und prinzipieller Abneigung geführt, sich mit dem Thema weiter zu befassen. Hier sei über das eine wie über das andere gesprochen, über die psychologische Seite wie über die physikalische, in groben Zügen nur, damit wir uns bald der eigentlichen Frage zuwenden können.

Zunächst ein Beispiel. In der »Göttlichen Komödie« Dantes, der Geschichte seiner visionären Wanderung durch die drei Reiche des Jenseits – die Hölle, das Fegfeuer, den Himmel – begegnen wir von neuem den kristallenen Himmelssphären der Antike. Wie der Höllentrichter und der Purgatoriumsberg, sind auch die neun konzentrisch kreisenden Himmel des Paradieses, durch die ihn Beatrice, die dahingeschiedene Geliebte, bis zur Anschauung Gottes geleitet, von den Seelen der Verstorbenen bewohnt. Schon Platon, in seinem »Timaios«, den Dante in seinen Gesängen ausdrücklich erwähnt, hatte von einer Existenz der Seelen vor und nach ihrem Tode auf anderen Sternen gesprochen.

Man pflegt die Divina Commedia als eine der großen Allegorien der Weltliteratur zu bezeichnen, und sicher haben die Schicksale, die dem Dichter in den drei Jenseitsreichen widerfahren, wie auch die Gestalten, die ihm auf seinem Weg begegnen, vorwiegend symbolischen Charakter. Aber nur wenige legen sich Rechenschaft darüber ab, daß der Dichter den kosmologischen Teil seines Werkes durchaus nicht als ein Gleichnis, vielmehr als ein getreues Abbild der Wirklichkeit versteht – »da nach Ptolemäus«, wie er in seinem Selbstkommentar schreibt, »so wie nach dem, was die Christen lehren, es gewißlich wahr ist, daß der Himmel neun sind, die sich bewegen«. Auch Dante also, wie alle Gebildeten seiner Zeit, sieht in dem Kosmos den »beseelten Weltleib« Platons, das »lebende, handelnde Wesen« des Aristoteles, das »erste Körperliche« der Neuplatoniker, »in das sich die Seele bei ihrem Heraustritt aus der übersinnlichen Welt ergießt«.

Dieses Beispiel zeigt deutlich, wie eng sich bei der Vorstellung eines lebenden Weltalls wissenschaftliche Erkenntnis und dichterische Vision berühren. Überhaupt gibt es um diese Zeit und in dieser Frage zwischen der Denkungsweise des Künstlers und der des Wissenschaftlers noch keinen nennenswerten Unterschied. Was Dante an Erlebnissen und Ereignissen, an dramatischen Szenen seiner persönlichen Läuterung in den Himmelssphären sich abspielen läßt, nur um den Weg zum ewigen Heil zu beschreiben, wird auf die gleiche Weise, mit der gleichen »Methode« als wahr erkannt, mit der auch die Philosophen den lebenden Himmel als wahr erkennen. Von Platon bis Cusanus, von Kepler bis Schelling besteht diese Methode zum großen Teil aus reiner Intuition, aus geistigem Schauen, aus Eingebung, Versenkung, Erleuchtung. Vernunft im Sinne von Logik, von denkend-messendem Verstand spielt nur eine nebensächliche Rolle. Sinnliches und Übersinnliches sind noch eins. Und weil sie eins sind, bedürfen sie auch des gleichen Verfahrens, um sie zu erkennen. Daher sind auch Dichtung, Philosophie, Naturwissenschaft, Religion noch eins – die »Göttliche Komödie« beweist es –, wie auch Wissen und Glauben noch eins sind. Kein Wissen, das nicht Glauben, kein Glauben, das nicht Wissen wäre.

Wir stoßen damit auf die bedeutende Rolle, die das *mystische Bewußtsein* in der Geschichte unseres Themas spielt. Ich denke dabei nicht an die Mystik eines bestimmten Zeitabschnitts oder an gewisse religiöse Erscheinungen, etwa die mystische Bewegung des späten Mittelalters oder die katholische Mystik, an die bekannten Bilder von Ekstase und mönchischer Einsiedelei, die wir damit automatisch verbinden. Mystik steht hier ganz allgemein für eine besondere Form des Denkens und des Erkennens. Wir begegnen ihr in allen Kulturen, in allen Zeitaltern, auch unter ganz normalen Menschen der Gegenwart, vor allem, wie ich glaube, unter der Jugend.

Was hat dieses mystische Bewußtsein mit dem lebenden Universum zu tun? Nun, es gehört zum Wesen der Mystik, daß ihr die Natur immer als ein Ganzes erscheint, als ein großer, einheitlicher Zusammenhang, der Sichtbares und Unsichtbares, Wirkliches und Überwirkliches, Materie und Geist gleichermaßen umfaßt. Was aber die Eigenschaft besitzt, dies alles zu umschließen, muß notwendig ein Universelles, ein Allgemeines sein, etwas, das den einzelnen Dingen vorangeht und das wir *vor* diesen einzelnen Dingen erkennen müssen, um diese einzelnen Dinge erst richtig zu begreifen. »Universalia sunt *ante* rem«, das Allgemeine geht dem Einzelnen vor. Mit diesem Leitwort läßt sich die ganze Blütezeit des Mittelalters erklären, die abendländische Weite seiner Philosophie, seiner Politik, seiner Sitte, seiner Sprache, seiner Architektur. Und auch die Idee vom lebenden Universum drängt sich dann förmlich auf. Wie kann es Leben nur an einer einzigen Stelle des Kosmos geben, auf der Erde etwa, bei den Menschen, den Tieren, den Pflanzen? Wenn das Gesetz von Einheit und Harmonie der gesamten Welt innewohnt, muß auch alles lebendig sein, was sichtbar und unsichtbar ist.

Damit aber verbietet es sich ganz von selbst – immer von diesem mystischen Standpunkt aus gesehen –, den menschlichen Geist in Verstand und Gefühl aufzuspalten, wenn er Natur und Leben betrachtet. Das gilt für alle Zweige der Wissenschaft, für Philosophie, Medizin, Physik, Astronomie oder was immer. Die Wahrheit eines Ganzen, eines Allgemeinen können wir nur erforschen, wenn wir ohne uns zu spezialisieren *alle* Gaben, die uns zur Verfügung stehen, dem Forschungsziel dienstbar machen. Wir müssen schauend, nicht zergliedernd, in die Tiefe unseres eigenen Innern, in dieses wunderbare Universum im Kleinen hinabtauchen. Dann werden wir uns auch des Universums im Großen gewahr, in einer Art Ganzheitsgefühl des Unendlichen.

Was für unser Thema daraus folgt, ist klar. Der kreatürliche Aufbau des Kosmos braucht nicht erst bewiesen, er muß nur »erfühlt« und »erfahren« werden. Nicht über langwierige Beobachtungen und Berechnungen, in einem einzigen Akt der Intuition wird er erkannt, ein Weg, der jedermann offensteht. So kommt es auch, daß sich in den Kosmologien, die ich erwähnt habe, nicht der geringste Ansatz einer Beweisführung findet. Die Eigenschaft des Universums als eines lebendigen Ganzen wird nicht logisch abgeleitet. Sie wird mit Hilfe der Phantasie, der Empfindung, der Imagination offenbar. Jeder Versuch, sie verstandesmäßig zu erklären, würde uns geradezu den Blick dafür trüben, daß wir ein großes Lebewesen vor uns haben. Nur so ist es auch zu verstehen, daß die Lehren eine so breite Zustimmung gefunden haben. Sie haben vom Leser keine großen naturwissenschaftlichen Kenntnisse verlangt. Im Gegenteil. Je naiver er war, seherisch naiv, um so besser konnte er die Wahrheit erkennen.

Das ist ein äußerst wichtiger Punkt. Nach den Gesprächen, die ich im Lauf der Jahre über dieses Thema geführt habe, gibt es auch heute noch viele, die der Meinung sind, nur auf diesem gefühlsmäßigen Weg, durch eine instinktive Gesamtschau könnte man die eigentliche Natur des Universums erkennen. Sie zweifeln nicht daran, daß es lebt; daß es, statt einer riesigen, toten Gesteinsmasse, einer Schutthalde, irgendein organisches Gebilde von gewaltigen Dimensionen ist, das sich über den Himmel ausbreitet. Aber sie streiten der modernen Naturwissenschaft mit ihren technischen Forschungsmethoden jede Fähigkeit ab, dieses universale Leben jemals als solches zu erkennen, gerade weil sie sich nur noch der bloßen Technik bedienen.

Sie sagen etwa folgendes (und es ist gut, sich das anzuhören): Über drei Jahrhunderte haben verstreichen müssen, ehe wir zu der Weitsicht eines Giordano Bruno zurückgefunden haben. Vielleicht hat Bruno niemals durch ein Fernrohr geblickt. Und doch ist er es schon gewesen, der die Fixsterne für weit entfernte Sonnen gehalten hat, davon viele, gleich unserer Sonne, von Planeten umgeben; der als erster den Kosmos von gewaltigen Veränderungen erfüllt sah; der die Universalität der Naturgesetze verkündet hat, zum Beispiel die Gleichheit des Stoffes im gesamten Himmelbereich, noch ehe Newton geboren und die Spektrallinien entdeckt waren; der schon gewußt hat, daß das Weltall keinen eigentlichen Mittelpunkt hat, und daß sich überall, an welcher Stelle auch immer, die gleichen Entwicklungen abspielen; und er hat es gewußt, ohne die technischen Hilfsmittel, die uns heute zur Verfügung stehen.

Als aber der Siegeszug dieser technischen Hilfsmittel einsetzte, als man ans genaue Beobachten, Zählen und Vermessen ging, hat sich zwar vieles von dem bestätigt, was Bruno prophezeit hat. An die eigentliche Grundlage seiner Kosmologie aber, daß nämlich zwischen den vielen Himmelskörpern ein organischer, das heißt ein lebendiger Zusammenhang besteht, hat niemand mehr gedacht, obwohl diese Grundlage mit seinen Ansichten untrennbar verbunden war, ja sie eigentlich erst hervorgebracht hat. Mit anderen Worten: Seit wir uns unseren großartigen Instrumenten überlassen, glauben wir nur noch an das, was sich exakt beobachten und nachweisen läßt. Die Gesamtschau für dieses exakt Nachgewiesene aber haben wir verloren; und erst recht die Gesamtschau für das, was sich exakt nicht oder *noch* nicht nachweisen läßt.

Dahinter verbirgt sich natürlich nichts anderes als der berühmte Vorwurf mechanistischer Betrachtungsweise. Der zunehmende Gebrauch rein technischer Forschungsmittel, so wird da gesagt, verführt uns dazu, das Beobachtungsobjekt aus der Gesamtschau des Himmels herauszulösen. Und dadurch wieder geht uns der Sinn für die Größe und Tiefe des Ganzen verloren, kurz das, was ich das mystische Bewußtsein nenne.

Es ist die protestierende Stimme Goethes, die wir hier vernehmen. Man kann sie in seinen »Wanderjahren« finden, in einem Gespräch, das Wilhelm Meister mit Makaries Astronom führt.

Der Astronom hatte Wilhelm durch ein »vollkommenes Fernrohr von bedeutender Größe« blicken lassen, auf den Planeten Jupiter und einen seiner Monde, und am Schluß bedankt sich Wilhelm gar nicht, sondern entrüstet sich. Er begreife recht gut, »daß es euch Himmelskundigen die größte Freude gewähren muß, das ungeheure Weltall nach und nach so heranzuziehen«. Aber »wer durch Brillen sieht, hält sich für klüger als er ist«. Allein auf die *innere* Urteilsfähigkeit komme es an, »und die schärfer gesehene Welt harmoniert nicht mit meinem Innern, und ich lege die Gläser geschwind wieder weg«.

Egon Friedell hat das in seiner »Kulturgeschichte der Neuzeit« (1932) noch temperamentvoller ausgedrückt, auch unter Bezug auf Giordano Brunos Kosmologie: »Mit dieser intuitiven Erkenntnis hat Bruno selbst unsere heutigen Astronomen weit überflügelt, die in kleinlicher Vorsicht und bornierter Pedanterie nicht wagen, über die armseligen Tatsachen hinauszugehen, die ihnen ihre angebeteten Röhren enthüllen . . . Jeder Weltkörper stellt eine Stufe der Vollkommenheit dar, das heißt: einen der möglichen Grade der Vergeistigung.« Alles andere »ist anthropomorphisches Geschwätz hochmütiger und engstirniger Stubenmenschen«.

Die »angebeteten Röhren« – wir wollen die Dinge weniger emotionell sehen. Aber eine wichtige Konsequenz hatte die Entwicklung in der Tat. Die Idee von der organischen Natur des Weltalls ist aus unserem Bewußtsein verschwunden, seit sich mit der zunehmenden Technisierung der astronomischen Beobachtungsmethoden das Interesse von der Einheit des Himmelsgewölbes entfernt und den Einzelobjekten zugewandt hat. Die Gabe der intuitiven Gesamtschau ging Schritt für Schritt verloren; und mit ihr das Problem, das die Menschen jahrtausendelang beschäftigt hat, mochte man zu ihm stehen, wie man wollte. Es war vom Tisch. Und es war um so endgültiger vom Tisch, als gerade dank der neuen Technik die Möglichkeit bestand, vieles von dem, was bis dahin heftig und vergeblich diskutiert worden war, endgültig zu beweisen oder endgültig zu widerlegen.

Fortan war nur noch das kausal Erklärbare und Beweisbare von Belang. Die Idee eines lebenden Universums gehörte nicht dazu. Mochte sie das Bedürfnis nach geistiger Zusammenschau, das Mystische, das in jedem Menschen wohnt, noch so sehr befriedigen, sie war weder meßbar noch zählbar noch wägbar. Der »Kosmos«, einst mit dem ganzen All, dem sichtbaren Himmel identisch, seinem Namen nach »Schmuck« und »Ordnung« bedeutend, war zum bloßen physikalischen Raum degradiert. Und dieser Raum konnte berechnet und vermessen, also kausal erklärt werden. An die Stelle des intuitiven Erschauens war das intellektuelle Erkennen getreten.

Wir haben es hier mit einer Entwicklung zu tun, die alle Wissenschaftszweige betrifft und die letztlich aus der Zeit der Aufklärung stammt. Seitdem hat die Forderung nach mechanisch-kausaler Deduktion immer mehr die Oberhand gewonnen. Die neuen technischen Hilfsmittel waren nur der letzte Anstoß, der dieser Forderung zum Sieg verholfen hat. Nichts sollte mehr als Tatsache zugelassen werden, oder auch nur als Hypothese, was nicht irgendwie Gegenstand exakter Beobachtung und Erfahrung sein konnte. Das war das Resultat. Statt des einstigen: »Das Allgemeine geht dem Einzelnen *vor*«, galt nun das Umgekehrte: »Das Allgemeine folgt dem Einzelnen *nach*«. Universalia sunt *post* rem.

Wir können das beklagen oder nicht. Unbestreitbar ist, daß wir das Rad nicht zurückdrehen können. Eine rein mystische Ansicht der Dinge reicht nicht mehr aus; und nicht etwa deshalb, »weil die Respektabilität der Wissenschaft sie nicht zuläßt«, wie der englische Philosoph William James gemeint hat, sondern weil sie gerade in der Astronomie in haltlose Phantasien ausarten kann. Die »Welteistheorie« Hörbigers, die jahrelang die Gemüter erregt hat, ist ein gutes Beispiel dafür. Und das beste Beispiel ist die Tatsache, daß wir gerade der so angefeindeten mechanistischen Methode wichtigste astronomische Entdeckungen verdanken.

Ebenso unbestreitbar ist nun freilich, daß der Fortfall des mystischen Bewußtseins lange Zeit zu einer Verarmung der Astronomie geführt hat. In der letzten Hälfte des vorigen Jahrhunderts zum Beispiel ist man weitgehend dem Hang zur bloßen Vermessung und Zählung erlegen, der Faszination genauer Ortsbestimmungen und Datensammlungen.

Das war vor allem der Fall nach Entdeckung der Spektralanalyse (1859). (Unter Spektralanalyse versteht man die Erforschung der Strahlen eines Himmelskörpers, die man mit Hilfe eines Glasprismas in ein breites Wellenband zerlegt.) Diese neue Methode gab unerwarteten Aufschluß über die Zusammensetzung der Sternmaterie. Etwa gleichzeitig konnte man die Augenbeobachtung durch die Fotografie ergänzen. Warum noch weiter fragwürdigen Spekulationen nachhängen, wo so großartige technische Hilfsmittel zur Verfügung standen?

Zweifellos verdanken wir der Beharrlichkeit, mit der man nun den Himmel durchgemustert hat, vieles, was erst die späteren umwälzenden Entdeckungen möglich machte: unentbehrliche Kenntnisse über die Elemente der außerirdischen Materie, über Positionen, Größen, Bewegungen der Sterne, über Parallaxen, Massen, Temperaturen, über Sonnenflecken, Doppelsternsysteme, Kometen, Meteore – eine lange Liste, die von ebensolchem Fleiß wie Nutzen zeugt. Aber von den damaligen Astronomen hinterlassen sie uns doch eher das Bild gediegener Handwerker. Wir haben nicht den Eindruck, daß sie der Weite dessen gewachsen waren, was sie täglich zu sehen bekamen.

Es ist die Zeit der sogenannten »Positionsastronomie«. Und im Grunde ist diese Zeit erst zu Ende gegangen, als man vor etwas mehr als 50 Jahren außer unserer Milchstraße eine zweite und dann viele weitere Milchstraßen entdeckt hat und das Universum plötzlich ungeheure Ausmaße anzunehmen begann. Schon ein Jahrzehnt zuvor, dank Einsteins Allgemeiner Relativitätstheorie, hatte die Geburtsstunde, nein, die Wiedergeburtsstunde der Kosmologie geschlagen. Und erst von da an hat man sich wieder mit dem beschäftigt, was seit der Antike im Mittelpunkt nicht nur der Astronomie, sondern des ganzen Denkens gestanden hatte: mit dem Weltall als Ganzem.

Aber es blieb dabei, daß das allein noch mit »mechanistischen« Methoden geschah. Und daran wird sich auch nichts mehr ändern. Die Zeit des mystischen Erschauens wissenschaftlicher Wahrheiten ist vorbei. Die Kosmologie wird die Frage eines lebenden Universums daher erst wieder aufgreifen, wenn sie auf irgendeinem Spezialgebiet unerwartet den Zipfel eines exakten Beweises dafür in Händen hält.

Auch die Religion hat einiges dazu getan, daß das Thema aus der Diskussion verschwunden ist, und zwar auf mehrfache Weise. Einmal hat es die Naturwissenschaftler abschrecken müssen, je mehr sie sich des logischen und empirischen Weges bedienten, daß man die Frage immer wieder mit religiösen Vorstellungen verknüpfte. Sie bekamen für ein lebendes Weltall in der Tat keinerlei Beweis geliefert. Sie sahen sich auch in lange Auseinandersetzungen darüber verstrickt, ob die kosmischen Geschöpfe, die da existieren sollten, etwas Göttliches wären oder Werkzeuge oder Abbilder eines Göttlichen.

Früher war die Vermischung von Religion und Naturwissenschaft etwas Selbstverständliches gewesen. Sie macht den ganzen Zauber des Altertums und des Mittelalters aus. Wenn man vom lebenden Kosmos sprach, hat man niemals an Leben in bloß biologischem Sinne gedacht. Man hat immer auch das geistige und seelische Leben im Auge gehabt. Und angesichts der Größe und Schönheit des Himmels war es dann nur ein kleiner Schritt, auch das ewige und göttliche Leben miteinzubeziehen.

Von Nikolaus Cusanus kennt man das Wort vom Universum als einer »Kontraktion« (Zusammenziehung) der Gottheit. Und von Kepler weiß man, daß er in der angeblichen Kugelgestalt des Universums ein getreues Abbild der Heiligen Dreifaltigkeit sah; Gott-Vater war ihr Mittelpunkt, die Oberfläche Gott-Sohn, der Zwischenraum der Heilige Geist – Auswüchse, die eine moderne Astronomie begreiflicherweise abschrecken mußten.

Man verstehe mich nicht falsch. Es kann gar nicht anders sein, als daß bei der Möglichkeit eines organischen Aufbaus des Kosmos auch religiöse Konsequenzen in Betracht gezogen werden. Sie drängen sich geradezu auf. Aber es lag nur zu nahe, daß solche Übertreibungen den Unmut, das Desinteresse der Naturwissenschaft hervorriefen. Und mit diesen Übertreibungen geriet dann eben auch das Thema als solches in Verruf. Für den beginnenden Rationalismus galt ohnehin nur die Sprache der Mathematik, der Physik, der Chemie. Wer sich noch der Sprache der Metaphysik bediente, blieb unbeachtet. Er wurde nicht widerlegt, er wurde ignoriert.

Als weiteres kam hinzu – eine Art Galileikomplex –, daß man nie wußte, ob die Annahme eines lebenden Universums mit den christlichen Dogmen vereinbar war. Im Grunde gilt diese Sorge auch heute noch, und nicht nur für den Wissenschaftler, sondern für jeden, der sich mit dem Thema befaßt.

Die Haltung der Kirche ist nicht immer einheitlich gewesen. Nehmen wir das Beispiel des Thomas von Aquin. In seinem Werk »Summa Theologiae« äußert er sich zu der eben wiederentdeckten Schrift des Aristoteles »Über den Himmel«. Mit immer neuen Begründungen heißt es da, die Gestirne seien »lebendig und beseelt«; aber die Seele eines himmlischen Körpers brauche nicht die Funktionen des Ernährens, Wachsens und Erzeugens auszuüben, »denn solche Tätigkeiten kommen nicht einem von Natur aus unvergänglichen Körper zu«; auch des Tastsinnes bedürften die himmlischen Körper nicht; ihre Seele habe nur die Aufgabe, sie zu bewegen.

Nicht lange danach schwächt er diese Schlußfolgerungen ab und meint, »daß die himmlischen Körper nicht in demselben Sinne beseelt sind wie Pflanzen und Tiere, sondern nur im Sinne einer Wortgleichheit«; weshalb zwischen denen, die ihre

Beseeltheit, und denen, die ihre Unbeseeltheit vertreten, auch »nur ein geringer oder überhaupt kein Unterschied in der Sache« besteht. Und auch dieser spärliche Rest, den er von dem anfangs so begrüßten Aristotelischen Weltbild übrigläßt, wird noch im selben Jahrhundert, bald nach seinem Tode, zur Irrlehre erklärt. Die Furcht vor dem Pantheismus war groß.

Der Bibel liegt eben die ptolemäische Vorstellung zugrunde, nach der die Erde im Mittelpunkt des Universums steht. Die Konsequenzen, die sich für die kirchliche Lehre daraus ergeben, formuliert einer der neueren Thomisten, J. P. Steffes, so: »Es war auch eine wesentliche Voraussetzung der Bibel, daß die Erde geistig einen entscheidenden Mittelpunkt des Universums darstellte. Sie redet nur von einer Menschenschöpfung auf der Erde. Hier vollzog sich der Abfall von Gott, die Ursünde; hier erfolgte die Offenbarung, die Menschwerdung Gottes, die Erlösung. Die kleine unscheinbare Erde war also der Schauplatz größter, wichtigster und für das ganze Weltall entscheidender Ereignisse; denn in das Endgericht, das über die Erde kommen wird, sind auch die Geschicke der Gestirne mit hineinbezogen (Matth. 24, 28 ff.).«

Der Erde kommt also nicht nur materiell, sondern auch geistig eine zentrale Rolle zu. Diese Rolle hat ihren Ursprung und ihr Ziel in der Bildung des Menschen, den Gott aus der Reihe aller übrigen Kreaturen herausgehoben und nach seinem Bilde geschaffen hat. Und nur wenn diese überragende Stellung der Erde erhalten bleibt, kann auch der Sinn der christlichen Botschaft und der Heilsgeschichte begriffen werden, der in der Menschwerdung des Gott-Sohnes gipfelt und damit ganz auf das uns allein bekannte Menschenleben bezogen werden darf. All das würde fraglich werden, wenn es Lebewesen gäbe, deren kosmische Ausmaße die Erde als winziges Glied in einer Kette von Organismen oder nur als Teil eines universalen Organismus erscheinen ließe. Der Mensch als Mittelpunkt der göttlichen Lebensordnung wäre entthront.

Ich vermute, an dieser Einstellung hat sich seit der Zeit des Thomas von Aquin im Grundsatz nicht viel geändert. Theologisch hängt das Problem eng mit der Frage zusammen, ob es menschenähnliche Intelligenzen auf anderen Sternen gibt. In einem neueren Lexikon für katholische Theologie heißt es hierzu, wir könnten mit solchen Wesen voraussichtlich nie in konkreten Kontakt treten; daher »sollte die existentielle Bedeutungslosigkeit der Frage unterstrichen werden, die es uns verbietet, darüber allzusehr zu theoretisieren«. Derlei Vorbehalte sind nicht etwa nur auf die katholische Kirche beschränkt. In einer Fernsehdiskussion, in der es um die möglichen »Brüder« des Menschen im All ging, meinte ein führender protestantischer Theologe, daß »der Mensch als frei dem geometrisch unfreien Kosmos« gegenübertrete. Eine etwas dunkle Formulierung. Aber sie konnte doch wohl nur bedeuten, daß wenigstens der Mensch kosmischer Mittelpunkt geblieben ist, wenn schon die Erde aufgehört hat, es zu sein.

Ich maße mir nicht an, die heute gültigen theologischen Ansichten wiederzugeben, noch sie zu kritisieren. Wichtig ist hier nur, daß es auch religiöse Einflüsse waren, die das Thema des lebenden Universums verdrängt haben. Aber ich will doch noch die Stimme eines katholischen Physikers und Philosophen anführen – Friedrich Dessauers –, der sich in den fünfziger Jahren zum Problem außerirdischer Sternenbewohner sehr viel großzügiger geäußert hat: »Daß wir dadurch (durch die Existenz höherentwickelten Lebens auf anderen Sternen) sehr klein werden, ist klar, und ebenso, daß wir den ganzen Sinn der Schöpfung nicht mehr verstehen wie unsere Urgroßväter, daß nämlich die Schöpfung für den Menschen gemacht sei. Wir können die Schöpfungsgedanken Gottes nicht begreifen. Aber was mich so beeindruckt, das ist der Aspekt der unerhörten Größe des Schöpfergottes, des Gottes als Schöpfer, den wir Christen ein wenig aus dem Auge verloren haben.«

Das scheint mir ganz der Geisteshaltung eines Nikolaus Cusanus zu entsprechen: Gott ist in jedem Wirklichen des Alls. Und nur aus solcher Distanz würde man als Christ wohl auch dem sehr viel weitergehenden Problem eines lebenden Universums begegnen können.

Noch ein weiterer Umstand hat die Idee eines lebenden Weltalls verdrängt. Gerade von ihm hätte man eigentlich erwarten sollen, daß er sie von neuem entfacht. Paradoxerweise ist er aber die Hauptursache dafür, daß wir sie endgültig beiseite geschoben haben.

Unser Wissen vom Weltall hat sich in den letzten vierzig bis fünfzig Jahren so sprunghaft entwickelt und zu so phantastischen Dimensionen erweitert, daß selbst die Gebildeten unter uns, trotz Raumfahrt und Mondlandung, die aktuellen Probleme der Astronomie, der Astrophysik und der Kosmologie kaum noch verstehen. Die Folge ist, daß wir ihnen viel gleichgültiger, um nicht zu sagen resignierter gegenüberstehen als etwa die Zeitgenossen eines Cusanus oder eines Kopernikus. Statt daß wir mit immer leidenschaftlicherem Interesse mitansehen, wie sich ein gigantisches Weltgebäude vor uns enthüllt, wenden wir uns von den höchst komplizierten Entdeckungen verlegen oder kopfschüttelnd ab. Wir überlassen das Feld allein den Spezialisten. Das aber hat nicht nur zu einem allgemeinen Rückgang unseres astronomischen Wissens geführt, sondern zu einem unersetzlichen Schwund unserer spekulativen Phantasie. Weil man die Einzelheiten nicht mehr begreift, denkt man auch über das Ganze nicht mehr nach.

Die Hauptschuld daran trägt die Astronomie selbst. Sie hat lange Zeit die Meinung verbreitet, die Struktur des Weltalls liege im wesentlichen fest, und was der Wissenschaft zu tun übrigbleibe, sei nur noch das ruhige und fleißige Abrunden und Durchdringen dessen, was man dank der Newtonschen Himmelsmechanik als richtig erkannt hat. Ich habe schon diese Epoche der sogenannten »Positionsastronomie« erwähnt, und ich habe auch nicht verschwiegen, daß wir ihr wichtige Einzelresultate verdanken. Aber sie hat uns in das trügerische Gefühl versetzt, wir wüßten über den Bau des Himmels nun ziemlich genau Bescheid.

Was soll man dazu sagen, wenn der deutsche Astronom F. W. Bessel, führend in seiner Zeit, um 1840 die Hauptaufgabe der Astronomie nur noch darin sah, »Regeln für die Bewegung jedes Gestirns zu finden, aus welchem sein Ort für jede beliebige Zeit folgt«. Oder wenn Max Wilhelm Meyer, ebenfalls ein deutscher Astronom – ich habe schon sein Standardwerk der Jahrhundertwende zitiert –, seinen Lesern einzureden versuchte, sie sollten die Astronomie nicht für zu schwierig halten:

»Nichts ist in der Tat leichter, als der Kette logischer Schlüsse zu folgen, welche hinaufführt zu den Sternen, denn diese Kette bildet eine sichere Leitschnur, an der man den Weg nicht verfehlen kann, was man zu denken gelernt hat. Aus einigen sehr wenigen Regeln, Gesetzen, läßt sich das ganze Getriebe der Himmelskörper verfolgen und erklären, während man in den meisten anderen Wissenschaften eine Unsumme von Material in sich aufnehmen muß, das sich nicht ohne weiteres logisch aneinanderknüpft.«

Kein Wunder, daß eine derart naive Selbstsicherheit uns das Gefühl einflößte, wir könnten auch dem weiteren Lauf der Dinge mühelos folgen, die Zeit der Überraschungen sei vorbei.

Dann aber Schlag auf Schlag, seit etwa einer Generation, eine Entdeckung umstürzender als die andere, so daß unser Weltgebäude gänzlich in Trümmer sinkt. Mit einemmal soll nicht mehr gelten, was uns bis dahin gelehrt worden ist, plötzlich ist das, was uns statt dessen gelehrt wird, so maßlos, so kompliziert, daß es unsere Vorstellungskraft weit übersteigt und wir mit der Zeit auch darauf verzichten, es überhaupt noch begreifen zu wollen. Es liegt nicht so sehr an der oft bemängelten Ungeistigkeit unserer Zeit, wenn die Astronomie nicht mehr das breite Echo wie früher findet. Sie selbst hat sich unseres allgemeinen Interesses beraubt – gezwungenermaßen, weil sie dank ihrer gewaltigen Fortschritte weit über die Grenzen unseres Begriffsvermögens hinausgedrungen ist. Wir fassen nicht mehr, was sie uns bietet. Ihre Zahlen über Zeiten, Räume, Massen, Energien nehmen wir zwar noch auf. Aber wir sind nicht mehr imstande, irgendwelche konkreten Bilder damit zu verbinden.

Es ist die *Unbegreiflichkeit des Maßlosen,* die uns die Astronomie entfremdet hat und die natürlich auch keinen Gedanken mehr an die Belebtheit und Beseeltheit des Universums aufkommen läßt.

Einige Beispiele: Nikolaus Cusanus hatte als erster die Vorstellung des Aristoteles von dem räumlich begrenzten Weltall umgestoßen und die Unendlichkeit des Universums gelehrt. Nur im Unendlichen, nicht im Endlichen, konnte alle Gegensätzlichkeit aufgehoben sein und seine berühmte coincidentia oppositorum Wirklichkeit werden. Giordano Bruno folgte ihm; im Weltall gab es weder Mittelpunkt noch äußere Grenzen. Isaac Newton, mit den von ihm entdeckten Bewegungsgesetzen und dem Gravitationsgesetz, sicherte diese Vorstellung vom unendlichen Universum dann auch mathematisch-physikalisch ab. Fortan bestand die Welt seit ewiger Zeit, sie erstreckte sich in unbegrenzte Räume. Alle Sterne, auch die Erde und die übrigen Planeten, gehorchten in ihren Bewegungen einem einheitlichen Prinzip: Zwei Körper ziehen sich proportional ihren Massen und umgekehrt proportional dem Quadrat ihrer Entfernung an. Beides, die Unendlichkeit eines sich stets erneuernden Universums und die Anziehungskraft der Massen, bildete über zweihundert Jahre lang die sicheren Grundlagen der Astronomie. Trotz vieler noch offener Rätsel gaben sie dem Gelehrten wie dem Laien das beruhigende Gefühl, das Weltall in seinen großen Umrissen zu verstehen. Wenn auch mit einiger Mühe fügte sich alles aufs beste in die menschliche Vorstellungskraft ein.

Albert Einstein hat dieses sichere Fundament mit einemmal umgestoßen. In seiner Speziellen Relativitätstheorie (1905) – nach Max Planck einem »imposanten Aufbau von wunderbarer Harmonie und Schönheit« – hat er dieses Weltbild durch Begriffe und Regeln ersetzt, so paradox, so surrealistisch, daß sich die menschliche Phantasie gänzlich außerstande sieht, sie mit irgendwelchen Abbildern der Wirklichkeit oder auch nur mit den uns bisher geläufigen physikalischen Formeln in Einklang zu bringen. Während er die Lichtgeschwindigkeit

(300000 Kilometer pro Sekunde) noch als unveränderlich ansieht, wo immer sie im Weltall gemessen wird, verneint er eine ebensolche Gleichheit für die Maße von Raum und Zeit.

Die Wegstrecken und die Zeitabstände sind »relativ«. Sie sind verschieden groß, je nachdem, wo wir uns befinden und mit welcher Geschwindigkeit wir uns fortbewegen. Ein Kilometer ist nicht überall ein Kilometer, eine Stunde nicht überall eine Stunde, so sehr das unserem normalen Empfinden widerstrebt. Die Länge eines Kilometers hängt vielmehr ganz von unserem Standort, die Dauer der Stunde von unserer Eigenbewegung ab – eine Unterschiedlichkeit, die freilich nur bei großen, kosmischen Entfernungen und Zeitabständen eine Rolle spielt. Mehr noch. Nicht nur sind Raum und Zeit variabel. Der Raum kann auch nicht ohne die Zeit, die Zeit nicht ohne den Raum verstanden oder gemessen werden. Raum und Zeit sind so untrennbar miteinander verknüpft, daß es falsch wäre, die Außenwelt, wie wir es gelernt haben, dreidimensional, nach Länge, Breite und Höhe zu messen. Sie kann nur *vierdimensional* gemessen werden, unter Einbeziehung der Zeit. »Ein mystischer Schauer«, sagt Einstein, »ergreift den Nichtmathematiker, wenn er von vierdimensional hört, ein Gefühl, das dem vom Theatergespenst erzeugten nicht unähnlich ist. Und doch ist keine Aussage banaler als die, daß unsere gewohnte Welt ein vierdimensionales zeiträumliches Kontinuum ist.«

Dieses »vierdimensionale Raum-Zeit-Kontinuum« ist vor Einstein schon von den Mathematikern Bernhard Riemann und Hermann Minkowski erkannt worden. Von Minkowski stammt der Ausspruch: »Von Stund an sollen Raum für sich und Zeit für sich völlig zu Schatten herabsinken, und nur noch eine Art Union der beiden soll Selbständigkeit bewahren.«

Bedenkt man das genauer, so bedeutet das eine völlige Suspendierung unserer Vorstellungskraft. Unsere Einbildung versagt einfach, wenn wir versuchen wollen, derartige Definitionen in die Wirklichkeit umzusetzen. Es wird von uns ja nicht nur etwas gefordert, was unseren Erfahrungen widerspricht.

Es wird verlangt, daß wir diese Erfahrungen, obgleich im Alltag immer aufs neue bestätigt, für falsch erklären. Links und rechts, vorn und hinten, oben und unten werden mit Vergangenheit, Gegenwart und Zukunft zu einem Gedankengemisch verbunden, das jede Anschauung sprengt, das *unanschaulich* geworden ist.

Diese Unanschaulichkeit ist es, die ich hier deutlich machen will. Ich glaube, Einsteins vierdimensionales Raum-Zeit-Kontinuum hat dem bis dahin noch immer breiten Interesse an den Fragen des Weltalls den tödlichen Stoß versetzt. Keine noch so volkstümliche Darstellung – und es gibt viele und gute – hat an der einen Tatsache etwas zu ändern vermocht: daß man den Fortschritten der Astrophysik von da an nicht mehr folgen konnte, daß man ihre Entdeckungen, genauer gesagt die Interpretation dieser Entdeckungen nicht mehr begriff. Das gilt nicht nur für den Laien. Auch viele Gelehrte anderer Disziplinen, deren Mitarbeit an der Kosmologie bis dahin mit Recht als nützlich gegolten hat, haben gegenüber diesem Monstrum des Raum-Zeit-Kontinuums resigniert.

In der Einsteinschen Allgemeinen Relativitätstheorie wird auch Newtons Lehre von der Anziehungskraft (Gravitation) zu Grabe getragen. Die Himmelskörper schwimmen nicht mehr in einem leeren Raum, in dem sie durch wunderliche Fernkräfte aufeinander wirken, denn es gibt keine solchen Fernkräfte mehr. Ihre Bahnen erklären sich auf andere Weise. Die Massen selbst sind es, die sich die Gestalt des Universums schaffen. Jede Materieansammlung biegt und krümmt das Raum-Zeit-Kontinuum um sich herum, ähnlich den Wirbeln rings um eine Insel im Meer. Und je größer die Dichte einer Masse, um so stärker die Raumkrümmung, die sie in ihrer Umgebung hervorruft. »Sie baut sich das Haus wie eine Schnecke«, sagt der Mathematiker Hermann Weyl.

Auch die Sonne krümmt den Raum ihrer Umgebung, und in diesem gekrümmten Raum, wie in eingekerbten Rillen, kreisen ihre Planeten. Nicht weil sie von der Sonne angezogen und dank dieser Anziehung in bestimmte Bahnen gelenkt werden, sondern weil die durch die Sonne hervorgerufene Krümmung des Raumes sie dazu zwingt, schlagen die Planeten ihre elliptischen Wege ein. Gleiches gilt für die übrigen Sterne, für die Milchstraßen und was immer sich an Sternsystemen im Universum bewegt, so daß als Gesamteffekt eine totale Krümmung unseres Weltgebäudes hervorgerufen wird.

Und weiter: Nicht nur die Lehre von der Anziehungskraft, auch die von der Unendlichkeit des Universums verliert ihre Gültigkeit. Ich lasse *Lincoln Barnett,* Einsteins Schüler, sprechen, der uns diese Konsequenz der Allgemeinen Relativitätstheorie einigermaßen verständlich macht:

> »Die kombinierten Formveränderungen, die durch all die unberechenbaren Materiemassen im Universum hervorgerufen werden, veranlassen das Kontinuum, sich in einer geschlossenen kosmischen Kurve in sich selbst zurückzubiegen. Das Einsteinsche Weltall ist mithin nichteuklidisch (d. h., es gehört nicht der ebenen Geometrie mit ihren geraden Linien an), und es ist endlich. Den erdgebundenen Menschen mag es scheinen, als ob sich ein Lichtstrahl geradlinig in die Unendlichkeit fortpflanze, genau wie einem Regenwurm, der unaufhörlich ›geradeaus‹ kriecht, die Erde flach und unbegrenzt vorkommen muß. Aber unsere Vorstellungen von einem euklidischen Weltall sind genau wie die des Regenwurms durch die Begrenztheit unserer Sinneswahrnehmungen bedingt. Im Einsteinschen Universum gibt es keine geraden, sondern nur geodätische (also gekrümmte) Linien. Der Raum ist sowohl endlich als auch unbegrenzt.«

Ein englischer Physiker hat dieses abstruse Gebilde mit einer Seifenblase verglichen, bei der das Universum nicht das Innere, sondern nur die Oberfläche bildet, eine Oberfläche, die nicht nur aus zwei, sondern aus vier Dimensionen besteht, aus drei für den Raum und einer für die Zeit. Ein unbegrenztes, aber ein *endliches* Universum, cinc Kugelgestalt, die wir nicht etwa räumlich, sondern raumzeitlich zu verstehen haben (und die dazu noch, worauf wir später zurückkommen werden, in einer rasenden Ausdehnung begriffen ist). »Ein Sonnenstrahl«, so Barnett, »der mit einer Geschwindigkeit von 300 000 Kilometern pro Sekunde seine Reise durch das Weltall antritt, würde, obwohl er immer geradeaus liefe, einen großen Weltkreis beschreiben und in etwa 56 Milliarden Erdjahren zu seiner Quelle zurückkehren.«

Jeder Versuch, dieses Produkt abstrakter Geometrie in ein auch nur halbwegs vorstellbares Bild, in etwas körperlich Faßbares zu verwandeln, muß scheitern. Unser vertrautes Weltsystem ist zusammengebrochen, das alte Universum hat aufgehört zu bestehen. Wer wagte da noch, an jenen Kosmos zu denken, dem man einst Leben oder gar Seele zugesprochen hat? Eine bloße Chiffre ist an seine Stelle getreten, eine mathematische Formel, die auf unsere Phantasie keinen Anspruch mehr erhebt, geschweige denn sie beflügelt. Als Einsteins zweite Frau, so wird berichtet, mit ihrem Mann das Mount-Wilson-Observatorium in Pasadena besuchte, soll sie den Direktor gefragt haben, wozu man denn das große Spiegelteleskop brauche. »Um die Gestalt des Universums festzustellen«, war die Antwort. »Das macht mein Mann«, so Frau Einstein, »auf der Rückseite eines alten Briefumschlages.« Wahr oder nicht, für die Umwälzung, die Einstein ausgelöst hat, ist die Geschichte typischer als alles andere. *Wir sehen das Weltall nicht mehr, wir denken es nur noch.*

Umstürzend ist aber nicht nur Einsteins vierdimensionale Gedankenwelt. Ebenso umstürzend ist die *Explosion der Zahlen,* über die uns die neuesten Beobachtungen berichten und die unsere überlieferten Vorstellungen gänzlich über den Haufen werfen.

Einige Beispiele. Zunächst unser eigener Stern. Im Verlauf von weniger als drei Generationen hat sich das Alter der Erde um das Zehntausendfache multipliziert. Anfang des vorigen Jahrhunderts wurde es noch auf kaum mehr als hunderttausend Jahre geschätzt. Der englische Physiker Lord Kelvin erhöhte es um die Jahrhundertwende auf 20 bis 40 Millionen

Jahre. Otto Hahn errechnete 1926, daß seit den ersten Meeresablagerungen mehr als 1600 Millionen Jahre vergangen sein mußten. Heute – vorerst – hat man sich auf ein Erdalter von etwa 4½ Milliarden Jahren geeinigt.

Ähnliches ist mit dem Alter der Sonne geschehen. Hermann von Helmholtz billigte ihr 1854 günstigstenfalls 50 Millionen Jahre zu. Die Gesamtdauer ihrer bisherigen und künftigen Strahlung schätzte er auf 100 Millionen Jahre. Heute glauben wir, daß sie seit etwa 6 bis 8 Milliarden Jahren existiert, davon als strahlender Stern seit 4½ Milliarden Jahren, obwohl sie in jeder Sekunde 700 Millionen Tonnen Wasserstoff zu Helium verbrennt. In 15 Milliarden Jahren hat diese Verbrennung ein Tausendstel ihrer Masse verbraucht.

Aber das alles läßt sich noch einigermaßen begreifen. Weithin unbegreiflich mutet dagegen an, was die Erforschung der Milchstraßen ergeben hat. Hier, scheint mir, können wir die Zahlen nur noch als abstrakte Größen nehmen, nicht mehr als Abbild einer vorstellbaren Wirklichkeit.

Auf der Schule wurde mich noch gelehrt, daß die Materie des Universums zur Hauptsache aus unserer Milchstraße bestehe, dahinter beginne die Unendlichkeit. Diese Milchstraße – in ihrem Zentrum unser Sonnensystem – was also praktisch identisch mit dem, was man jahrtausendelang unter Makrokosmos verstand. Über ihre Größe ließ man sich nur zögernd aus. Jedenfalls war sie so riesenhaft, daß sie allein schon einen Eindruck des Unermeßlichen gab. Vermutlich zählte sie 1 bis 1½ Millionen Sterne. Um ihren Durchmesser zu durchlaufen, benötigte das Licht 7000 Jahre. Es war das Bild, das Wissenschaft und Lehre rund 200 Jahre lang beherrscht hatte.

Das alles ist dahin. Nach unserer heutigen Kenntnis beträgt die Anzahl der Sterne in unserer Milchstraße das Hunderttausendfache, der Milchstraßendurchmesser 100000 Lichtjahre, also 100000 mal 9,46 Billionen Kilometer. Unsere Sonne hat ihre zentrale Stellung verloren. Sie liegt jetzt zum Rande der Milchstraße hin und ist ein ganz durchschnittlicher Stern. Um die Maßstäbe zu veranschaulichen: Wäre unser Sonnensystem in einem mittelgroßen Zimmer untergebracht, so stünde die uns am nächsten benachbarte Sonne, eine von 200 Milliarden, bereits 15 km entfernt, und die ganze Milchstraße hätte eine Ausdehnung, die der Strecke Erde–Mond gleichkommt.

Aber es ist noch weit mehr geschehen, ich habe schon zu Beginn davon gesprochen. Unsere Milchstraße hat aufgehört, die einzige zu sein. Welche Revolution das bedeutet, kann nur ermessen, wer sich hundert Jahre zurückversetzt. Damals war es dem Fleiß des deutschen Astronomen Argelander gelungen, mehrere hunderttausend Sterne zu katalogisieren, und so konnte man ernsthaft hoffen, wie es in der Geschichte der Astronomie von 1877 hieß, »in relativ kurzer Zeit ein ziemlich vollständiges Bild des ganzen Sternhimmels zu erhalten«.

Nicht minder zuversichtlich gab sich ein Jahrzehnt später die englische Astronomin Agnes M. Clerke. »Kein kompetenter Forscher«, so schrieb sie, »der das Ganze der verfügbaren Beobachtungstatsachen vor sich hat, wird heute, das kann mit Sicherheit gesagt werden, irgendeinen Nebel für ein Sternsystem vom gleichen Rang wie das Milchstraßensystem halten. Wir dürfen gewiß sein, daß die Gesamtheit der Sterne und Nebel einem einzigen mächtigen Gebilde angehört und daß sie alle im Rahmen dieses umfassenden Systems in geordneter Beziehung zueinander stehen.«

Noch im Großen Brockhaus der Jahrhundertwende findet sich kein Wort darüber, daß außer unserer Milchstraße etwa andere Milchstraßen existieren könnten. Inzwischen ist dieser Optimismus gründlich zerstört. Wir wissen jetzt, daß es außer unserer Milchstraße noch mindestens *hundert Milliarden anderer Milchstraßen* gibt. Allein in unserer nächsten Umgebung finden sich über 20, von denen wir einige zwar kannten, aber lange Zeit für kleinere Nebel hielten. Alle diese Galaxien (von griechisch gála = Milch) sind durch riesige Entfernungen voneinander getrennt. Unterstellen wir, daß eine jede von ihnen nicht mehr Sterne zählt als unsere eigene Milchstraße – was sicher nicht stimmt, denn es gibt Riesengalaxien –, so hat sich damit die Gesamtzahl der Sterne im Universum auf die irreale

Größe von 10000 Millionen Millionen Millionen erhöht. Und auch diese Zahl wird binnen kurzem wieder überholt sein.

Mit unserem Vorstellungsvermögen können wir das nicht mehr nachvollziehen. Wir schreiben zwar die Zahlen nieder, wir sind auch bereit, sie weiterhin zu multiplizieren. Aber wir fühlen uns außerstande, dieses mathematisch Gedachte noch mit konkreten Bildern zu verbinden. Spätestens angesichts dieser galaktischen Zahlen hat unsere Phantasie abgedankt. Und ich bin sicher, auch der Spezialist wird diese Explosion unserer Welt nur noch vom Rechnerischen her erfassen.

Ein letztes Beispiel. Noch bis weit in die erste Hälfte unseres Jahrhunderts hinein war man der Ansicht, die Sterne seien sich ihrer Art nach ziemlich gleich. Sie gehörten zwar verschiedenen Kategorien an – Monde, Planeten, Fixsterne –, sie differierten auch nach Größe, Zusammensetzung, Helligkeit usw. Aber diese Unterschiede bewegten sich doch in Größenordnungen und Strukturen, von denen man glaubte, sie seien hinreichend bekannt oder zumindest überschaubar. Auch damit ist es nun zu Ende. Inzwischen sind Sterne aufgetaucht, die wahre Anomalien darstellen.

Die erste dieser Anomalien: Unsere Kenntnis von ihr ist etwas mehr als zehn Jahre alt, wir verdanken sie einer englischen Studentin. Es handelt sich um die sogenannten Neutronensterne oder Pulsare, Himmelskörper, deren eigene Schwerkraft so groß ist, daß sie die Sternmasse zu einem winzigen Klumpen von unvorstellbarer Dichte zusammenpreßt. Unter der Wirkung der Gravitation werden die Elektronen der Atome, die normalerweise den Atomkern umkreisen, in den Kern hineingetrieben, wo sie sich mit den gegensätzlich geladenen Protonen zu neutralen Teilchen vereinigen, den Neutronen, die der neuen Sternart den Namen geben. Der Durchmesser dieser Sterne ist kleiner als die Entfernung Paris–Versailles. Auf einem einzigen Kubikzentimeter aber drängen sich Massen von 100 Millionen bis 1 Milliarde Tonnen zusammen. Doch nicht nur das, sie rotieren mit so ungeheurer Geschwindigkeit, daß sie in der Sekunde bis zu 30mal um ihre Achse rasen. Die Energien, die sie dabei in kürzesten Intervallen abstrahlen, erreichen das 100 000fache der Sonnenstrahlung. An dieser – für unser Auge unsichtbaren – Strahlung hat man sie überhaupt entdeckt. Sie wurde erstmals 1967 im Radioteleskop von Cambridge registriert. Die Welt wiegte sich danach längere Zeit in der Hoffnung, es könnte sich bei den ungewöhnlich regelmäßigen Impulsen um Funksignale intelligenter Wesen handeln. In exakten Perioden, die je nach dem einzelnen Stern zwischen 0,033 und 3,74 Sekunden, meist zwischen ½ und 1 Sekunde liegen, erreicht ihre Strahlung die Erde.

Der zweite Fall, hier handelt es sich nicht um eine superkleine, sondern eine supergroße Masse. Man erinnert sich, daß die Sonne noch bis in unsere Zeit hinein als einer der größten Fixsterne galt. Nicht umsonst plazierte man sie in den Mittelpunkt unserer Milchstraße. Um so bemerkenswerter, daß sich der folgende Vorgang in ihrer »nächsten« Umgebung abspielt, von der wir doch hätten meinen sollen, daß wir sie zur Genüge kennen. In den Tageszeitungen vom 6. Juni 1977 stand zu lesen:

> »Einer der bekanntesten und hellsten Sterne am Winterhimmel der nördlichen Erdhälfte, der rote Riese Beteigeuze im Sternbild Orion, ist nach Beobachtungen amerikanischer Astronomen so groß, daß unser bis zum Planeten Pluto reichendes, im Durchmesser knapp zwölf Milliarden Kilometer messendes Sonnensystem mindestens 400mal darin Platz finden würde. Mit modernem Gerät vom McDonald-Observatorium in Neu-Mexico gewonnene fotografische Aufnahmen zeigen nach Angaben des Astrophysikers Maxwell Sandford aus Los Alamos, daß der Riesenstern viel gewaltigere Ausmaße hat, als bisher angenommen worden war. Der sich ständig ausdehnende Stern ist demnach 3,25millionenmal größer als unsere eigene Sonne.« (In einem Atlas zur Astronomie von 1976 finde ich noch das 400fache der Sonnengröße verzeichnet.)

Wie sollen wir auf diese ständige Inflation der Zahlen und Maße noch reagieren? Wir vernehmen sie mit anfänglichem Staunen, zugleich verwundern wir uns darüber, daß nicht mehr stimmen soll, was man uns früher mit so unerschütterlicher Sicherheit, mit so überzeugenden Beweisen gelehrt hat. Und weil es nicht mehr stimmt, weil das Neue immer gigantischere Größenverhältnisse annimmt, so daß es jeder Vorstellungskraft spottet, mündet unser Staunen letztlich in Resignation. Wir verlieren alle Hoffnung, jemals noch ins Bildliche umsetzen zu können, was uns an rechnerischen Daten geboten wird. Unsere Gabe der Realisation ist durch die Maßlosigkeit zerstört. Etwas Bildliches kann ja auch immer nur etwas Ganzes sein. Auch das Universum läßt sich nur so lange verstehen, als es vor unseren Augen seine Ganzheit, seine Einheit zu bewahren vermag. Diese Einheit aber ist in einer Flut monströser Einzelfakten untergegangen. Wie der britische Astronom Sir Bernard Lovell sagt: In dem Maße, in dem wir tiefer in die Geheimnisse des Weltalls eindringen, scheint unser Verständnis des Ganzen zusammenzubrechen. Daher auch die Abkehr des allgemeinen Interesses von der Astronomie: Gegenüber Zahlen so ungewohnten Ausmaßes ist man ratlos geworden, dazu noch bei einer Fachsprache, die nicht einmal der Gebildete mehr versteht. Und vielen, auf die es ankommt, nimmt gerade diese Ratlosigkeit den Mut zu einer größeren Zusammenschau. Sie müssen ständig befürchten, wichtige Fakten außer acht zu lassen oder von neuen Fakten überrollt zu werden.

Wie soll unter diesen Umständen dann gar noch der Gedanke aufkommen, es könnte im Universum *lebende* Zusammenhänge geben? Wo man nicht einmal mehr die stofflichen Zusammenhänge erkennt? Als Kopernikus das geozentrische durch das heliozentrische System ersetzt hat, sind in der Vorstellung der Menschen wenigstens noch die alten Ausmaße des Kosmos gewahrt geblieben. Wir aber erleben, daß alles, was wir sehen und was jahrtausendelang, noch bis vor fünfzig Jahren, als die Hauptmasse des Ganzen gegolten hat, zu einem winzigen, völlig nebensächlichen Teil des Weltalls degradiert wird – eine geradezu menschenfeindliche Wucherung ins Überdimensionale.

So erklärt sich denn auch – für die Idee eines lebenden Weltalls ebenfalls tödlich – das vollkommene Desinteresse, das in der heutigen Philosophie an kosmologischen Fragen besteht.

Früher waren es gerade die Philosophen gewesen, die für eine Gesamtbetrachtung des Universums eingetreten sind. Viele Stimmen, die wir über das lebende Weltall gehört haben, stammen aus der Naturphilosophie. Man kannte die Forschungsergebnisse der Astronomie, es war verhältnismäßig leicht, sich daraus ein Bild des Ganzen zu machen – welches auch immer. Aber wie soll es einem Philosophen heute noch möglich sein, auch nur in großen Zügen den stürmischen Fortschritten der Astronomie zu folgen? Es gibt einige Ausnahmen – Wolfgang Stegmüller etwa, der sich in seinen »Hauptströmungen der Gegenwartsphilosophie« ausführlich mit kosmologischen Problemen befaßt. Aber sie erklären sich so, daß es sich bei den Betreffenden nicht nur um Philosophen, sondern auch um gelernte Naturwissenschaftler handelt. Im allgemeinen bleibt es dabei, daß die Philosophie dem Kosmos den Rükken kehrt.

Einstein bedeutet auch hier die große Zäsur. Seine Relativistik hat ganze Bibliotheken mit Formeln gefüllt und Astronomie und Kosmologie zu wahren Dschungeln werden lassen, in denen sich nur noch der Spezialist zurechtfindet. Die Philosophie mit ihren ganz andersartigen, vielleicht weniger exakten, aber um so zutreffenderen Gesichtspunkten sieht sich verbannt. Das Feld wird ausschließlich von der Naturwissenschaft beherrscht und mit ihr von der Methode des quantitativen Messens, von der Forderung nach Determiniertheit und nach Kausalität.

Diese mechanistische Betrachtungsweise hat der Idee des lebenden Weltalls endgültig den Boden entzogen. Ich habe schon im Zusammenhang mit dem Verlust unseres mystischen

Bewußtseins davon gesprochen. Aber sie hat mehr getan, als nur dieses mystische Bewußtsein auszulöschen. Sie hat das gesamte Universum *physikalisiert.* Zuerst haben sich die geometrischen Maßstäbe des Kosmos um das Milliardenfache, das Billionenfache multipliziert. Das Resultat waren Größenordnungen, in denen nur noch der Physiker wirkliche Ordnungen erkennen konnte. Dann kam der weitere Schritt. Indem sich die Vorgänge im Universum nur noch dem Physiker erschlossen, haben sie sich auch selbst zwangsläufig in rein physikalische verwandelt. Dies mit um so größerem Recht, als es auf diese Weise auch tatsächlich gelungen ist (oder gelungen zu sein scheint), für viele rätselhafte Erscheinungen plausible Gründe zu finden.

Einige wenige Beispiele. Beim ersten handelt es sich um die Entstehung des Sonnensystems, beim zweiten um die Entstehung des Universums als Ganzem.

Wie man weiß, hat schon Kant den Ursprung der Sonne und ihrer Planeten auf rein mechanischem Weg zu erklären versucht. Nach der verfeinerten These seines Zeitgenossen Laplace bestand das Sonnensystem anfänglich aus einer linsenförmigen Gaswolke von hoher Temperatur. Durch ständiges Strahlen ist sie kühler geworden und hat zu schrumpfen begonnen. Je kleiner sie wurde, um so schneller rotierte sie. Die Zentrifugalkraft der äußeren Massen wurde schließlich so groß, daß sich ein nebelhafter Ring von der Hauptmasse löste, der dann im weiteren Verlauf zu einem Planeten kondensierte. Während sich die zentrale Wolke weiter zusammenzog, wiederholte sich das Ganze mehrere Male, so daß ein Planet nach dem anderen entstand. Der sich weiter verdichtende Zentralkörper wurde schließlich zur Sonne.

Auf die Dauer war diese Theorie nicht haltbar. Sie wies zahlreiche Schwächen auf, so daß sie in wichtigen Punkten modifiziert werden mußte. Ich erwähne sie auch nicht, um nun die Entstehung des Sonnensystems zu erklären, sondern um darzutun, daß hier erstmals, unter weitgehender Übereinstimmung mit den zu beobachtenden Resultaten, versucht worden ist, kosmische Vorgänge auf mechanische Ursachen zurückzuführen. Strahlende Gasmassen, Abkühlung, Zusammenziehung, Druckerhöhung, Rotation, Fliehkraft, Loslösung von Teilmassen, die sich ebenfalls zusammenziehen – all das reichte aus, um die Gebilde, die wir vor uns sehen, in ihrer Historie verständlich zu machen. In ihrer Historie und in ihrem Wesen. Daran hat sich in der Folgezeit nichts mehr geändert. Im Gegenteil.

Die neuere Astronomie sieht sich in der Lage, die Dinge noch sehr viel überzeugender darzustellen, als Kant und Laplace es taten. Nach dem deutschen Astronomen und Physiker Carl Friedrich von Weizsäcker sind Sonne und Planeten aus einem rotierenden und turbulenten Urnebel entstanden. Stöße und Reibungen zwischen den Turbulenzmassen haben zu lokalen Wirbelzonen geführt, in denen sich Materie »anhäufelte«, die dann zu Planeten und Monden wurde, während im Zentrum der sich abplattenden Gasscheibe der Fixstern, die Sonne, entstand. (Eine solche abgeplattete Gasscheibe haben übrigens unlängst amerikanische Astronomen im Sternbild Schwan entdeckt, und wahrscheinlich handelt es sich dabei tatsächlich um die Geburt eines Planetensystems: eine diskusförmige Scheibe aus helleuchtenden Gasen, wahrscheinlich erst 1000 Jahre alt und heute in einem Zustand wie unser Sonnensystem vor ungefähr fünf Milliarden Jahren.)

Weizsäcker ist es auch gewesen, der 1937/38 zusammen mit Bethe die eigentliche Ursache der Sonnenstrahlung entdeckt hat. Bis dahin war man der Meinung, die Energie der Sonne, wie aller anderen Sterne, erkläre sich aus einer Zusammenziehung ihrer Masse, die ihrerseits den inneren Druck so vergrößert, daß die Temperatur zu gewaltiger Höhe ansteigt. Seitdem aber steht fest, daß die Sonnenenergie auf atomaren Kernprozessen im Sonneninneren beruht (was die geschätzte Lebensdauer der Sonne schlagartig von 100 Millionen Jahren auf viele Milliarden Jahre erhöht hat). Der große innere Druck führt zu so hohen Hitzegraden, daß Kernfusionen in Gang kommen, Wasserstoffkerne verschmelzen zu Heliumkernen. Alles in allem eine denkwürdige Theorie, weil von da an der Siegeszug der Atomphysik in der Astronomie datiert.

Um atomare Erscheinungen geht es auch im nächsten Beispiel, bei der Geburt des Universums als Ganzem. Seit die Endlichkeit des Weltalls behauptet wird, gibt es zahlreiche Ansichten darüber, wie es entstanden sein könnte. Die heute herrschende ist die »Urknall«-Theorie, die für die ganze Entwicklung typisch ist. Sie ist eng mit dem Namen George Gamows verknüpft, eines amerikanischen Physikers. In ihren Anfängen geht sie auf Modelle zurück, die der russische Astronom und Mathematiker Friedmann und der belgische Geistliche Lemaître beschrieben haben.

Danach war das Universum vor etwa zehn bis fünfzehn Milliarden Jahren in einen Körper von überaus großer Dichte zusammengepreßt, ein »Uratom«, das schon den gesamten Stoff des Universums enthielt. Zehn bis fünfzehn Milliarden Jahre ist ungefähr die Zeit, die sich ergibt, wenn man die Ausdehnung des Universums, die seither stattgefunden hat, rechnerisch zurückverfolgt, den Film der Expansion also in umgekehrter Richtung ablaufen läßt.

Nach Gamow (der übrigens statt des mystisch klingenden Wortes »Urknall« viel ungenierter vom »Big Bang«, dem »Großen Knall« gesprochen hat) haben sich die entscheidenden Dinge mit rasender Geschwindigkeit abgespielt.

In der ersten Sekunde hat es hauptsächlich zwei Dinge gegeben: zahlreiche ultramassive Partikeln (Protonen, Neutronen, Elektronen) und die extrem energiereiche Gammastrahlung, beides zu ungefähr gleichen Teilen. »Bei der Kollision von Partikeln« – ich folge der Darstellung Joachim Hermanns – »entstand immer wieder neue Gammastrahlung. Die Protonen der Gammastrahlung kollidierten, und es entstanden Protonen, Neutronen und ihre entsprechenden Antiteilchen. Bei weiterer Expansion und Abkühlung des Universums verlor die Gammastrahlung mehr und mehr ihre Energie. Dadurch entstanden bei den Zusammenstößen der Gammaphotonen nur noch masseärmere Teilchen, insbesondere Elektron-Positron-Paare, anstatt der ursprünglichen Proton-Antiproton-Paare. In einem Zeitraum von ungefähr drei Minuten entstand durch Fusion von Wasserstoff auch Helium. Das meiste Helium, das heute die Erde enthält, sollte damals bereits entstanden sein.«

Wir brauchen die höchst komplizierten Vorgänge nicht im einzelnen zu verfolgen. Wichtig ist allein, daß sich nach dieser Theorie die Welt praktisch innerhalb der ersten drei Minuten gebildet hat. Von der ersten Sekunde an war *alle* Materie vorhanden, die sich heute im Universum verteilt, wenn auch zunächst mehr als Strahlung, weniger als Masse (nach Einstein bleibt die Gesamtsumme von Strahlung und Masse konstant). Schon in den ersten 100 Sekunden wurde auch über das Verhältnis von Helium zu Wasserstoff 10 : 1 entschieden, eine Relation, die noch heute den Grundbestand aller kosmischen Materie ausmacht. Die Milliarden Milchstraßen, die Billionen Sterne haben sich zwar erst im weiteren Verlauf entwickelt, aus lokalen Verdichtungen der bei der Urexplosion herausgeschleuderten Materie. Sie sind aber nicht das Resultat unabhängiger Geburtsvorgänge, vielmehr geht ihr eigentlicher Ursprung ebenfalls auf das Uratom zurück, das auch schon die Materie dieser späteren Sterne und Sternsysteme enthielt.

Das Beispiel zeigt deutlich, wie weit die Physikalisierung des Universums heute gediehen ist. Die ersten drei Minuten, in denen das Weltall entstand, die Millionen und Milliarden Jahre, in denen sich die Milchstraßen und Sterne gebildet haben – sie sind nur noch Glieder einer gewaltigen, aber logischen Kette kernphysikalischer, mechanischer und chemischer Reaktionen, die von der Nullzeit bis in unsere Gegenwart reicht. Was uns einstmals als geheimnisvoller Schöpfungsakt erschien, die Geburt des Kosmos, stellt in Wahrheit nichts anderes dar als ein in jeder Phase kausal ablaufendes Geschehen. Mit der Automatik eines Uhrwerks bringt es binnen 100 bis 200 Sekunden alles Wesentliche hervor. Und das Überraschende dabei: Diese rein physikalische Deutung scheint sich auch als die einzig richtige zu erweisen.

Im Jahre 1965 hat man die »Drei-Grad-Kelvin-Strahlung« entdeckt, eine intensive kosmische Strahlung im Bereich der Millimeter- und der Zentimeterwellen. Völlig gleichmäßig trifft sie aus allen Richtungen des Universums auf der Erde ein. Sie kann also schwerlich an bestimmte Himmelskörper, etwa an entfernte Galaxien, gebunden sein. Man nimmt an, daß es sich bei dieser sogenannten Hintergrundstrahlung um Reste der »Big Bang«-Strahlung handelt. Infolge der Expansion des Weltalls würde sie sich inzwischen auf drei Grad Kelvin abgekühlt haben, eine Temperatur, die genau den theoretischen Berechnungen entspricht. Sie wurde bereits zwanzig Jahre vor ihrer Entdeckung vorausgesagt.

Die ganze Urknalltheorie hat nur einen Haken. Niemand kann bis jetzt sagen, woher die Materie stammt, aus der sich das »Uratom« gebildet hat, immerhin eine so große Menge, daß sie – Masse oder Strahlung – schon die Materie des gesamten Weltalls enthalten haben muß. Was also ist vor den ersten drei Minuten geschehen? Welche Kräfte, welche Substanzen sind am Werk gewesen, um eine so gewaltige Superbombe zu produzieren, die von der Theorie vorausgesetzt wird?

Keine der Kosmologien vermag diese entscheidende Frage zu beantworten. Georges Lemaître, wie sein Beruf als Abbé es nahelegt, nahm einen göttlichen Schöpfungsakt an. Andere wieder sehen hinter den Urwolken oder Urkernen das reine Nichts, und nach ihnen beginnt auch die Zeit erst von dem Augenblick an zu laufen, da die atomaren Prozesse ihren Anfang nehmen. Aber das eine wie das andere ist unbefriedigend. Sofort beginnen wir nach irgendeinem »Schöpfer«, nach dem Wesen der Zeit, nach dem davorliegenden Nichts, nach der Ewigkeit zu fragen. Und spätestens hier muß auch die Naturwissenschaft sich wieder an die allgemeinen Geisteswissenschaften wenden, die sie seit so langer Zeit ignoriert hat. Einigkeit besteht jedenfalls darüber, daß es für die Vorgänge vor der Nullzeit keine physikalisch haltbare Erklärung gibt. Der eigentliche Schöpfungsprozeß bleibt im Dunkel. Oder, wie es ein jüngerer, nicht allzu mystisch angehauchter Philosoph der Gegenwart formuliert: »Eine Begründung, warum hier und jetzt ein H-Atom entsteht und wie es kausal mit den Antezedenzzuständen der Umgebung zusammenhängt, ist schon definitorisch ausgeschlossen.« (So lautet das in der modernen Sprache. Ich komme auf das ganze Problem noch zurück.)

Eng verknüpft hiermit ist die Tatsache, daß die Prozesse nun zugleich als *anorganische* angesehen werden. Die Physik hat es vorwiegend mit der Beschaffenheit lebloser Substanzen zu tun, und von hier aus schleicht sich dann ganz von selbst die These ein, daß auch das, was sich im Weltall auf so vorzügliche Weise physikalisch erklären läßt, notwendig etwas Lebloses ist. So kommt es zu jener stillschweigenden Vermutung des Anorganischen, von der schon zu Beginn die Rede war und die für alle heutigen Weltmodelle charakteristisch ist. Das Universum ist zu einer physikalischen und chemischen Mammutfabrik, zu einer gigantischen Anhäufung von Kernreaktoren geworden, so daß jeder, der sich noch um eine Gesamtansicht unserer Welt bemüht, nur noch die Wahl hat zwischen einer religiösen und einer thermonuklearen. Darin liegt die eigentliche Neuerung, die sich zugetragen hat, eine wahre Revolution unseres gesamten geistigen Verhältnisses zur Natur. *Teilhard de Chardin* (dessen Philosophie ich, wie gesagt, nicht teilen kann) hat sie aufs eindrucksvollste beschrieben:

> »Im Gegensatz zu den ›Primitiven‹, die allem, was sich bewegt, ein Gesicht geben, oder sogar zu den ältesten Griechen, die alle Eigenschaften und Kräfte der Natur vergöttlichten, ist der moderne Mensch von dem Verlangen besessen, das, was er am meisten bewundert, zu entpersönlichen (oder unpersönlich zu machen). Diese Tendenz hat zwei Gründe. Erstens: die Analyse – dieses wunderbare Instrument wissenschaftlicher Forschung, dem wir alle unsere Fortschritte verdanken, das aber Ganzheit auf Ganzheit auflöst und so eine Seele nach der anderen entweichen läßt, bis wir uns schließlich vor einem Haufen zerlegter Mechanismen oder zergehender Teile befinden. Zweitens: die Ent-

deckung der siderischen Welt (d.h. der Sternenwelt), ein Objekt von so weiten Ausmaßen, daß zwischen unserem Sein und den Dimensionen des Kosmos um uns jedes Verhältnis aufgehoben erscheint.« (Der Mensch und der Kosmos, Le phénomène humain, deutsche Ausg. 1969.)

Nicht weniger bewegend sagt es der englische Philosoph E. A. Burtt, auch er soll hier zu Wort kommen:

> »Das wundervoll malerische Universum Dantes und Miltons, das der Phantasie des Menschen keine Grenzen setzte, wenn sie über Zeit und Raum hinwegspielte, war nun verschwunden. Raum wurde dem Bereich der Geometrie gleichgesetzt, Zeit dem Kontinuum der Zahlen. Die Welt, in der die Menschen zu leben geglaubt hatten – eine Welt voll Farbe und Klang, Duft verströmend, erfüllt von Freude, Liebe und Schönheit, die überall von zweckvoller Harmonie und schöpferischen Wunschbildern sprach –, blieb nun in winzige Ecken in den Hirnen verstreuter organischer Wesen zusammengedrängt. Die Welt draußen, auf die es ankam, war hart, farblos, schweigend und tot; eine Welt der Quantität, eine Welt der mathematisch errechenbaren Bewegungen in mechanischer Gesetzmäßigkeit.«

Für »der Sterne Riesengeister« eines Novalis ist kein Raum mehr, die Idee vom lebenden Weltall ist tot. An die Stelle des alten Makrokosmos, des großen Ebenbildes des Menschen, ist ein kaltes Abstraktum getreten: der Glaube an die allumfassende Geltung physikalischer Gesetze, an das Prinzip der lückenlosen Kausalität. Lückenlos kausal kann aber nur das Leblose sein.

4.
Ein lebendes Weltall widerspricht nicht dem physikalischen

Für die Hypothese, die ich aufgestellt habe, ergeben sich aus dieser Entwicklung einige wichtige Konsequenzen. Es ist nicht möglich, daß wir so tun, als sei das alles nicht geschehen. Wir können vor die Zeit der Physikalisierung, wie gesagt, nicht zurückgehen. Es mag zwar nicht wenige geben, die lieber wieder früheren philosophischen Theorien oder an einen der alten Mythen anknüpfen würden, statt sich dem eisigen Hauch mathematischer Formeln oder atomarer Prozesse auszusetzen. Wie es ja auch heute noch in anderen Teilen der Welt Völker und Religionen gibt, die an dem Bild belebter oder gar göttlicher Gestirne, eines uns alle umschließenden Organismus festhalten. Aber der Mensch kann den Lauf der Geschichte nicht negieren, ob er ihn nun gutheißt oder nicht. Nicht die Geschichte hat uns geformt, wir haben sie geformt.

Was sich in der neueren Astronomie und Kosmologie abspielt, diese Hinwendung zur Kausalität, zum Messen, Errechnen, Beweisen, diese Vorherrschaft des Anorganischen (weil es sich am ehesten analysieren und in abstrakte Begriffe gießen läßt), überhaupt diese Lust an der Mechanik des Leblosen, auch an ihrer leblosen Sprache – das alles ist uns ja nicht von irgendwem außerhalb aufoktroyiert. Wir selbst haben es geschaffen, es ist ein Teil unseres eigenen Ichs. Und nicht nur des Ichs unserer Generation, sondern vieler Generationen davor.

Seit Jahrhunderten schon, nur durch gelegentliche Zwischenstufen unterbrochen, dauert dieser allgemeine Umbruch unseres Denkens an, eine lange Kette geistiger Richtungskämpfe, die durch Schlagworte wie »metaphysisch«, »teleologisch«, »intuitiv«, »qualitativ« auf der einen Seite, »positivistisch«, »deterministisch«, »quantitativ« usw. auf der anderen gekennzeichnet sind. Und wie immer, so hat diese geistige Auseinandersetzung auch ganz gegensätzliche Menschentypen hervorgebracht, den mehr fühlenden Typ im Lager der »Idealisten«, den mehr denkenden im Lager der »Mechanisten«.

Aber seien wir offen: Wenn wir die Wahl hätten – um beim Beispiel der Urknalltheorie zu bleiben –, uns die Entstehung des Weltalls nach der Art Gamows zu erklären oder als einen irrationalen Schöpfungsakt, wir würden sicher das erstere vorziehen, gerade weil es unserem Bedürfnis nach logischer Deduktion entgegenkommt und uns durch seine lückenlose Beweisführung besticht. Es ist eben ein faszinierendes Schauspiel, dem sich kaum jemand entziehen kann, die Geburt eines ganzen Universums in einem Countdown von wenigen Minuten ablaufen zu sehen und dabei das beruhigende Gefühl zu haben, daß die Entschleierung dieses größten Geheimnisses den Gaben unseres eigenen Verstandes zu verdanken ist. Der Wunsch, die Physikalisierung rückgängig zu machen, ist also gar nicht so groß.

Und das ist auch gut so. Es kommt hinzu, daß die Ergebnisse der Astrophysik auch wirkliche Fortschritte darstellen. Wer wollte denn schon leugnen, daß sich die Sonnenstrahlung, wie auch die Strahlung anderer Fixsterne, tatsächlich aus der Verschmelzung von Wasserstoffkernen zu Heliumkernen erklärt? Was die Vorgänge auf der Sonne betrifft, so sind zwar gerade in letzter Zeit viele Rätsel aufgetaucht. Es scheint, als kennten wir die Sonne heute weniger gut als bisher. Aber an der Richtigkeit der Bethe/Weizsäckerschen Theorie kann doch kein ernsthafter Zweifel mehr sein. Oder wer wollte leugnen, daß die »Drei-Grad-Kelvin-Strahlung«, die uns aus den Horizonten des Weltalls erreicht, aufs genaueste dem theoretisch errechneten Ablauf der Urexplosion entspricht?

Auch hier gibt es zwar mancherlei Einwände, die nicht verstummen wollen und die ganz andere Ursachen dieser Strahlung vermuten: Absorption und Wiederaussendung von Licht durch weit entfernte Galaxien, starke galaktische Infrarotstrahlung, Aufnahme freier Energien durch interstellaren Staub und Umwandlung in Strahlung von größerer Wellenlänge und anderes mehr. Aber das reicht nicht aus, die Urknalltheorie nur deshalb für unzutreffend zu erklären, weil sie aus der Hexenküche der Atomphysik stammt. Ganz zu schweigen von der Explosion der Zahlen, die wir vernommen haben und gegen die wir uns instinktiv auflehnen, weil sie in unsere Vorstellungen nicht hineinpaßt.

Was bliebe denn hier als Alternative? Etwa das alte Kopernikanische Weltbild mit dem Sonnensystem als Mittelpunkt? Nur weil es für uns leichter und vertrauter ist, darin den ganzen Kosmos zu sehen als in den Milliarden Milchstraßen, die unsere Phantasie zu erdrücken drohen? Zu schweigen auch von den Einsteinschen Theorien. Noch heute gibt es zwar angesehene Gelehrte, die ihre Gültigkeit bezweifeln. Aber wie sehr diese Theorien auch unserem normalen Begriffsvermögen zu widersprechen scheinen – nichts schafft die Tatsache aus der Welt, daß sie durch viele Experimente bestätigt worden sind und daß sie dazu verholfen haben, weit entfernte Zusammenhänge besser zu verstehen, als es die euklidische Geometrie unserer Großväter vermocht hat.

So sei deshalb wiederholt: Ob wir die Ernüchterung, die in der Astronomie stattgefunden hat, diesen immensen Verlust an philosophischer Imagination bedauern oder nicht, wir haben die unwiderlegbaren Tatsachen so zu nehmen wie sie sind. Und dieses kann nur bedeuten, daß die weitere Untersuchung den gegenwärtigen Stand der astrophysikalischen Forschung zugrunde zu legen hat und sich nicht auf irgendwelche fiktiven Ausgangspunkte stützen darf. Jedes andere Vorgehen wäre zum Scheitern verurteilt. Mit anderen Worten, ein lebendes Weltall, wenn es wirklich existieren sollte, muß dem heutigen Bild des physikalischen Universums entsprechen, wenigstens was dessen äußere Erscheinungen angeht.

Daher wird meine Hypothese, was die tatsächlichen Befunde angeht, mit den übrigen Kosmologien in vieler Hinsicht übereinstimmen. Es ist hier nicht etwa daran gedacht, die Kernprozesse im Innern von Fixsternen anzuzweifeln. Es ist nicht daran gedacht, die Entstehung von Sternen oder Sternsystemen auf andere Weise zu erklären, als dies heute von anerkannter wissenschaftlicher Seite geschieht. Es ist nicht daran gedacht, gegen die Einsteinschen Relativitätstheorien anzurennen, wenigstens nicht, was gewisse fundamentale Erkenntnisse betrifft. Die Tatsache zum Beispiel, daß sie die Annahme eines endlichen, zeitlich und räumlich begrenzten Universums möglich gemacht haben, ist einer der wichtigsten Gründe, die mich überhaupt zu meiner Hypothese veranlaßt haben. Auch die neuesten Entdeckungen im Bereich der Galaxien sollen nicht etwa negiert werden. Sie liefern im Gegenteil entscheidende Argumente dafür, daß das Weltall tatsächlich einen Gesamtorganismus oder eine Vielzahl von Einzelorganismen darstellen könnte.

Ich weiß wohl, die Existenz von Galaxien außerhalb unserer Milchstraße ist im allgemeinen noch nicht zur Kenntnis genommen worden. Viele leben noch immer in der Kopernikanischen oder Keplerschen Vorstellung, daß unsere Sonne der Mittelpunkt des Weltalls ist. Wer aber für ein lebendes Weltall ähnliches von mir erwartet, und sei es nur für dessen unterste Lebensstufe, wird enttäuscht sein. Unser Sonnensystem spielt in meiner Hypothese eine gänzlich untergeordnete Rolle. Erst die ungeheure Ausdehnung des Alls, wie sie in jener Explosion der Zahlen zum Ausdruck kommt, hat die unerwartete Möglichkeit geboten, die eigentliche Natur des Universums zu erkennen. Erst seine gewaltigen Ausmaße drängen überhaupt den Gedanken auf, daß es Leben geben kann, welches in der Kombination über weite Räume und Zeiten hinweg sichtbar wird, und das möglicherweise auch erst durch eine solche Kombination entsteht.

Kurz, die Resultate der exakten Forschung werden im folgenden weitgehend bejaht, sie bilden das eigentliche Rückgrat dieser Hypothese. Wenn man so will, ist sie also durchaus positivistisch. *Ein lebendes Weltall, wie ich es mir vorstelle, deckt das physikalische mit ab.* (Aber es deckt sich dadurch ab, daß hinter den materiellen Zusammenhängen zugleich seelische vermutet werden. Auch so könnte man natürlich ein lebendes Weltall konstruieren, das mit dem physikalischen harmoniert. Auf jedes Massenstäubchen, auf jede Strahlungswelle, die neu hinzukommt, wird dann einfach das Etikett des Psychischen oder des Göttlichen aufgeklebt. An solchen Versuchen fehlt es leider auch heute nicht, und es scheint, als bilde man sich dabei häufig noch ein, gegenüber den früheren Vorbildern vom lebenden Weltall viel moderner zu sein, eben weil man mit der neuesten Forschung Schritt zu halten meint. Mit Naturwissenschaft hat das aber nichts mehr zu tun, es ist reine Philosophie.)

In einem wichtigen Punkt allerdings unterscheidet sich die hier vertretene Hypothese von dem geläufigen physikalischen Bild. Die physikalischen Tatsachen werden in Zusammenhänge gebracht, die bisher unbekannt sind, und zwar in *biophysikalische.* Es werden wohl viele bekannte oder vermutete Kausalreihen übernommen, sie werden aber zu einer neuen Kausalkette zusammengefügt, die eine bislang fremde, nämlich eine biologische Deutung erlaubt. Diese Deutung scheint mir umfassender zu sein als die bisherige. Sie ermöglicht es, hinter einer Summe von Einzelerscheinungen, die bis heute isoliert betrachtet worden sind, ein größeres geschlosseneres System zu erkennen, und dieses geschlossenere System ist ein lebendes.

Dabei stütze ich mich auf eine Reihe neuerer Entdeckungen, die teils der Astronomie, teils der Biologie angehören und die unser Wissen in den letzten Jahrzehnten tiefgreifend verändert haben. Das gemeinsame an ihnen ist, daß sie zum ersten Mal *auch von der physikalischen Seite her den Gedanken an einen organischen Aufbau des Kosmos nahelegen.* Die einen zeigen uns Bewegungsvorgänge im Weltall, die mit leblosen Strukturen kaum noch zu vereinbaren sind. Die anderen – mechanische Abläufe im Bereich von Organismen – machen deutlich, wie fließend die Grenze zwischen Leblosem und Lebendigem in Wahrheit ist und wie groß die Gefahr, daß wir für leblos halten, was möglicherweise lebt. Beide stellen uns, wie ich glaube, zwangsläufig vor die Frage, ob jene Vermutung des anorganischen Weltalls wirklich noch zutrifft und ob sich hinter dem scheinbar so toten Universum nicht großräumige Lebensprozesse verbergen, die wir einfach noch nicht erkannt haben.

Worum handelt es sich bei diesen Beobachtungen?

KAPITEL II: NEUE GESICHTSPUNKTE

1.

Das ruhende Universum ist ein bewegtes geworden

Wollte man die Fortschritte der Astronomie in den letzten Jahrzehnten mit einem einzigen Satz umschreiben, so könnte man sagen, daß sie das *statische* Weltall in ein *dynamisches* verwandelt haben. Noch vor sechzig Jahren galt das Universum, ungeachtet des Werdens und Vergehens der einzelnen Sterne und ihrer Rotationen, als ein ewig gleichbleibendes, in majestätischer Ruhe verharrendes Gebilde. Gerade deshalb gab man sich ja auch der Hoffnung hin – noch einmal die Stimme Max Wilhelm Meyers –, daß man es binnen kurzem »aus einigen sehr wenigen Regeln und Gesetzen verfolgen und erklären« kann. Nicht nur der Mond ging »so stille«. Alles, was der nächtliche Himmel dem Auge bot, ging stille. In ewigem Gleichmaß zogen die Sterne ihre Bahn, unveränderlich leuchtete uns das silberne Band der Milchstraße. Das ganze Firmament war das ersehnte Gegenstück zu der Unrast, die auf der Erde herrschte.

Das ist alles heute vergangen. Inzwischen ist das Universum zu einem Schauplatz explosivster Bewegungen und gewaltigster Energieumwandlungen geworden, die nicht nur seine Instabilität im ganzen, sondern einen ständigen Fluß von Einzelprozessen erkennen lassen, bis herab zur untersten Stufe. Es gibt keinen Zweifel mehr, daß selbst in unserer unmittelbaren

Umgebung, in unserer eigenen Milchstraße, noch bis zu diesem Augenblick, sich heftige Wechsel vollziehen, Umwälzungen, die nur als durchlaufende Ketten von Schöpfungen, Untergängen und Neuschöpfungen aller nur denkbaren galaktischen Strukturen, von Sternen, Planetensystemen, Sternhaufen usw. zu deuten sind. Nichts ist mehr stabil. Es ist, als habe plötzlich eine gewaltige Unruhe den gesamten Kosmos erfaßt. Und wäre diese Unruhe in ihren physikalischen Ursachen nicht so überaus schwer zu verstehen, wäre sie längst ins allgemeine Bewußtsein gedrungen und hätte die Frage laut werden lassen, was es mit diesem dramatischen Wandel eigentlich auf sich hat.

Einer Fülle dynamischer Vorgänge begegnen wir schon im Leben des Einzelsterns. Bis zum Ende der dreißiger Jahre war man noch der Meinung, daß das Sternenleben ziemlich linear verläuft – linear und in der verhältnismäßig überschaubaren Zeit von einigen Hundert Millionen Jahren. Der Stern entstand aus der allmählichen Kontraktion einer Gasmasse. Unter der Wirkung seiner Schwerkraft zog er sich immer mehr zusammen, er wurde heißer und heißer, und schließlich brachte ihn die hohe Temperatur zum Leuchten. Eines Tages erlosch er dann, wenn keine brennbare Masse mehr übrigblieb.

Heute stellt sich der Werdegang eines Sterns sehr viel wechselvoller und aufregender dar. Schon die Verdichtung der anfänglichen Gasmasse hat zum Teil ganz andere Ursachen, als man bisher angenommen hat. Es ist nicht nur ihre eigene Schwerkraft, die bewirkt, daß sie sich zusammenzieht. Es müssen auch Einflüsse von außen hinzukommen, vor allem der Druck anderer heißer Gasmassen aus der Umgebung. Damit dieser Druck aus der Nachbarschaft groß genug ist, um die Zusammenziehung zu beschleunigen, muß er aus einem Raumgebiet stammen, das mindestens 1000 Sonnenmassen enthält. Erst dann kann eine Gasmasse dazu gebracht werden, zu »kollabieren«, das heißt sich zu einem massiveren Objekt zu verdichten. Das scheint zunächst auch zu erklären, daß Sterne häufig nicht nur einzeln, sondern in größerer Anzahl entstehen. Man hat ganze Assoziationen junger Sterne beobachtet.

Hat die Gaskugel dann eine bestimmte Dichte erreicht und sich ihr Zentrum genügend aufgeheizt, so setzen im Innern des »Protosterns« die von Bethe und Weizsäcker entdeckten thermonuklearen Reaktionen ein, die zunächst den Grundstoff des Weltalls, das Wasserstoffgas, in Helium verwandeln. Es kann allerdings auch zu einer Fehlgeburt kommen. Ist die Masse des Protosterns zu gering, so kann die Temperatur, obwohl sich die Masse zusammenzieht, nicht die nötige Höhe erreichen, um zu zünden, das heißt, die atomaren Reaktionen kommen erst gar nicht in Gang. Die Folge ist, daß die Temperatur wieder sinkt und der Stern – ein »Schwarzer Zwerg« – auf einen kleinen Durchmesser zusammenschrumpft. Er stirbt, kaum daß er entstanden ist. Gelingt es aber, das atomare Feuer zu entzünden, so kann die nun einsetzende Phase des Wasserstoffbrennens – die gegenwärtige unserer Sonne – sehr lange dauern, so lange, wie sich die nach innen gerichtete Schwere der Gashülle und der aus dem Innern emporsteigende Druck der atomaren Prozesse die Waage halten.

Eine Änderung tritt erst ein, wenn der Wasserstoffvorrat zur Neige geht. Dann verlagern sich die Kernprozesse von den Zentralgebieten des Sterns mehr in seine äußere Schale, während die Temperatur im Zentrum von neuem zu steigen beginnt. Neue Verschmelzungsvorgänge setzen ein, jetzt brennt im Innern das Helium, Verschmelzungsprodukte sind diesmal schwerere Elemente, wie Sauerstoff und Kohlenstoff, bis sich der Reihe nach, in immer kürzeren Zeitabständen, alle aus der Weltmaterie uns bekannten 92 Elemente gebildet haben.

Auf diesen weiteren Stationen seiner Reise nimmt der Stern die gegensätzlichsten Formen an. Beim Heliumbrennen ist der Strahlungsdruck ungleich größer als beim Wasserstoffbrennen. Er bläht den Stern zu einer gigantischen Kugel auf – dem »Roten Riesen« –, jenem rötlichen, zuletzt tiefroten Monstrum, das millionenfache Sonnengröße erreichen kann. Schließlich sinkt der Körper erneut in sich zusammen, schrumpft ein, wird unsichtbar und kalt, ein »Weißer Zwerg« – dies alles nicht über Millionen, sondern Milliarden Jahre hinweg. Von Sterntypen aller dieser Stadien ist das Firmament übersät.

So die ungefähre Biografie eines Sterns. Sie muß aber durch einige weitere Szenen ergänzt werden. In Wahrheit ist es nämlich nicht so, daß ein anfangs großes Volumen (Gaswirbel) unmittelbar von einem kleineren und festeren (Sonne) abgelöst wird und daß diesem kleineren Volumen dann ohne jeden Übergang, wenn auch nach langer Zeit, ein übergroßes Volumen (Roter Riese) folgt, um zuletzt einer winzigen Kugel (Weißer Zwerg) Platz zu machen. Wir müssen vielmehr zwischendurch mit einer ganzen Serie solcher Auf- und Abschwellungen rechnen, auch wenn noch nicht feststeht, ob sie die Regel sind. Es kann nämlich wiederholt geschehen, daß bald die Schwerkraft überwiegt, die den Stern mittels seiner eigenen Masse zusammenpreßt, oder daß der innere Druck des von neuem entzündeten atomaren Feuers die Schwerkraft abbremst und die Sternhülle nach außen stößt.

Ehe zum Beispiel unsere Sonne, eben aus einem Gaswirbel geboren, in ihr heutiges Gleichgewicht kam, mag sie noch mehrfach zu extremer Größe angewachsen und wieder zusammengeschrumpft sein, bis die äußere Schwerkraft und der innere Strahlungsdruck sich endlich ausbalancierten. Und wenn sie einst, vielleicht in fünf Milliarden Jahren, zum Roten Riesen anschwillt, wird sie vorher noch ein weiteres Mal in sich zusammenfallen, weil nach dem Erlöschen des Wasserstoffeuers der innere Druck vorübergehend nachläßt und die Schwerkraft von außen wieder die Oberhand gewinnt. Erst dann wächst sie zum Riesen an; das vorherige Schrumpfen hat einen neuen Druckanstieg bewirkt und so die Kernverschmelzung von Helium in Kohlenstoff und Sauerstoff in Gang gesetzt. Doch selbst wenn der Riese, nachdem dieses zweite atomare Feuer erlischt, unter abklingenden Strahlungsstößen ins Zwergendasein herabstürzt, braucht noch keine Ruhe einzukehren. Fixsterne, schwerer als unsere Sonne, finden sich mit diesen Liliputmaßen nicht ab. Sie richten sich ein letztes Mal auf, unter der Last ihrer Masse entzündet sich von neuem ihr innerer

Kern, es kommt zur Explosion, ein Bruchteil des Sternkörpers wird in den Weltraum geschleudert, unter so grellen Blitzen, daß wir ihn häufig erst jetzt entdecken (»Nova«). Erst dann gibt sich der Stern endgültig geschlagen. War die Explosion besonders heftig (»Supernova«), so mißt sein Durchmesser danach oft nur noch 10 bis 20 Kilometer – ein wirklicher Zwerg.

Alle Stadien dieses dramatischen Geschehens können wir unter den Milliarden Mitgliedern unserer Galaxie verkörpert finden. Stellen wir uns das Bild, das die Fernrohre und Radioteleskope uns von ihr vermitteln, als ein großes Familienfoto vor, besser noch als die Fotomontage einer Ahnengalerie – auch die Toten müssen ja darauf abgebildet sein –, so entdekken wir unzählige Vertreter aller einzelnen Typen: die rötlichen Wolken aus Wasserstoffgas, die Gasstrudel, die sich verdichtenden Kerne, die hellstrahlenden Sonnen, die Roten Riesen, die Weißen Zwerge, die Novae und die Supernovae. Unter ihnen auch ein uns schon bekanntes Gesicht, die Neutronensterne (Pulsare), jene winzigen, superdichten Gebilde, die in Sekundenschnelle um ihre Achse rasen. Sie stellen wohl Reste von Supernovae-Ausbrüchen dar, stammen also aus derselben Generationenfolge.

Ein kurzes Wort darüber, wie sich unser Wissen über diese verschiedenen Phasen entwickelt hat. Daß das Sternenleben sehr viel bewegter verlief, als man noch bis in die dreißiger Jahre annahm, konnte schon nach der Bethe/Weizsäckerschen These über die atomaren Prozesse im Sterninnern nicht mehr zweifelhaft sein. Es war ein wichtiger Beweis für die Richtigkeit dieser These, daß sie sich aufs beste in das sogenannte Hertzsprung-Russell-Diagramm einfügen ließ. Das Diagramm ordnet die Sterne nach ihrer Leuchtkraft und Oberflächentemperatur. Nun spiegelte es in deutlichen Linien die für das Auge wahrnehmbaren Phasen des atomaren Ablaufs wider: rechts unten das langsame Stadium, wo im neugeborenen Stern das zentrale Wasserstoffbrennen beginnt, rechts oben, nach dem Ausbruch des Heliumbrennens, das Bild des Roten Riesen, links unten die Weißen Zwerge mit ihrer abgesunkenen

Helle und Temperatur. In der Tat, der Weg eines Sterns war überaus wechselvoll. Doch erst die Rechenmaschinen haben diesen großen Bewegungen neuerdings auch die kleinen pulsierenden Zwischenbewegungen hinzugefügt, die wir von uns aus wegen ihrer langen Dauer niemals werden wahrnehmen können.

Man hat den Computern den Auftrag gegeben, anhand der bisher bekannten Tatsachen das allgemeine Schema eines Sternenlebens zu entwickeln. Sie haben darauf die Resultate geliefert, die ich eben skizziert habe. Sonderbar genug: Erst die Elektronik lebloser Maschinen läßt uns die feinen, an biologische Rhythmen gemahnenden Schwingungen des Sternkörpers entdecken, die uns sonst verborgen bleiben würden. Erst sie verhelfen uns dazu, die frühere Vorstellung eines mehr oder minder monoton ablaufenden Sternenschicksals durch das faszinierende Bild zyklischer Ausdehnungen und Zusammenziehungen zu ersetzen. Zeigt das nicht, wie schwer es uns immer wieder fällt, hinter der scheinbaren Starrheit der kosmischen Materie ihre geheime Bewegtheit zu erkennen?

Wie stürmisch nun auch das Leben des Einzelsterns verläuft, es ist nur ein schwaches Abbild dessen, was an Dynamik im Großen herrscht. Ich will mich hier auf weniges beschränken, in den folgenden Kapiteln wird ausführlicher davon die Rede sein. Die letzten Jahrzehnte haben auch hier eine Überraschung nach der anderen gebracht.

Zunächst die Milchstraßen. Lange Zeit, auch nach der Entdeckung weiterer Galaxien in den zwanziger Jahren, waren wir auf die Geschehnisse in unserer eigenen Milchstraße angewiesen. Nur sie ließ, da sie relativ nahe war, genauere Beobachtungen zu. Wichtige Partien von ihr sind aber unserem Auge durch Gas- und Staubwolken gänzlich entzogen, auch das Gebiet, in dem wir ihr Zentrum zu vermuten haben. Sie erscheinen uns als weite, sternenleere Räume. So nimmt es nicht wunder, daß man überzeugt war, auch das Zentrum sei ziemlich ähnlich zusammengesetzt wie die Zonen, die wir optisch erkennen können. Heute steht fest, daß gerade in diesem Kerngebiet der Milchstraße ungeheure Energiewandlungen stattfinden, Vorgänge, die um so rätselhafter sind, als sie auf gewaltige, in ihrer Herkunft unerklärliche Massenkonzentrationen schließen lassen. Auch scheinen dort riesige Schwerkraftfelder gebunden zu sein. Die Sterne in dieser Region stehen mehr als tausendmal dichter zusammen als in der Umgebung unserer Sonne, und auch sie werden von den stürmischen Bewegungsprozessen erfaßt, an denen kein Zweifel mehr sein kann, deren Ursprung und Ausmaß aber noch weithin unbekannt sind.

Die Folge: Aus unserer Milchstraße, die noch vor drei Jahrzehnten als ein Sternsystem von geradezu klassischer Ruhe galt, ist ein Objekt geworden, von dem ein namhafter Astronom sagt, daß es noch um vieles »nichtstationärer« sei als der Einzelstern. Wie wenig man übrigens mit einer solchen Wendung gerechnet hat, zeigt die Entdeckungsgeschichte. Im Jahre 1943 hat der amerikanische Astronom C. K. Seyfert eine Liste von zwölf Galaxien veröffentlicht, die stark strahlende Kerngebiete aufwiesen. Es dauerte fünfzehn Jahre, bis man ihr Beachtung schenkte. Die Neuigkeit paßte nicht in das herkömmliche Bild, und es bedurfte erst einer Reihe anderer Beobachtungen, bis man erkannte, daß Seyfert auf eine Tatsache von fundamentaler Bedeutung gestoßen ist.

Daß sich die Geheimnisse um die Dynamik der Milchstraße zu lüften beginnen, ist das Hauptverdienst der verhältnismäßig noch jungen Radioastronomie. Anfang der dreißiger Jahre hat der amerikanische Funktechniker Jansky durch Zufall entdeckt – er suchte nach der Quelle mysteriöser Funkstörungen –, daß die Milchstraße Radiowellen aussendet. Auch diese Entdeckung blieb zunächst unbeachtet.

Nach dem Zweiten Weltkrieg, dank der großen Fortschritte der Funktechnik, ging man dann systematisch daran, nach weiteren Radioquellen zu forschen und ihre Strahlung auszuwerten. Der Siegeszug der Radioastronomie begann. Wir verdanken ihr die Kenntnis von Objekten, deren Existenz für uns bis dahin völlig im Dunkeln lag, darunter der Radiogalaxien und der Pulsare. Das für uns sichtbare Weltall, so wissen wir jetzt, wird von einem zweiten, uns unsichtbaren durchsetzt, von Sternen und Galaxien, die vom menschlichen Auge zwar nicht wahrgenommen werden können, weil sie verdeckt oder zu lichtschwach sind oder zu weit entfernt, deren Radiostrahlen aber die Erde erreichen und von unseren Radioteleskopen registriert werden.

Die leistungsfähigsten dieser Teleskope, darunter die vollbeweglichen Hohlspiegel in Effelsberg in der Eifel und in Jodrell Bank, England, dringen in Entfernungen, die ein Vielfaches der schon erforschten betragen. Man hat Radiowellen von Objekten aufgenommen, die 17 Milliarden Lichtjahre entfernt sind, also nahe an der mutmaßlichen Grenze des Universums stehen. Es ist, als hätten wir ein drittes Auge hinzubekommen, das uns in den Stand versetzt, ein Weltgebäude zu sehen, für das wir bisher blind gewesen sind; das uns auch plötzlich befähigt, hinter die Mauern dieses Weltgebäudes zu blicken und zu erkennen, was sich in seinem Innern abspielt und offenbar die eigentliche Natur des Universums ausmacht: Bewegungen auf Bewegungen, die an Heftigkeit alle uns bekannten physikalischen Prozesse übertreffen.

Was die Dynamik des Kosmos als Ganzes angeht, so liegen die entscheidenden Entdeckungen etwas weiter zurück. Der amerikanische Astronom Edwin Powell Hubble stellte 1929 die unglaubliche Tatsache fest, daß die Welt auseinanderfliegt, in der Sprache der Astronomen ausgedrückt: daß das Universum expandiert. Seitdem gibt es, schlicht gesagt, am Himmel nichts mehr, was noch als unbewegt gelten kann. Hubble kam zu seiner Erkenntnis, als er die Spektren entfernter Galaxien untersuchte. Er bemerkte, daß die Spektrallinien zum roten Teil des Spektrums hin verschoben sind, je mehr die Galaxien von uns abstehen, daß diese Rotverschiebung auf eine Fluchtbewegung hindeutet und daß sich die Galaxien um so schneller von uns entfernen, je größer ihre Abstände von uns sind.

Alle Versuche, die man in der Zwischenzeit unternommen hat, die Rotverschiebung auf andere Weise zu erklären, sind gescheitert. Wir müssen davon ausgehen, daß das Weltall vom

Augenblick der Geburt, jenem berühmten »Urknall« an, in einer ständigen Ausdehnung begriffen ist, daß diese Ausdehnung alle Himmelsobjekte mit sich reißt und daß ihr Tempo – Folge des ersten Feuerballs – anfangs der höchsten nur denkbaren Geschwindigkeit nahekam, der des Lichts. Jedenfalls werden Fluchtgeschwindigkeiten weit entfernter Galaxien von ca. 270 000 Kilometer pro Sekunde gemessen. Diese Galaxien, deren Licht zu uns viele Milliarden Jahre unterwegs ist, sehen wir ja noch in dem Zustand, in dem sie sich in den frühen Stadien des Universums befanden.

Die Beispiele sagen genug. Alle diese Vorgänge, ob Einzelstern, Galaxien oder Weltall als Ganzes, widersprechen diametral dem Bild, das sich noch vor fünfzig Jahren geboten hat. Das ewig ruhige, statische Universum von einst existiert nicht mehr. An seine Stelle ist ein ewig unruhiges getreten. Wo immer wir hinblicken, zeigt sich ein ununterbrochener Formenwandel, der zahllose Prozesse in sich schließt, langsame und explosive, einmalige und kontinuierliche, lineare und zyklische. Und wenn wir bisher auch nur winzige Ausschnitte dieses Formenwandels wahrnehmen, so scheint doch jetzt schon festzustehen, daß er im Kleinen wie im Großen einen Anfang und ein Ende hat – Massengeburten, Massenumwälzungen, Massenuntergänge. Wie Wolfgang Stegmüller sagt: Der Kosmos ist zu einer *geschichtlichen Größe* geworden.

»Geschichte« heißt Geschehen. Damit komme ich zurück auf das, was mich bewogen hat, von dieser Dynamik zu sprechen. Auch das Leben ist ein ständiges Geschehen. Auch der Organismus befindet sich niemals im Zustand des unveränderlichen Seins. Er ist einem dauernden Formenwandel unterworfen, einer ununterbrochenen Folge von verschiedenartigen Prozessen. »Die Formen des Lebendigen *sind* nicht«, wie der Biologe Ludwig von Bertalanffy sagt, »sie *geschehen.*« Damit will ich natürlich nicht sagen, daß das Universum allein schon um dieses Geschehens, um seiner Dynamik willen etwas Lebendiges sei. Das wäre zu einfach.

Physik und Chemie kennen eine Unzahl von Erscheinungen,

die trotz heftiger Geschehensabläufe ohne Zweifel der Welt des Unbelebten angehören. Aber eines ist doch nicht zu leugnen: Die Unterstellung, das Universum sei anorganisch aufgebaut, stützt sich ja nicht nur darauf, daß vieles, was wir beobachten, rein physikalisch erklärt werden kann; sie rührt auch von der Tatsache her, daß uns das Universum lange Zeit als völlig stationäres Gebilde erschienen ist, unbewegt und geschichtslos, und daß wir nicht im entferntesten geahnt haben, welche gewaltigen Prozesse des Werdens, des Wachsens, des Vergehens sich darin abspielen. Ob diese Prozesse nun wirklich, wie ich es für möglich halte, organische sind, wird die Zukunft lehren. Aber die Gegenwart sollte uns schon lehren, daß jene Vermutung des Anorganischen nicht weiterhin ungeprüft aufrechterhalten werden kann. Bewegungsvorgänge so ungeheuren Ausmaßes können anorganische, sie können aber auch organische sein – eben deshalb, weil die Dynamik zum Wesen alles Lebendigen gehört. Und erst dann wird man auch künftig von der anorganischen Natur des Weltalls ausgehen dürfen, *wenn man überzeugend nachzuweisen vermag, woher diese seine Dynamik stammt.*

Dabei wird sich dann höchstwahrscheinlich herausstellen, daß die Gründe nicht nur in Umschichtungen der *vorhandenen,* sondern auch in der Bildung *neuer* Materie zu suchen sind. Wir erinnern uns, daß nach der Urknalltheorie alle Massen und Energien, die das Universum aufweist, bereits im »Uratom« enthalten waren, daß sie aber nichts darüber sagen konnte, wo dieses Uratom herkam; der Prozeß seiner Schöpfung ist unbekannt. Inzwischen scheint ziemlich sicher zu sein, daß es auch heute noch solche Neuschöpfungen von Materie gibt, vor allem im Bereich der Galaxien. Sie wären ebenso unerklärlich wie jene erste; auch sie, wie die Entstehung des Uratoms, würden wichtigen physikalischen Gesetzen widersprechen. Die weitere Untersuchung wird zeigen, daß dieses Rätsel – das größte, vor dem die neuere Astronomie steht – möglicherweise nur unter biologischen Gesichtspunkten gelöst werden kann; daß sich auf diese Weise ein enger Zusammenhang zwischen den dynamischen Vorgängen und der Neubildung von Materie herstellen läßt; und daß dann notwendig auch diese dynamischen Vorgänge biologischer Art sein müssen.

2.
Lebendes tarnt sich als Unbelebtes – auch der Organismus ist physikalisert

Aber nicht nur die neueren Entdeckungen der Astronomie, auch die der Biologie lassen Zweifel daran aufkommen, ob die Prozesse im Weltall wirklich nur anorganische sind. Die Astronomie hat diese Prozesse »physikalisiert«. Sie hat dartun können, daß sie auf mechanischen, atomaren, energetischen und vielen anderen Ursachen beruhen. Die Biologie ihrerseits hat in den letzten Jahrzehnten aber auch das Leben physikalisiert. Für die Naturwissenschaft stellt sich der Organismus heute weitgehend als das Ergebnis unzähliger aufeinander bezogener physikalischer Vorgänge und chemischer Reaktionen dar, die vielfach auch in der toten Materie anzutreffen sind. Ein ganzer Zweig der Biologie, die Biophysik, befaßt sich neuerdings mit diesen physikalischen Aspekten des Lebens.

Unterstellen wir einmal, das Weltall wäre tatsächlich ein Organismus oder eine Summe von Organismen, so müßten nach den neuesten Erkenntnissen der Biologie bei diesem lebenden Kosmos also ebenfalls physikalische Abläufe im Vordergrund stehen, wie es ja nach Ansicht der Astronomie auch wirklich der Fall ist. Die Physikalisierung des Universums, die so sehr dazu beigetragen hat, die Idee vom lebenden Weltall zu verdrängen, würde somit der Hypothese von kosmischen Organismen gar nicht entgegenstehen. (Die physikalischen Vorgänge müßten sich dann natürlich zugleich als biophysikalische erweisen.)

Daß auch das Leben heute so weitgehend physikalisiert ist, beruht vor allem auf den Erkenntnissen über die lebende Zelle. Sie haben den gesamten Lebensbegriff umgestülpt, um so mehr, als wir bisher kein Leben kennen, weder beim Menschen noch bei den Tieren und Pflanzen, das in seiner äußeren Form nicht an die Zelle geknüpft wäre. Was die Zellforschung beispielsweise über die Bildung von Eiweiß ermittelt hat, scheint nur noch reine Kybernetik zu sein, eine mechanische Steuerung, Regelung und Programmierung von Prozessen der verschiedensten Art, ein Automatismus, der an die Mechanik modernster Großrechenanlagen erinnert.

Eiweiße oder Proteine, wie sie genannt werden, Grundbestandteile der lebenden Zelle, sind hochkomplizierte Verbindungen aus Kohlenstoff, Wasserstoff, Sauerstoff, Stickstoff und Schwefel. Aus diesen Verbindungen bildet sich als erster und kleinster Baustein zunächst die Aminosäure, die im Eiweiß in rund zwanzig verschiedenen Abarten vorzufinden ist. Die Aminosäuren wieder schließen sich zu kleineren, diese zu größeren Ketten zusammen, bis nach einem bestimmten Muster das Großmolekül Eiweiß entsteht.

Für dieses Muster – eine der großen wissenschaftlichen Entdeckungen unserer Zeit – kann es milliardenfache Kombinationsmöglichkeiten geben. Nicht nur können in einem einzigen Eiweißmolekül Hunderte und Tausende von Aminosäureeinheiten in allen nur denkbaren Reihenfolgen aneinandergekettet werden, je nachdem wie der Bauplan des Eiweißmoleküls es verlangt; es gibt auch eine Unzahl verschiedener Eiweißmoleküle, denn die Eiweiße variieren nicht nur unter den Lebewesen der verschiedenen Gattungen, sondern auch unter den einzelnen Lebewesen derselben Gattung, ja selbst unter den einzelnen Organen und Organbestandteilen desselben Lebewesens.

Um das Leben zu erhalten, muß die Zelle beständig neues Eiweiß erzeugen. Damit sie sich bei dem milliardenfachen Angebot im Eiweißtyp nicht vergreift, läßt sie die Bildung und die Anordnung der Aminosäureketten vom Zellkern aus überwachen, wo eine bestimmte, erst vor wenigen Jahrzehnten entdeckte Säure, die Desoxyribonukleinsäure (DNS), die Produktion steuert und die Rolle sowohl des Programmierers wie des Kontrolleurs übernommen hat.

Soviel nur, um zu zeigen, daß schon die einzelne Zelle Schauplatz der verwickeltsten chemischen und physikalischen Prozesse ist. In weit höherem Maße gilt das für den Organismus insgesamt. »Viele Abläufe in den Lebewesen«, sagt der Münsteraner Zoologe Bernhard Rensch, »werden von rein physikalischen Kausalgesetzen beherrscht... Der Sauerstoff dringt in zarte Hautpartien und in die Gewebe von Lungen, Kiemen oder Tracheen nach dem Gesetz der Diffusion ein. Flüssigkeitsaustausch zwischen Zellen folgt dem Gesetz der Osmose. Mechanische Gesetze liegen der Fortbewegung auf dem Lande, im Wasser und in der Luft und der Übertragung von Schallwellen auf das innere Ohr zugrunde. Lichtstrahlen werden in den Augen der Wirbeltiere gemäß den Brechungsgesetzen auf die Netzhaut geleitet... Das Schwerkraftgesetz bedingt die Bewegung der Otolithen (Hörsteine)... Nervöse Erregungen breiten sich nach elektrischen Leitungsgesetzen aus. Der gesamte Stoffwechsel wird von chemischen Bindungsgesetzen und den Gesetzen der Lösung in Flüssigkeiten beherrscht. In zunehmendem Maße werden derzeit fast alle übrigen physiologischen Lebenserscheinungen als kausalgesetzlich bestimmte Prozesse erkannt.«

Ich möchte aus dieser physikalischen Gesetzmäßigkeit vieler Lebensvorgänge nicht etwa schließen, daß nun auch das Leben als solches physikalisch erklärbar geworden sei. Rensch wäre der letzte, der das für zulässig hielte. Was mit physikalischen Mitteln beschrieben werden kann, wird damit noch lange nicht selbst zur Physik. Meine Absicht ist nur, auf die zahlreichen Parallelen hinzuweisen, die nach unserer neueren Kenntnis zwischen dem Belebten und Unbelebten bestehen, angefangen vom gemeinsamen Bauprinzip – dem Prinzip der atomaren und molekularen Struktur – bis hin zu den kompliziertesten Steuerungs- und Regelungsvorgängen, die im belebten wie im unbelebten System oft den gleichen Mechanismen gehorchen.

(Eine der erstaunlichsten und bedrückendsten dieser Parallelen führt so weit, daß jeder Unterschied zwischen Organismus und kybernetischem Mechanismus aufgehoben zu sein scheint. Es geht wieder um die Zelle. Die DNS, so hat man festgestellt, steuert nicht nur den Aufbau von der Keimzelle bis zum ausgewachsenen Individuum. Im genetischen Code legt sie auch den Organisationsplan für die weiteren Abkömmlinge fest. Sie organisiert und programmiert also auch die Vererbung, und zwar auf die Weise, daß bei der Fortpflanzung einfach dieses Programm in einer Art von mechanischem Abdruckverfahren durch chemische Reaktionen originalgetreu kopiert wird. Hier scheint das Leben nun wirklich zur reinen Maschine, wenn auch einer grandiosen, geworden zu sein. Jacques Monod, der französische Biochemiker, der diese Steuerung der Enzymreaktionen, der Eiweißsynthesen usw. mitentziffert hat, ist von der Maschinenidee denn auch fasziniert. In seinem Buch »Zufall und Notwendigkeit« meint er, die Entstehung des Lebens, da etwas völlig Neues, sei im »Grundmuster der Welt« gar nicht vorgesehen gewesen. Seine Entstehung müsse daher als ein reiner Zufall betrachtet werden, als eine Panne der Natur von extremer Unwahrscheinlichkeit. Das Wort des amerikanischen Biochemikers Erwin Chargaff fällt mir dabei ein: »Wir haben die Wissenschaft bekommen, die wir verdienen.«)

Das Fazit, das ich aus den vielen Parallelen zwischen Belebtem und Unbelebtem ziehe: Auch in der Kosmologie müssen wir uns davor hüten, Strukturen, die wir auf die Möglichkeit ihrer biologischen Natur noch gar nicht untersucht haben, von vornherein für anorganisch zu erklären. *Das Lebendige tritt häufig im Gewand des Unlebendigen auf.* Das ist der Grund, weshalb ich auf diese Physikalisierung des Lebens zu sprechen komme. Ich wende mich gegen die verbreitete Ansicht, das Universum sei schon deshalb etwas Anorganisches, weil das Geschehen in ihm von physikalischen Gesetzen beherrscht wird. Wenn wir nun sehen, daß auch der Organismus in weitem Umfang physikalischen Gesetzen gehorcht, so ist diese Ansicht eben nicht länger haltbar. Dann muß sie sich zumindest den

Einwand gefallen lassen, *daß die Grenzziehung zwischen dem Belebten und dem Unbelebten fließend geworden ist und daß es überaus schwierig sein kann, organische von anorganischen Systemen zu unterscheiden.*

Das gilt vor allem dort, wo wir es mit Strukturen zu tun haben, die wir nicht genau überblicken. Der Schweizer Biologe Adolf Portmann hat einmal vom »Bereich des Unsichtbaren« gesprochen, von der Welt jener Organismen, die »jenseits der Sichtbarkeit unserer optischen Instrumente liegen«. Er hat darauf hingewiesen, daß wir Leben, welches unsere Augen nur in vagen Umrissen erkennen können, weil es entweder zu klein oder zu weit entfernt ist, meist unter ganz falschen Perspektiven sehen. Schon deshalb dürfen wir es nicht an den uns geläufigen physikalisch-chemischen Schablonen messen.

»Das Vordringen in den Mikrokosmos wie den Makrokosmos bedeutet einen Exodus aus der vertrauten Welt – vorderhand noch einen Exodus des Geistes, dem aber bereits die ersten Versuche zum Aufbruch in den Weltraum gefolgt sind. Es ist, als müßten wir in immer fremdartigeren Medien die Dinge durch Brechungen wahrnehmen, und zwar weit stärkere, für unseren inneren Blick entstellendere als die, die uns etwa der Blick unter eine Wasserfläche aufnötigt. Diese ›Brechungen‹ an der Grenze neuer Medien sind so bedeutungsvoll, daß schließlich auch die Logik . . . ihre Geltung verliert und durch andere Systeme ersetzt werden muß . . . Immer bedeutsamer wirken schon heute . . . die Wirklichkeiten aus der Zone des unsichtbar Kleinen, und ebenso solche aus den stellaren Welten.«

In diesem Bereich des Unsichtbaren dürfen wir also nicht schon dem *ersten Anschein* folgen, hier kann es keine A-priori-Vermutung des Anorganischen geben, wie unter normalen optischen Maßstäben. Und daher bedarf es, was die Frage eines lebenden Universums angeht, erst einer subtilen Durchmusterung der Merkmale, die wir für einen Organismus als typisch erkannt haben, ehe wir uns endgültig dazu verstehen sollten, es als etwas Anorganisches abzutun.

Ich fasse zusammen: Unbelebte Dinge, die wir auf mechanistische Weise erklären können, werden selbstverständlich nicht deshalb zu belebten, weil sich auch Leben heute weitgehend mechanistisch erklären läßt. Aber die Gefahr wächst, daß wir ein unbekanntes, größtenteils unsichtbares Leben, wie es ein organisch aufgebautes Weltall darstellen könnte, nur deshalb für unbelebt halten, weil es sich hinter der Fassade des Unbelebten verbirgt; und weil wir in der Vorstellung groß geworden sind, allein das Unbelebte wäre mechanistisch erklärbar.

KAPITEL III: ÄUSSERE MERKMALE DES LEBENS

Dieses Kapitel sei mit einem persönlichen Erlebnis begonnen: Anfang 1960 legte ich einige Gedanken, von denen auch hier die Rede war, einem bekannten deutschen Physiker vor. Ich schrieb ihm etwa so: Wir wissen heute, daß die Materie im Makrokosmos nach den gleichen atomaren Regeln aufgebaut ist wie die Materie im Mikrokosmos. Wir wissen auch, daß im Mikrokosmos nach diesen gleichen atomaren Regeln sowohl Anorganisches wie auch Organisches entsteht. Warum rechnen wir nicht auch mit der Möglichkeit, daß ähnliches im Makrokosmos geschieht? Daß auch dort das atomare Bauprinzip sowohl Belebtes wie Unbelebtes hervorbringt? Welchen Grund sollte es geben, daß diese Zweiteilung der Schöpfung nur für kleinere Dimensionen, nicht auch für größere Dimensionen gilt?

Ich sprach von den sich überstürzenden Berichten über die Größe des Weltalls und fuhr dann fort: Wenn wir trotzdem bei dieser Annahme der Leblosigkeit des Makrokosmos bleiben, müssen wir dann nicht ein wachsendes Mißverhältnis von Anorganischem und Organischem in Kauf nehmen, das der sonst beobachteten Relation von toter und lebender Materie widerspricht?

Es gibt eine allgemeine Stufenleiter des Lebens, die vom Einzeller bis zum Menschen reicht. Der Mensch aber, das Ende dieser Stufenleiter, steht größenmäßig erst in der Mitte zwischen Atom und Stern (Eddington: »Gegen 10^{27} Atome bilden den menschlichen Körper, 10^{28} menschliche Körper liefern genug Stoff, um einen Stern aufzubauen«).

Warum ist dann nur die erste Hälfte dieser Stufenleiter belebt und die zweite tot? (Warum ist nur der billionste Teil von ihr belebt, wenn man den Menschen nicht nur einem Stern, sondern dem Universum als Ganzem gegenüberstellt?) Warum reicht die Stufenleiter des Lebens nicht auch über den Menschen hinaus, in der Höhe kosmischer Organismen, die biologisch über die Bewohner der Erde und anderer Sterne gesetzt sind?

Vielleicht, so schrieb ich, ist diese Stufenleiter eben doch sehr viel länger, als wir wissen, und wir erkennen das nur nicht, weil wir unfähig sind, Leben in kosmischen Ausmaßen zu diagnostizieren; unfähig, weil die Ausmaße für uns zu groß sind, um daran die Merkmale des Lebendigen zu erkennen? Und um meinem Adressaten das klarerzumachen, griff ich auf ein Beispiel zurück, das er selbst einmal gewählt hatte, auf einen Größenvergleich zwischen einem anorganischen und einem lebenden Molekül. »Man kann sagen«, so hatte er geschrieben, »ein einfaches anorganisches Molekül ist vergleichbar mit einem einfachen Wohnungsbau, und ein großes, ein Makromolekül, ein kompliziertes Eiweiß, ist schon ein Palastbau von Elementarsteinen und elementaren energetischen Lagen.« Welches Kleinstlebewesen, so fragte ich ihn nun, welche Mikrobe, die in einer kleinen Bodenritze der Wohnung oder des Palastes residiert, könnte je erkennen, ob sie sich in einem »einfachen Wohnungsbau« oder in einem »Palast« befindet? Ist der Mensch, im Vergleich zum Makrokosmos, nicht in einer ähnlichen Lage wie sie?

Mein Physiker antwortete mit einem sehr freundlichen Brief, nicht gar so emotional, wie ich ihm geschrieben hatte. »Ihre Erwägungen, ohne unmittelbar einzugreifen in Fragen, deren Entscheidung der empirischen Forschung vorbehalten bleiben muß, greifen sehr bedeutsame und bewegende Fragen auf, und zwar in einer Weise, die schwerlich widerlegt werden kann. Ein Unsicherheitsfaktor kaum ausscheidbarer Art liegt freilich darin, daß wir kaum je imstande sind, für den Begriff ›Leben‹ eine sichere und präzise Definition zu geben; die Stellungnahme zu Ihren Betrachtungen wird ja aber für die verschiedenen Beurteiler wesentlich davon abhängen müssen, welche Definition der Betreffende für den Begriff Leben oder ›Organisch‹ bevorzugen möchte.«

Ein freundlicher Brief nicht nur, auch ein hilfreicher. Hilfreich deshalb, weil es in der Tat darauf ankommt, ob es Kriterien des Lebens gibt, die ein kosmisches Objekt als Organismus erkennbar machen. Wenn es solche Lebensmerkmale nicht gibt, oder wenn es sie zwar gibt, aber keine Möglichkeit besteht, sie im Kosmos nachzuweisen, sei es auch nur andeutungsweise, dann wird die Frage, die ich hier aufwerfe, zwar weiterhin von Interesse sein, sogar von großem Interesse. Nichtsdestoweniger wird sie reine Spekulation bleiben und sich nicht, wie es meine Absicht ist, zu einer echten Hypothese entwickeln. Zu einer Hypothese, wie bereits gesagt, gehören exakte Anhaltspunkte, die wissenschaftlich nachprüfbar sind, nachprüfbar jetzt oder später. Und bei diesen Anhaltspunkten kann es sich im vorliegenden Fall eben nur um bestimmte Lebensmerkmale handeln, die jene »Definition für den Begriff Leben oder Organisch« erlauben, von der in dem Brief die Rede war.

1.
Leben – ein Geheimnis

So erhebt sich sofort das Problem, ob sich die Existenz von Leben anhand spezifischer Merkmale nachweisen läßt. Und damit verbunden ist die weitere Frage, ob wir gar das Wesen des Lebens selbst naturwissenschaftlich erklären können; wenn ja, so würde uns das bei der Suche nach unbekanntem Leben im Kosmos ja überaus nützlich sein. Zwei Themen also, die eng miteinander zusammenhängen und leider auch allzu häufig miteinander verwechselt werden: Was wissen wir über die eigentliche Natur des Lebens, und kann uns dieses Wissen helfen, im Zweifelsfall zu entscheiden, ob wir etwas biologisch Lebendiges, einen Organismus, vor uns haben oder nicht?

Es ist hier nicht der Ort, auf die philosophischen Auseinandersetzungen über das Wesen des Lebens einzugehen. Grob vereinfachend wird man sagen können, daß sich die Materialisten den Idealisten gegenüberstehen. Die ersteren neigen dazu, die lebende Materie überwiegend nach den Gesetzen der mechanischen Kausalität, als einen bloßen Sonderfall des Anorganischen, zu erklären und die Eigenart des Lebendigen auf die vielen physikalischen und chemischen Vorgänge im Organismus zu beschränken. Die Idealisten dagegen leiten diese Eigenart aus einer immateriellen Lebenskraft her, die von vornherein alle Prozesse, auch die physikalischen und chemischen, einem bestimmten Ziel zustreben läßt, die aber selbst unerkennbar bleibt, also mechanisch nicht nachgewiesen werden kann. Unnötig zu sagen, daß es zu allen Zeiten Übergänge zwischen beiden Richtungen gegeben hat. Die Philosophie der Gegenwart mißt dem Begriff des Lebens eine zentrale Bedeutung bei und hat dem Streit eine Fülle neuer Argumente hinzugefügt.

Ich lasse das alles beiseite. Im Rahmen meiner Hypothese kann es nur um die Ergebnisse der *biologischen* Forschung gehen, die heute über ein ziemlich klares Bild von Gestalt, Entwicklung und Funktionen des Organismus verfügt. Kann uns also die Biologie heute sagen, worin das Wesen des Lebens besteht? Ist sie etwa in der Lage, die Fülle der Lebenserscheinungen ausschließlich mit kausalgesetzlichen, der empirischen Forschung zugänglichen Abläufen zu erklären?

An Versuchen dieser Art hat es nicht gefehlt, und es scheint fast, als sei die Diskussion darüber noch nie so heftig geführt worden wie heute. Grund sind die rapiden Fortschritte der molekularen Biologie in den vergangenen zweieinhalb Jahrzehnten, vor allem seit der Entschlüsselung der geheimnisvollen DNS-Moleküle. Noch nie in ihrer ganzen Geschichte konnte die Biologie so begründete Hoffnung haben, auch den letzten

Grundlagen des Lebens nahezukommen. Und noch nie war die Versuchung so groß, das Leben in der Tat allein auf kausalmechanische Ursachen zurückzuführen – nicht nur die Entstehung und Entwicklung des individuellen Lebens, auch seine Evolution als Ganze, seinen Aufstieg »von der Amöbe bis zu Goethe«.

Es gibt zahlreiche Definitionen, die auf eine solche Deutung hinauslaufen. Leben wird der »Daseinsweise nativer Eiweißkörper« gleichgesetzt, es wird mit vollautomatischen Laboratorien und Computern verglichen, seine Erscheinungen werden auf seine funktionellen Leistungen, auf molekularbiologische Vorgänge reduziert. Häufig wird dabei auch ausdrücklich auf die Notwendigkeit einer materialistischen Betrachtungsweise verwiesen, zumal im Hinblick auf die neuesten Erkenntnisse der Kybernetik. Auch bei Monod haben wir ja schon gesehen, daß er das Leben als ein bloßes Resultat physikalisch-chemischer Kausalketten ansieht; woraus dann eben gefolgert wird, die verschiedenen Stufen der Evolution stellten nichts als Betriebsunfälle im programmierten Ablauf dar.

Nun will mir scheinen, daß die moderne Biologie vor immer größeren Rätseln steht, je mehr sie an Rätseln löst. Zwei Beispiele nur. Als sogenannter genetischer Code kontrollieren die DNS-Moleküle die Prozesse und die Entwicklung lebender Systeme. Sie erfüllen diese Aufgabe dank der in ihnen gespeicherten Erbinformation, einem Gesamtprogramm, das den Plan für alle Strukturen und Funktionen des Individuums enthält und das in einer bestimmten zeitlichen Reihenfolge abgerufen wird.

Woher stammt aber diese Information? Wie kann Materie, die sich nach physikalischen Gesetzen »selbst« organisiert, in der Lage sein, sich gleichzeitig die nötigen Informationen zu geben, nach denen sie diese Selbstorganisation betreiben soll? Und wenn man einmal unterstellt, sie sei tatsächlich imstande, dieses großartige Kunststück zu vollbringen, wie könnte es dann sein, daß sich das Leben je von niederen Stufen zu höheren entwickelt, daß aus einer Information niederer Grade plötzlich eine Information höherer Grade wird?

Das zweite Beispiel. Es betrifft die wichtige Frage, wie sich im Lebewesen von einer bestimmten Stufe der Evolution an Geist und Seele entwickeln konnten. Wenn Leben nur das Ergebnis einer Selbstorganisation der Materie ist, so muß auch das Psychische notwendig aus einer physikalisch-chemischen Gesetzmäßigkeit der Genetik, aus irgendwelchen Prozessen des Erbmaterials und der Eiweißstoffe hervorgegangen sein. Dann ist auch unser Bewußtsein nur ein »Körper-Teil« und auf das Schema der Kausalität festgelegt. Wie kommt es dann aber, daß Phänomene wie Geist und Seele, Gefühl, Gemüt, Begehren, der ganze Bereich unserer Innerlichkeit, biologisch unerklärbar bleiben, während doch gleichzeitig die körperlich-leiblichen Prozesse immer erklärbarer werden?

Sicher ist, daß der Geist – das denkende und wollende Bewußtsein oder wie immer wir ihn definieren – weitgehend vom Körperlichen getragen wird, also auch von den physikalisch-chemischen Vorgängen, die dieses Körperliche bestimmen. Nicht anders unsere Seele. Jeder Mediziner weiß, wie sich unsere Psyche über solche physikalisch-chemischen Vorgänge beeinflussen läßt. Aber dürfen wir diese Vorgänge nur deshalb, weil sie auf unsere Psyche einwirken können, auch zu der Ursache erklären, aus der sie entstanden ist? Dürfen wir unser Bewußtsein mit gewissen Funktionen einfach deshalb gleichsetzen – mit Reizwahrnehmungen, Steuerungsmechanismen usw. –, weil es in der Lage ist, diese Funktionen auszuüben? Hoimar von Ditfurth hat in seinem Buch »Der Geist fiel nicht vom Himmel« den biologischen Zusammenhängen nachgespürt, denen auch die Evolution des Geistes unterworfen war. Am Ende räumt er freimütig ein, daß die letzte Herkunft des Geistes im Dunkeln bleiben muß. »Wir müssen uns die Frage stellen, wie es möglich gewesen ist, daß die Materie im Verlauf ihrer evolutionären Entfaltung schließlich Individuen hervorgebracht hat, die an einer geistigen Dimension teilhaben. Die Frage, ob unsere Fähigkeiten des Erinnerns, des Wahrnehmens und des Bewußtseins auch noch Leistungen allein dieser sich zu immer höherer Ordnung entfaltenden Materie sind oder ob sie über sie hinausweisen. Alle diese Fragen zielen weit über das hinaus, was wir wissen können ...«

(Mir scheint übrigens, um diese persönliche Bemerkung einzuflechten, daß die rein stofflichen Vorgänge, auf denen die Bildung des Menschen beruht, zwar eine Vielfalt von Kombinationsmöglichkeiten erlaubt haben, nicht aber die geistig-seelische Entwicklung, die damit einhergegangen ist. Daß die Willkür, die wir bei der biologischen Evolution des Menschen und der ihm vorausgehenden Lebewesen zu erkennen meinen, in Wahrheit viel begrenzter, viel geregelter war; und zwar deshalb, weil es von vornherein ein bestimmtes geistiges und seelisches Ziel zu erreichen galt, für das es keinerlei Kombinationsmöglichkeiten gab. Daß die Erdgeschichte sich also mit allen nur denkbaren stofflichen Variationen tausendmal wiederholen könnte, ohne daß in dem geistig-seelischen Programm die geringste Änderung einträte. Und daß die höchste Lebensstufe, als die wir heute den Menschen betrachten, physisch zwar gänzlich andere Gebilde, nicht aber eine andere Art des Denkens und des Erlebens aufweisen könnte. Ein Weiteres noch. Wir gewinnen einen immer tieferen Einblick in die Rolle, welche außerirdische Faktoren bei der biologischen Seite der Evolution gespielt haben – Umpolungen des Magnetfeldes, Ablagerung kosmischen Staubs auf der Erdoberfläche usw. Warum sollten außerirdische Faktoren nur für die körperliche Entwicklung irdischer Organismen und nicht auch für ihre geistig-seelische maßgebend sein? Wäre es nicht denkbar, daß sie einerseits zwar eine ungeheure stoffliche Vielfalt hervorbringen; daß sie diese Vielfalt aber andererseits an eine große Universalität von Geist und Seele binden, an ein umspannendes Modell des Denkens und Fühlens, das alle körperlichen Spielarten miteinbezieht?)

Die Schlußfolgerung, die ich aus alledem ziehe: Das Wesen des Lebens ist auf exaktem Wege nicht zu erklären. Zumal die Versuche, es aus physikalisch-chemischen Gesetzmäßigkeiten herzuleiten, erfolglos bleiben müssen. Die moderne Biologie läßt uns zwar viele Erscheinungen des Lebens besser verstehen. Aber diese Erscheinungen sind nicht das Leben selbst. Um mit dem amerikanischen Philosophen und Mathematiker Alfred North Whitehead zu sprechen: Sie sind »Zeigerstände«, mehr nicht. »Unsere genaue Kenntnis ist die von Zeigerständen und nicht von Qualitäten. Diese haben soviel Ähnlichkeit mit jenen wie die Telefonnummer mit dem Fernsprechteilnehmer.«

Wer dennoch meint – etwa angesichts der großartigen Entdeckungen der Molekularbiologie –, wir seien den Geheimnissen des Organismus dicht auf der Spur, dem sei das Wort des Zoologen Otto Koehler entgegengehalten – Bilanz eines großen Forscherlebens: »Wer sollte sich vermessen, je einen Lebensvorgang ganz verstanden zu haben? Je mehr wir wissen, um so ferner rückt das Ziel vollen Verständnisses.« Es ist die Bilanz auch der Philosophie eines Immanuel Kant, wenn er es für dreist erklärt, »die organisierten Wesen und deren innere Möglichkeit nach bloß mechanischen Prinzipien der Natur« zureichend kennenlernen oder gar erklären zu wollen; eines Karl Jaspers, wenn er sagt: »Diese in ihren Resultaten bewunderungswürdige Forschung hat jedoch nie das Leben selber getroffen, sondern die Apparate, die es hervorbringt.«

Die Nutzanwendung für unser Thema? Auch das Leben eines organisch aufgebauten Weltalls, ob es nun eine Summe von kosmischen Organismen ist oder ein einziger Organismus, könnte nicht mit irgendwelchen physikalischen Erscheinungen erklärt werden, und seien sie noch so unbestritten. Es könnte überhaupt nicht *erklärt* werden. Es gäbe keine noch so geartete Definition, die dem Rätsel eines solchen Lebens nahekäme. Meine Hypothese – unterstellt, sie wäre schlüssig – könnte also nicht den geringsten Aufschluß darüber geben, worin denn die eigentliche Natur eines lebenden Weltalls besteht, oder gar, ob ihm neben physischen auch geistige Dimensionen eigen sind.

Die einzige Frage, die sich überhaupt stellen kann, freilich die entscheidende, ist die: Gibt es bestimmte äußere Merkmale, mit deren Hilfe sich die mutmaßliche Existenz von Organismen erkennen läßt? Und würden diese Merkmale auch auf kosmische Größenordnungen anwendbar sein? Nur so war jener Brief des Physikers zu verstehen. Wenn wir schon nicht in das *Wesen* organischen Lebens eindringen können – verfügt die empirische Forschung wenigstens über gewisse *Indikatoren,* die uns darüber aufklären können, ob wir einen Organismus vor uns haben oder nicht?

2.
Typische Eigenschaften des Organismus

Auch das ist eine der großen Errungenschaften der modernen Biologie, daß sie – für *irdische* Lebewesen – tatsächlich solche Indikatoren entwickelt hat. Wir wissen zwar längst, daß es gewisse Merkmale gibt, an denen wir auf den ersten Blick erkennen, ob ein Körper lebendig ist oder nicht, seine Bewegungen, seine Laute, seine Angriffslust und vieles mehr. Aber die Biologie kennt auch Kriterien, die nicht so deutlich in die Augen springen – die Zellvorgänge zum Beispiel – und von denen sie trotzdem verlangen muß, daß wir sie bei der Frage, ob etwas lebt oder nicht, beachten.

Dank solcher Merkmale ist es vor allem gelungen, im mikrokosmischen Bereich, dem der Viren etwa, aber auch in gewissen anderen Grenzgebieten, wie denen der Botanik, lebende von toten Substanzen zu unterscheiden. Ließen wir diese Merkmale außer acht, würden wir also, wenn wir über Leben und Nichtleben im Zweifel sind, auf jede Prüfung verzichten, ob sie tatsächlich vorliegen, und würden wir das nur deshalb tun, weil Leben sowieso unerforschbar bleibt, so bestünde wieder die Gefahr, daß wir uns in reine Spekulationen verlieren. Früher, als man der philosophischen Betrachtung den Vorrang gab, mag das zulässig erschienen sein. Mit unseren modernen wissenschaftlichen Anforderungen ist das nicht mehr vereinbar.

Bei der weiteren Untersuchung folge ich dem Katalog der

Lebenskriterien, wie er von der heutigen Forschung allgemein anerkannt ist. (Ob er dann auch auf kosmische Maßstäbe übertragen werden kann, bleibt eine spätere Frage.) Im wesentlichen geht dieser Katalog auf die grundlegenden Arbeiten des österreichisch-amerikanischen Biologen Ludwig von Bertalanffy zurück. In wenigen Punkten zusammengefaßt, sind die *Hauptmerkmale des Organismus* danach folgende:

a) Der Organismus ist ein *Stufenbau* und als solcher nur der Einzelfall eines allgemeinen Ordnungssystems, das man als *hierarchische Ordnung* bezeichnen kann:
»Überblicken wir die Gesamtnatur«, so schreibt von Bertalanffy, »so erscheint sie als ein ungeheurer Stufenbau, worin untergeordnete Systeme zu solchen immer höherer Ordnung zusammengeschlossen sind. Chemische und kolloide Strukturen fügen sich zu Zellstrukturen und Zellen, Zellen zu Geweben als Systemen aus Zellen gleicher Art, verschiedenartige Gewebe zu Organen und Organsystemen, diese zu vielzelligen Organismen, letztere endlich zu überindividuellen Lebenseinheiten.
An der Wurzel dieses Aufbaus stehen die Elementarbestandteile der Materie . . . Sie bauen die Atome der chemischen Elemente auf: Um einen aus Protonen und Neutronen bestehenden Kern, sozusagen die Sonne eines winzigen Planetensystems, kreist eine für jedes Element kennzeichnende Anzahl von Elektronen als Planeten.«

Der *Stufenbau* des Organismus zeigt sich nun nicht nur in seiner äußeren *Gestalt,* sondern *auch in seinen Funktionen.* Neben einer Hierarchie der Formen gibt es also auch eine Hierarchie der Prozesse, »ein System vielfach in- und übereinandergreifender Hierarchien«. Bei der Bewegung eines Tieres zum Beispiel ergänzen sich die verschiedensten kleineren und größeren Vorgänge: physikalisch-chemische Abläufe im Muskel, Muskelzusammenziehung, einfache Reflexe über ein bestimmtes Rückenmarkszentrum, zusammengesetzte Reflexe größerer

Muskelgruppen, Reflexe, die eine ganze Körperhälfte betreffen, Reaktionen des Gesamtkörpers usw. Gerade diese Geordnetheit der Prozesse führt dazu, daß sich auch die anderen wesentlichen Merkmale des Organismus entwickeln können, vor allem Wachstum und Fortpflanzung.

b) Jeder Organismus ist ein sogenanntes *offenes System* – ein Kennzeichen, das von besonderer Bedeutung ist. In der Sprache der Physik erklärt es uns eines der größten Geheimnisse der Organismen, ihre Dynamik. Ich möchte auch hier von Bertalanffy das Wort geben, seine Darlegungen sind schon klassisch geworden:
»Vergleichen wir die Formen der belebten und der unbelebten Natur, so finden wir einen wesentlichen Gegensatz. Ein Kristall etwa ist aufgebaut aus stets den gleichen Bestandteilen; mit ihnen beharrt er, vielleicht durch Jahrmillionen. Die Formen des Lebendigen aber sind nur äußerlich beharrend und gleichbleibend; in Wahrheit sind sie Ausdruck eines immerwährenden Geschehensflusses. Durch den ständigen Stoffwechsel, worin der Organismus steht, sind seine Bestandteile von einem Zeitpunkt zum anderen nicht mehr die gleichen. Die Formen des Lebendigen« – wir kennen diesen Satz schon – »*sind* nicht, sie *geschehen;* sie sind Ausdruck eines immerwährenden Stromes von Materien und Energien, der den Organismus gleichzeitig durchzieht und ihn bildet; in Wahrheit ist in einigen Jahren von den materiellen Bausteinen unseres Körpers kaum etwas übrig; neue chemische Verbindungen, neue Zellen und Gewebe sind an ihre Stelle getreten.
Wir finden diesen ständigen Wechsel auf allen Stufen der biologischen Organisation. In der Zelle geht eine fortwährende Zersetzung der sie aufbauenden Verbindungen vor sich, in der sie als Ganzes beharrt. Im vielzelligen Organismus sterben fortwährend Zellen ab und werden durch neue ersetzt . . . In der Lebensgemeinschaft und der Art sterben Individuen und werden neue geboren . . . Was sich . . . als

> beharrend darstellt, erhält sich nur in dem ständigen Wechsel, Entstehung, Wachstum, Alter, Tod der nächst untergeordneten Systeme: der chemischen Komponenten in der Zelle, der Zellen im vielzelligen Organismus, der Individuen in der Lebensgemeinschaft.
> Diese dynamische Auffassung des Organismus kann zu den wichtigsten Prinzipien der modernen Biologie gezählt werden. Sie führt zu grundlegenden Fragen des Lebens und erlaubt sie aufzuschließen.
> Vom *physikalischen* Standpunkt können wir dies Verhältnis dahin definieren, daß der lebende Organismus nicht ein nach außen abgeschlossenes System ist, sondern ein *offenes System,* das fortwährend Bestandteile nach außen abgibt und solche von außen aufnimmt, das sich aber in diesem ständigen Wechsel in einem stationären Zustand oder *Fließgleichgewicht* erhält beziehungsweise in ein solches übergeht.«

Es ist also nicht so, als ob sich der Organismus in einem wirklichen Gleichgewicht befindet. Sein Gleichgewicht ist nur ein scheinbares, es besteht in Wahrheit aus einem fortwährenden Austausch seiner Substanzen. Und dieser Austausch wird nicht etwa von außen gesteuert, sondern von dem Organismus selbst. Aus sich heraus, durch eigene Regulationsmechanismen, nicht erst auf Reize von außen hält er seine Dynamik in Gang.

Das merkwürdige ist jedoch, daß gerade dieser ständige Ab- und Zufluß das Bild eines stationären Zustandes hervorruft:

> »Während so im Innern des Körpers sich die Teile in einem Fluß befinden, scheint der Körper selbst zu beharren ... Das langsam Fließende, relativ Beharrende, das Quasistationäre wirkt als Form, das schneller Fließende als Erhaltungsfunktion dieser Form ... Formen erscheinen dann, wenn ich den Blick von den niederen Stufen auf die übergeordneten richte; dann wirkt das höhere System als Form, auf die alles Geschehen der niederen Stufen bezogen ist. Für die

umgekehrte Blickrichtung, die die Stufen hinabwandert, lösen sich die Formen nacheinander in Abläufe auf, deren Geschwindigkeit mit abnehmender Systemgröße immer größer wird.«

Der Organismus ist mithin gleichbedeutend mit einem ständigen Strom des Geschehens. Er ist nicht *statisch,* sondern *dynamisch,* nicht ruhend, sondern bewegt. (Manchen Leser wird das schon jetzt daran erinnern, daß sich auch unser Bild vom Universum aus einem statischen zu einem dynamischen verwandelt hat.) Und es ist eine Eigenart dieser Dynamik, daß dabei das jeweils höhere System stets als beharrender erscheint als das nächstuntere und dieses nächstuntere stets als wechselhafter als das nächsthöhere.

Drei wichtige Merkmale eines Organismus also: sein hierarchischer Aufbau, sein Charakter als offenes System auf allen seinen Stufen und seine Eigenschaft, mit Hilfe eines Fließgleichgewichts stationär zu bleiben. Damit ist es nun möglich, zu einer ersten *allgemeinen Definition des Organismus* zu gelangen. Sie läßt sich so formulieren:

Ein lebender Organismus ist ein Stufenbau offener Systeme, der sich aufgrund seiner Systembedingungen im Wechsel der Bestandteile erhält.

Auf dieser allgemeinen physikalischen Beschreibung des Organismus ergibt sich eine Reihe von weiteren Merkmalen, die für die Abgrenzung von nichtlebenden Systemen nicht weniger unerläßlich sind. Es genügt, sie kurz aufzuzählen, sie bedürfen keiner näheren Erklärung:

Ein Organismus muß einen *Stoffwechsel* haben, das heißt die Fähigkeit zur selektiven Aufnahme von Stoffen aus der Umgebung und zur Rückbeförderung der Stoffwechselprodukte in diese Umgebung;
er muß sich durch *Wachstum,* Entwicklung, Alter und Tod auszeichnen, und zwar derart, daß sich die Prozesse dieses Formenwandels nicht mehr rückgängig machen lassen; sie müssen »irreversibel« sein;

er muß die Fähigkeit zur *Vermehrung* besitzen, sich also fortpflanzen können;
er muß imstande sein, eine *autonome Bewegung* zu entfalten;
er muß fähig sein, auf Einwirkungen aus seiner Umwelt mit Reizerscheinungen zu reagieren *(Reizbarkeit).*

Dieser weitere Katalog von Lebenskriterien bedarf allerdings einer gewissen Einschränkung. Was die Fähigkeit zur Eigenbewegung und die Reizbarkeit angeht, so können sie nicht in gleicher Weise wie die übrigen Merkmale zu den unentbehrlichen Eigenschaften des Lebens gezählt werden. Es gibt Lebewesen, bei denen es an besonderen Strukturen zur Bewegungsfähigkeit fehlt und die dennoch Organismen sind. Ebenso kennt man Lebensformen, zum Beispiel Pflanzen, die keine generelle Reizbarkeit zeigen, so daß sie praktisch nicht als Organismen angesehen werden könnten, würde man die Reizbarkeit zu den unentbehrlichen Eigenschaften des Lebens rechnen. Wirklich unerläßlich unter den weiteren Merkmalen ist daher nur die Eigenschaft der Vermehrungsfähigkeit, begleitet von Stoffwechselprozessen. (Ich werde in der weiteren Untersuchung aber trotzdem auch von der autonomen Bewegung und von der Reizbarkeit sprechen.)

Leider müssen diese theoretischen Betrachtungen noch ein wenig fortgesetzt werden. Die Definition des Organismus, die eben genannt wurde (Stufenbau offener Systeme usw.), soll uns dazu verhelfen, Lebendes von Unbelebtem klarer abzugrenzen. Sie ist aber nur ganz verständlich, wenn wir wissen, was eigentlich ein offenes System ist und worin sich das offene System von anderen Systemen unterscheidet. Auf diesen Punkt muß also noch etwas näher eingegangen werden.

Da ist zunächst der Begriff des *Systems* überhaupt. In der Physik und Chemie bezeichnet man damit alle Objekte oder Ansammlungen von Objekten – vom Elementarteilchen bis zum Universum, gleichgültig, in welchem Aggregat- und Energiezustand sie sind –, die sich gegenüber ihrer Umgebung durch eine gewisse Geschlossenheit auszeichnen. Diese Geschlossenheit kann darin bestehen, daß sie von dieser Umgebung völlig unabhängig sind oder daß sie mit ihr zwar in bestimmten Wechselbeziehungen stehen, daß sich diese Wechselbeziehungen aber klar bestimmen lassen. Die ganze physikalische Welt um uns herum, ob sichtbar oder nicht, besteht aus derartigen Systemen. Man unterscheidet drei Arten:

Die *isolierten Systeme*, die von ihrer Umwelt völlig getrennt sind und weder Materie noch Energie mit ihr austauschen, also z. B. auch keinen Temperaturausgleich mit ihr haben;
die *geschlossenen Systeme*, die zwar ebenfalls keinen Stoffaustausch mit ihrer Umgebung kennen, wohl aber einen Energieaustausch, indem sie etwa, wie z. B. ein heißer Dampfkessel, Wärme an die Umgebung abgeben oder, wie ein zum Glühen gebrachtes Eisen, der Umgebung Wärme entziehen;
die *offenen Systeme*, die nicht nur, wie die geschlossenen Systeme, einen Energie-, sondern auch einen Stoffaustausch mit ihrer Umwelt haben (z. B. der Wasserstrahl, die Flamme, gewisse Reaktionssysteme in der technischen Chemie, bei denen Material ein- und austritt).

Nun ein wichtiger Punkt: Wie kommt es innerhalb dieser verschiedenen Systeme jeweils zu einem *Gleichgewicht?* Was muß sich in ihnen abspielen, damit ein stationärer Zustand erreicht wird, in dem sich Wirkungen und Gegenwirkungen, aufbauende und abbauende Tendenzen die Waage halten? Die Frage ist physikalisch äußerst kompliziert. Sie wird hier nur gestellt, weil sie zu einem weiteren Begriff führt, der für uns ebenfalls von Bedeutung ist, dem der *Entropie.*

Entropie ist eine physikalische Zustandsgröße, die uns den Ordnungsgrad eines Systems anzeigt. Je größer die Unordnung eines Systems, je größer seine Entropie, je geringer seine Unordnung, um so geringer seine Entropie. (Das klingt leider noch abstrakter als das bisherige. Es liegt daran, daß es sich bei der Entropie um ein reines Informationsmaß handelt, das uns über die Verteilung der Energie innerhalb eines Systems unterrichten soll, also um ein künstlich geschaffenes Hilfsmittel. »In unserer Erfahrung«, sagt Manfred Eigen, »findet sie keinerlei Rückhalt«.)

Prozesse nun, die von selbst ablaufen, sich daher nicht umkehren lassen, also irreversibel sind, gehen ganz spontan von einem Zustand geringerer Unordnung (= geringerer Entropie) in einen Zustand größerer Unordnung (= größerer Entropie) über. Das gilt für alle drei Arten von Systemen. Erst dann, wenn die Entropie am größten ist, tritt für das betreffende System ein Gleichgewicht ein, erst zu diesem Zeitpunkt sind seine Arbeits- und Wärmeprozesse zum Stillstand gekommen.

So sagt man vom Universum – nach allgemeiner Ansicht einem isolierten System –, seine Temperaturen, die sich in Milliarden von Sternen und Sternsystemen konzentrieren, glichen sich allmählich aus, bis sie einen so niederen Stand erreicht haben, daß es den »Wärmetod« stirbt. Die heiße Flüssigkeit im Reagenzglas – ein geschlossenes System – kühlt, wie wir alle wissen, auf die Außentemperatur ab, wenn wir sie nicht künstlich auf ihrer Höhe halten. Und der Wasserstrahl aus einem Gartenschlauch – Beispiel eines offenen Systems – zerteilt sich bekanntlich sogleich in eine Unzahl kleinerer Strahlen, bis er zu einer Wasserlache am Boden wird. In allen diesen Fällen ergeben sich Zustände größerer Unordnung. Aber nicht nur das. Es ergeben sich auch Zustände größerer Wahrscheinlichkeit.

Bei allen Prozessen, die sich nicht rückgängig machen lassen, ist es ja sehr viel wahrscheinlicher, daß sie eher Unordnung anstreben als Ordnung. Beseitigt man die Wand zwischen zwei Gasbehältern, deren einer mehr Gasmoleküle enthält als der andere, so werden sich die Gasmoleküle ziemlich bald auf die beiden Behälter gleichmäßig verteilen. Das widerspricht zwar ihrer ursprünglichen Ordnung, aber diese ist eben unwahrscheinlicher gewesen als die jetzige „Unordnung". Entropie ist also nicht nur ein Maß für größere oder geringere Unordnung eines Systems, sondern auch für dessen größere oder geringere

Wahrscheinlichkeit. Daher ist auch das Gleichgewicht – immer bei irreversiblen Prozessen – nicht nur ein Zustand von größerer Unordnung, sondern auch von größerer Wahrscheinlichkeit.

Genug damit. Was bedeutet das für den Organismus? Hilft es uns, die Vorgänge innerhalb eines (offenen) Systems besser zu verstehen? Ich denke ja, und ich finde noch immer, daß es sich hier um eine der bedeutendsten biologischen Entdeckungen handelt. In der Natur, also auch in einem Organismus, laufen alle Prozesse irreversibel ab, sie lassen sich nicht wieder umkehren, die Natur nimmt nichts zurück. Die Folge müßte sein – man denke an den Wasserstrahl –, daß auch ein Organismus unaufhaltsam von einem Zustand größerer Ordnung in einen Zustand geringerer Ordnung (oder größerer Unordnung) übergeht und daß seine Entropie ständig zunimmt. Erst dann dürfte er ein Gleichgewicht, einen stationären Zustand erreicht haben, wenn alle Prozesse abgelaufen sind.

Statt dessen erleben wir das genaue Gegenteil: Nicht weil die Prozesse ihr Ende finden, sondern weil sie sich fortsetzen, beharrt der Organismus in seiner äußeren Gestalt. Sein Stoffwechsel bringt nicht nur Bestandteile nach außen, zum Beispiel die Reste absterbender Zellen und Gewebe, er hilft ihm auch, neue Substanzen aufzunehmen, vor allem durch Atmung und Nahrung. Und gerade dank dieses ununterbrochenen Austauschs seiner Energie und Materie mit der Umwelt ist er imstande, seine Stabilität zu behaupten.

Ja, allein auf diesem Wege kann sich der Organismus zu noch größerer Ordnung und Vollkommenheit entfalten, etwa indem er wächst und sich vermehrt. Die zusätzliche Energie, die er hierzu braucht, liefert ihm eben jenes Fließgleichgewicht, dessen Zu- und Abflüsse so verlaufen, daß dabei Energie nicht etwa verlorengeht, sondern im Gegenteil hinzugewonnen wird. *Dieser Energiegewinn des Organismus aufgrund seines Stoffwechsels – praktisch eine ständige Neuschöpfung – ist für unsere weitere Untersuchung von größter Wichtigkeit.*

Die Folge: Die Entropie des lebenden Organismus, obwohl

alles nicht umkehrbar verläuft, nimmt nicht zu, sondern bleibt sich gleich; mitunter nimmt sie sogar ab. Kein Zustand größerer Wahrscheinlichkeit also, dem er sich automatisch zubewegt, sondern im Gegenteil ein immer ungewöhnlicheres Stadium nach dem anderen, ein Zustand phantastischer Unwahrscheinlichkeit. Und auch kein echtes Gleichgewicht (höchstens wenn er stirbt), sondern ein fließendes. Ein fortlaufender Strom des Geschehens, der vom Organismus selbst, von den ihm eigenen Regulationsmechanismen (Kreislauf, Schaltungen des Bewegungsapparates usw.) in Gang gehalten wird.

Dazu noch einmal ein kurzes Wort über die Entropie. Die fortwährende Zunahme der Entropie in unbelebten Systemen ist Gegenstand eines besonderen physikalischen Gesetzes, des »Zweiten Hauptsatzes der Thermodynamik«. Es geht auf Rudolf Clausius – 1865 – zurück, der den berühmten Ausspruch tat: »Die Energie der Welt ist konstant, die Entropie der Welt strebt einem Maximum zu.« Damit hatte er gleich zwei wichtige Gesetze genannt: das Gesetz von der Erhaltung der Energie, wonach im Universum die Energie stets die gleiche bleiben muß, sich also weder vermindern noch vermehren kann – der »Erste Hauptsatz der Thermodynamik«; sodann diesen »Zweiten Hauptsatz« über das automatische Anwachsen der Entropie.

Nun gilt dieser Zweite Hauptsatz – der auch noch einiges andere besagt – allerdings nur für nichtumkehrbare Prozesse in isolierten und geschlossenen Systemen, nicht in offenen. Man hat daraus gefolgert, die Gesetze der Thermodynamik seien auf Organismen überhaupt nicht anwendbar. Inzwischen ist man auch in diesem Punkt weitergekommen. Der Organismus lebt auf Kosten seiner Umwelt, er bewahrt seine Ordnung, indem er seine Umgebung in Unordnung stürzt; für seinen Aufbau entnimmt er ihr ja Stoffe und Energie. Physikalisch gesprochen: Seine Entropie kann sich nur deshalb gleichbleiben oder gar vermindern, weil sie sich um ihn herum gleichzeitig vermehrt.

Jeder Aufbau in der Natur fordert seinen Preis, er geht mit einem Abbau in der Umgebung des aufbauenden Systems einher. Nimmt man den Organismus plus Umgebung also als Ganzes, so wächst die Entropie in der Gesamtbilanz eben doch stetig an, und der Zweite Hauptsatz der Thermodynamik bleibt gewahrt. So jedenfalls lautet die Lehre, die von einem ganz neuen Zweig der Physik, der »irreversiblen Thermodynamik«, vor allem von Prigogine und Glanzdorff entwickelt worden ist. Wie gesagt, sie wird auch noch für uns von Bedeutung sein.

Wir haben nun den besonderen Systemcharakter und die übrigen Lebensmerkmale des Organismus kennengelernt, und so ist es wohl nützlich, anhand dieser Kriterien noch über einige Naturerscheinungen zu sprechen, die eine gewisse Verwandtschaft mit dem Organismus zeigen, im Gegensatz zu ihm aber unbelebt sind. (Manche dieser Erscheinungen könnten uns sonst leicht dazu verleiten, in kosmischen Gebilden etwas ähnliches wie sie zu sehen, was dann jene »Vermutung des Anorganischen« nur bestärken würde.)

Da sind zunächst die Kristalle, die ebenfalls hierarchisch aufgebaut sind und im Wachsen ihre Gestalt behalten. Ein Kristall gibt aber die von ihm aufgenommenen Substanzen niemals wieder ab, zumindest nicht von sich aus, allenfalls durch äußere Einwirkungen; er ist eine Anordnung von beharrenden Teilen, während ein lebendes System Bestandteile nicht nur aufnimmt, sondern in ständigem Fluß nach außen transportiert, oft mit großer Geschwindigkeit.

Da ist ferner die Flamme, die ebenfalls Materie und Energie mit der Außenwelt tauscht und sich in einem fließenden Gleichgewicht erhält. Aber sie läßt jede Hierarchie vermissen, zudem wird ihr Stoff- und Energieaustausch nicht von ihr selbst, sondern von außen gesteuert.

Da ist weiter der Wirbelsturm, ein gigantisches offenes System der freien Natur, in dem sich ungeheure Energien umsetzen und das sich über lange Zeit und weite Strecken (einer Galaxie nicht unähnlich) rotierend, als stationäres Gebilde, erhalten kann. Aber ihm fehlt der hierarchische Aufbau, desgleichen die Fortpflanzung. Er kann sich zwar teilen, doch handelt es sich dabei nicht um eine für das System typische Fähigkeit zur Neuschöpfung, die notwendig auch dem anderen Teil innewohnen würde, sondern um eine zufällige, durch äußere Einflüsse bewirkte Duplikation.

Und da ist endlich das Atom. Nur allzuoft hat man das Planetensystem mit dem Atomkern und den um ihn kreisenden Elektronen verglichen. Doch das Atom ist ein geschlossenes System, und es befindet sich in einem nichtfließenden Gleichgewicht. (Da wäre auch noch die Maschine, die nun zwar keine Naturerscheinung ist, aber immer wieder herangezogen wird, um etwas Lebendiges als Mechanismus zu deklarieren. Sie besteht aus bleibenden Bauteilen, während die Bauteile des Organismus einem ständigen Zerfall und Wiederaufbau unterliegen – von Wachstum und Vermehrung ganz zu schweigen.)

3.
Folgerungen für kosmische Organismen

Ein Katalog der Lebensmerkmale, und sei er in der Wissenschaft noch so unbestritten, kann bei der Suche nach Leben immer nur eine Krücke sein. Nicht nur daß wir außerstande sind, das Wesen des Lebens als solches zu erklären. Auch die typischen Kennzeichen des Organismus – ich sagte es schon – können nur Indikatoren sein. Sie sind bloße Hinweisschilder, die uns auf die *Möglichkeit* von Leben aufmerksam machen, niemals erbringen sie den vollständigen Nachweis, daß es tatsächlich Leben gibt.

Ein solcher Nachweis wird immer einer Betrachtung bedürfen, die das *ganze* Objekt umfaßt, in dem wir Leben vermuten. Ein isolierter Teil des Organismus verhält sich oft völlig anders, als er es im Zusammenhang des Ganzen tut, und häufig zeigt auch das Ganze Eigenschaften, die seinen einzelnen Teilen fehlen. Darum gibt uns letztlich nur die Gesamtheit aller Erscheinungen, nicht schon die Einzelanalyse Aufschluß darüber, ob es sich um Unbelebtes oder um Belebtes handelt.

Die Erfahrung lehrt auch, daß wir eher für Anorganisches votieren, wenn wir aus Naturerscheinungen isolierte Prozesse herausgreifen, statt sie insgesamt zu sehen. Wie wir überhaupt dazu neigen, die Existenz von Leben beim ersten Eindruck lieber zu verneinen als zu bejahen. Noch einmal Adolf Portmann:

»Für eine Betrachtungsweise, die alles Erfaßbare vom unbekannten Sein der Organismen her zu sehen trachtet, ist die ganze Eigenart des Lebendigen entscheidend. Wie bedeutend uns auch die Forschungsmöglichkeiten der physikalisch-chemischen Richtung im einzelnen erscheinen, wie außerordentlich ihre praktische, technische Rolle ist, so müssen wir doch die Einsicht in die relative Autonomie der Lebensprozesse in die Mitte stellen. Daraus ergibt sich, daß wir uns nicht auf die Erforschung der stofflichen Komponenten der lebendigen Organismen beschränken können, sondern daß das Lebendigsein in seiner ganzen Eigenart erfaßt werden muß.«

Beides muß sich also ergänzen: die exakte Erforschung des einzelnen Vorgangs und die zusammenfassende Ansicht des Ganzen. Hinter den verschiedenen Merkmalen des Organismus, die ich aufgezählt habe, müssen wir immer auch, um mit Goethe zu sprechen, nach dem »Urphänomen« suchen, nach der »entschiedenen Einheit«, zu der sich die einzelnen Erscheinungen zusammenfügen.

Das gilt um so mehr, als es sich hier ja um jenen »Exodus aus der vertrauten Welt« handelt, um den »Bereich des Unsichtbaren«, wie Portmann den Mikrokosmos und den Makrokosmos genannt hat. Immer wieder: Trotz der wachsenden Leistungsfähigkeit unserer Fernrohre, trotz Radio-, Infrarot- und Röntgenastronomie sind uns noch weite Teile des Universums unbekannt. Und sie werden uns noch für lange Zeit, viele für dauernd, unbekannt bleiben. Hier liegt der schwerwiegende Unterschied zur Biologie irdischer Lebewesen.

Selbst Mikroorganismen, wie Bakterien und Protozoen, lassen sich mit Hilfe des Elektronenmikroskops sichtbar machen; wir stoßen optisch normalerweise bis in die Grenzgebiete von Lebendigem und Unlebendigem vor, zu den Viren zum Beispiel, die wir in allen Einzelheiten wahrnehmen und studieren können. Dabei wird die optische Beobachtung noch durch das Experiment ergänzt, dem die Biologie ihre größten Fortschritte verdankt. Es gibt keine uns bekannten Organismen oder Teile von ihnen, die nicht schon einer Vielzahl chemischer oder physikalischer Reaktionen unterworfen worden wären.

All das hat die Biologie im herkömmlichen Sinne der Biologie kosmischer Lebewesen voraus. An die großen Strukturen des Weltalls reicht keine Präparierschere, kein Skalpell heran. Die Kosmobiologie befindet sich etwa in derselben Lage wie die Astronomie zu der Zeit, als es noch keine Fernrohre gab. Auch die Weltraumfahrten, so imponierend sie sind, einschließlich der Sonden, die wir zu den fernsten Planeten schikken, bewegen sich in einem so winzigen Bezirk, von einem Sandkorn zum andern an einem unermeßlichen Meeresstrand, daß sie den Namen »Weltraum« nicht verdienen.

Hier zeigt sich, daß eine Ganzheitsbetrachtung auch deshalb notwendig ist, weil nur sie uns dazu verhelfen kann, Einzelerscheinungen des Weltalls in einem *sinnvollen* Zusammenhang zu sehen. Ich denke dabei nicht an einen religiösen oder metaphysischen Sinn. Aber ich denke auch nicht allein an den historischen, wie er sich neuerdings darin äußert, daß wir immer fanatischer auf den ersten Akt der Weltentstehung, den Urknall, starren; als ob sich der ganze körperliche Zusammenhang des Weltalls allein darin erschöpfen würde.

Wenn dieser körperliche Zusammenhang überhaupt ein sinnvoller ist, muß sich dieser Sinn des Weltalls auch in seinen späteren Entwicklungsstadien, nicht nur in seinem allerersten zeigen – ein Sinn in seinem *fortdauernden,* auch seinem heutigen strukturellen Zusammenhang. Und leider finde ich, wenn ich von den vielen Theorien über den Ursprung des Weltalls absehe, daß diese Frage nach dem »Sinn« des Universums, nach seinem körperlichen Rang in der Natur, fast nirgends gestellt wird. In einem Zeitalter, das durch die Entdeckung der Milchstraßensysteme hervorragt und das wir getrost das galaktische nennen dürfen, spüren wir ein merkwürdig geringes Verlangen nach einer ordnenden Idee.

Damit ist eng verknüpft, daß auch erst eine Anschauung des Ganzen und nicht nur seiner Einzelheiten uns die nötige Ehrfurcht einflößt, ohne die eine so wichtige Frage, wie ich sie hier stelle, gar nicht behandelt werden kann. Ich will damit kein neues Argument einführen, auf das ich meine Hypothese stütze. Die, die sich aufs Messen und Rechnen verlegen, würden es ohnehin nicht akzeptieren. Aber ich meine, ohne Ehrfurcht gegenüber dem Lebendigen kommen wir selbst dann nicht aus, wenn wir nach exakten Beweisen für das Lebendige suchen. Und auf diese Ehrfurcht hieße es verzichten, wollten wir die Existenz eines unbekannten Lebens von vornherein nur deshalb leugnen oder ignorieren, weil wir seine Einzelheiten noch nicht kennen. Mitunter kommt eben auch in der Wissenschaft die Vorstellung *vor* der Feststellung.

Es erhebt sich nun die Frage, inwieweit die verschiedenen Merkmale, die sich für irdische Lebewesen als typisch und unentbehrlich erwiesen haben, auch für kosmische Lebewesen gültig sein können. Gibt es wichtige Umstände, die uns hindern, die Definition des Organismus, wie sie von der modernen Biologie entwickelt worden ist, auch auf kosmische Organismen anzuwenden?

Es ist klar, daß die Antwort darauf mit vielen Risiken behaftet ist, sie kann so oder so in die Irre führen. Ich glaube aber doch, daß man sich im Prinzip zu einer analogen Anwendung dieser Lebenskriterien auf kosmische Organismen verstehen sollte. Es gibt zwei Gründe dafür. Zunächst könnte sich die weitere Untersuchung, wenn man es ablehnt, diese Kriterien heranzuziehen, nur auf mehr oder minder vage Mutmaßungen stützen, da ja andere »Indikatoren« nicht zur Verfügung stehen. Damit würde sie aber ohne größeres Interesse sein. Der zweite Grund ist folgender: *Die Merkmale, die zur Feststellung irdischen Lebens dienen, sind so allgemeingültig formuliert, daß nicht einzusehen ist, warum sie nicht auch auf Leben extrem großer Dimensionen zutreffen sollten.*

Man denke allein an die Fähigkeit der Vermehrung. Kann man sich ernsthaft vorstellen, daß es Lebewesen gibt, und seien sie noch so unbekannt, die diese Fähigkeit nicht besäßen, die nicht in der Lage wären, sich fortzupflanzen? Ist die Fortpflanzung nicht Inbegriff alles biologisch Lebendigen? Mit der Fortpflanzung aber ist notwendig eine Vermehrung der Materie verbunden, und diese wieder setzt voraus, daß Stoffe und Energie von außen aufgenommen werden, damit der körperliche Aufbau fortschreiten kann. Daraus ergibt sich dann zwangsläufig, als weitere Bedingung, daß ein offenes System vorliegt, desgleichen ein Stoffwechsel, der zu den verschiedenen Entwicklungsstadien des Organismus verhilft.

Auch der Stufenbau ist unabweisbar. Selbst bei kleinsten und primitiven Lebewesen findet sich eine Rangordnung der Strukturen und Funktionen, bald einfacher, bald verwickelter, je nach dem Grad der Differenziertheit, die der einzelne Organismus aufweist. Nur mit Hilfe einer solchen baulichen »Organisation« lassen sich Vorgänge wie Stoffwechsel, Vermehrung usw. bewältigen. Des weiteren werden wir davon ausgehen müssen, daß jedweder Organismus in der Lage ist, über kürzere oder längere Zeit seine äußere Gestalt zu bewahren, daß er sich also in einem Quasigleichgewicht hält. Angesichts der Tatsache des Stoffwechsels mit der Außenwelt kann ein solches Gleichgewicht aber nur ein fließendes sein. Und endlich gehören zum Wesen jeglichen Lebens Erscheinungen wie Werden und Vergehen, Geburt und Tod, nicht zuletzt auch, daß der Organismus seine festen räumlichen Grenzen hat. Zeitliche und räumliche Unbegrenztheit würden mit keinerlei Formen biologischen Lebens vereinbar sein.

Kurz: Triftige Gründe scheinen mir dafür zu sprechen, daß die Lebenskriterien irdischer Organismen umfassend genug sind, um auch als Merkmale kosmischer Lebewesen herangezogen zu werden. Nach dem heutigen Stand der empirischen Forschung decken diese Kriterien alle uns bekannten Lebensformen ab, den Menschen, sämtliche Tiere, sämtliche Pflanzen, vom Einzeller bis zu den höchstkomplizierten zellulären Hierarchien. Warum sollte der Makrokosmos davon abweichen? Und wenn er lebende Strukturen entwickelt hat, die tatsächlich davon abweichen, könnten wir sie überhaupt noch als etwas ansehen, was wir unter »Leben« verstehen?

Bei der weiteren Untersuchung werde ich mich daher an den Katalog der Lebensmerkmale halten, der für die Biologie heute maßgebend ist, auch wenn sie dabei nur an irdische Lebewesen denkt. Aber nicht ohne eine gewisse Einschränkung. Mehr als bloße Orientierungshilfen können diese Merkmale nicht sein. Niemals wird man sich von der Vorstellung leiten lassen dürfen, sie seien insgesamt oder auch nur teilweise für kosmische Dimensionen ebenso charakteristisch wie für die uns geläufigen Organismen. Das liegt schon daran, daß sie überhaupt erst in einer Kombination überweiter Räume und Zeiten auftreten und für uns sichtbar werden. Vor allem aber werden ganz andere Merkmale im Vordergrund stehen, Erscheinungen, die in der uns vertrauten Biologie gar keine Rolle spielen. Dazu werden dann auch Eigenschaften gehören, in denen wir weit mehr anorganische als organische zu sehen gewöhnt sind, die aber für so fremdartige Lebewesen besonders typisch sein mögen.

Ganz allgemein wird man zu bedenken haben, daß Gestalt und Funktion derartiger Superorganismen alle Vorstellungen sprengen, die wir bisher von der Mannigfaltigkeit der Lebensformen besitzen. Wir bewegen uns mit unserem Thema am Rande menschlichen Erkenntnisvermögens. Einer um so größeren Anstrengung unserer Phantasie wird es bedürfen, um der möglichen *Variabilität des Lebendigen* gerecht zu werden. Das verlangt, daß wir den Sinn für das *total Andere* jederzeit offenhalten und mit Lebenserscheinungen rechnen, die von den uns vertrauten Vorbildern radikal abweichen, die anhand unserer bisherigen biologischen Erfahrungen also nicht erklärt werden können. Auch hier spielt ein Stück Ehrfurcht mit hinein – die Ehrfurcht vor der ungeheuren kreatürlichen Vielfalt, deren die Schöpfung fähig ist.

Es gibt noch ein mehr technisches Hindernis, das uns die Prüfung der Lebensmerkmale erschwert. Ich glaube, man darf seine Bedeutung nicht unterschätzen. Jedenfalls erweckt es Zweifel, ob unsere Sinnesorgane überhaupt in der Lage sind, Bewegungsvorgänge biologischer Art, wie sie mir vorschweben, jemals zu erkennen. Vor einigen Jahren hat Eduard Verhülsdonk an eine Überlegung des baltischen Zoologen Karl Ernst von Baer (gestorben 1876) erinnert. Baer scheint als erster der Frage nachgegangen zu sein, was wir von der Natur wohl wahrnehmen würden, wenn unser Leben um das Tausendfache schneller abliefe als normal, wenn wir also nur etwa einen Monat auf der Welt wären. Wir hätten in diesem Monat dann ebensoviele Eindrücke zu verarbeiten wie heute in siebzig Jahren. Während wir jetzt pro Sekunde nur 20 Bilder aufnehmen können (eine Zahl, die sich der Film zunutze macht, indem er uns 22 bis 25 Bilder pro Sekunde zeigt, so daß wir sie nicht mehr als Einzelbilder, sondern nur noch als fortlaufende Bewegung erkennen), würden wir dann imstande sein, so viele Bilder pro Sekunde wahrzunehmen, daß selbst die raschesten Bewegungen für uns in extremer Zeitdehnung abliefen?

Das hätte groteske Folgen. Einer abgefeuerten Gewehrkugel könnte unser Blick mühelos folgen. Den Wechsel der Jahreszeiten würden wir gar nicht bemerken. Sonne und Mond stünden für uns nahezu still. Das kurzwellige ultraviolette Licht würde für uns plötzlich sichtbar werden. Kurz, eine optische Verlangsamung, ein *Zeitlupeneffekt,* der alle uns vertrauten Geschwindigkeiten auf einen Beinahe-Stillstand reduziert.

Der Zoologe Karl von Frisch erwähnt dieses zeitliche Auflösungsvermögen am Beispiel der Bienen, die ein Durchschnittsalter von mehreren Wochen haben. »Das Auge der Bienen kann in der gleichen Zeit etwa 10mal so viele Einzeleindrücke getrennt wahrnehmen als unser Auge«, etwa 200 Einzelbildchen pro Sekunde. Würde unsere Lebensdauer gar um das Millionenfache verkürzt, so hätten wir den Eindruck, ein fliegender Vogel schwebte reglos in der Luft.

(Bei Verlängerung unserer Lebensdauer träte der umgekehrte Effekt ein. Alles liefe dann um ein Vielfaches schneller ab. Die umlaufende Sonne sähen wir nur als einen um die Erde gelegten leuchtenden Ring, den Wechsel von Tag und Nacht nur noch als ein Flimmern des Lichts. »Wir brauchten nur ein anderes Zeitmaß in uns zu tragen«, sagt Verhülsdonk, »gleich wäre alles, was sich jetzt offen vor unseren Augen abspielt, ins Hintergründige gerückt, und dafür träten ganz andere (bei Beschleunigung mikrokosmische, bei Verlangsamung makrokosmische) Vorgänge in unseren Erlebnisbereich.« Es drängt sich geradezu der Gedanke auf, als ob sich hinter dieser wechselnden Eindrucksfrequenz kürzer oder länger lebender Organismen so etwas wie eine Art allgemeiner Existenzkonstante verbirgt, die jeweils durch ein umgekehrtes Verhältnis von Bilderfülle und Lebensdauer zustande kommt; wie diese Beispiele überhaupt zeigen, daß das endogene Zeitmaß auf physiologischen Vorgängen beruht.)

Einen ähnlichen Zeitlupeneffekt wie bei kürzerer Lebensdauer muß es nun auch zwischen uns und einem bewegten System geben, das tausend- oder millionenfach länger existiert als wir. Das aber kann nichts anderes bedeuten, als daß wir eine Vielzahl dynamischer Vorgänge im Universum fälschlicherweise noch immer für statisch halten, obwohl sie in Wahrheit mit großer Geschwindigkeit vor sich gehen, oder daß wir sie doch in ihren eigentlichen Zusammenhängen, weil wir nur kürzeste Ausschnitte davon wahrnehmen, nicht voll erkennen.

Ein Beispiel. Was wir seit rund 60 Jahren, seit Inbetriebnahme der großen Spiegelteleskope, an Bewegungen in der Galaxie beobachten, macht bei einem Durchschnittsalter der Galaxien von ungefähr 10 Milliarden Jahren den 160millionstel Teil ihres bisherigen Daseins aus – vergleichbar mit 10 Sekunden im Leben eines 50jährigen Menschen. (Für einen galaktischen Organismus wäre umgekehrt der Mensch nicht länger als etwa 10 Sekunden – gemessen an unserem Zeitmaß – am Leben, da dem Zeitlupeneffekt bei Lebewesen mit kürzerer Lebensdauer ja ein Zeitraffungseffekt bei längerlebenden entspricht.)

Ergebnis: So revolutionär uns der Wandel im Bild des Universums anmutet – von einem statischen zu einem dynamischen –, seine eigentliche Bewegtheit nehmen wir wegen eben dieses Zeitlupeneffekts noch gar nicht wahr. Allenfalls ein Computer könnte uns diese Bewegtheit deutlich machen, indem er ihre einzelnen Phasen künstlich zusammenrafft. Ähnliches hat er ja schon im Fall des Sternenlebens getan. Nur durch ihn haben wir erfahren, wie stürmisch das Dasein des Einzelsterns verläuft.

Vielleicht liegt hier auch der eigentliche Grund – optisch wie psychologisch –, weshalb uns die Dynamik im Universum, wenigstens im beobachtbaren Bereich wie dem der Galaxien, bisher nicht längst schon alarmiert hat. Wegen der weit auseinanderklaffenden Zeitmaße sind wir eben gar nicht imstande, Prozesse, die sich als Stoffwechsel, Fließgleichgewicht, autonome Bewegungen, Reflexe auf äußere Reize usw. herausstellen könnten, in ihrem wirklichen Tempo zu registrieren. Sie kommen uns nur wie träge, zeitlich extrem gedehnte Abläufe vor, selbst dort, wo wir ihren stürmischen Charakter zu ahnen beginnen. Wie rasch würden wir uns auf die Suche nach einem lebenden Weltall machen, wenn es in seinen Bewegungen das menschliche Zeitmaß hätte oder wir umgekehrt das galaktische. Plötzlich würde uns optisch deutlich werden, was die alten Philosophen mit Hilfe bloßer Vision erkannten: daß im gesamten Weltall, bis herab zu den einzelnen Sternen, ein unablässiger Strom des Geschehens fließt, wie er sich in veteeee-aewlle nur beim Organismus zeigt.

KAPITEL IV: DIE HIERARCHIE DES UNIVERSUMS

Jeder Organismus, so haben wir gesehen, erscheint als ein komplizierter Stufenbau. Elementarteilchen bauen die Atome auf, Atome schließen sich zu Molekülen zusammen, es folgen Molekülgruppen, Zellbestandteile, Zellen, Gewebe, Organe, Organsysteme usw., Individuen, Lebensgemeinschaften. Es stellt sich die Frage, ob auch das Universum einen solchen Stufenbau bildet. Gibt es Anhaltspunkte dafür, daß es hierarchisch gegliedert ist?

Zu den vielen aufsehenerregenden Entdeckungen der neueren Astronomie zählt in der Tat auch diese: Das Weltall ist eine ununterbrochene Folge immer größerer Strukturen, die von den kleinsten Himmelskörpern über die verschiedenartigsten Sternsysteme bis hinauf zum Universum als Ganzem reicht. Einige dieser Rangstufen sind uns schon seit langem vertraut. In ihrem vollen Ausmaß beginnen wir die kosmische Hierarchie aber erst seit Mitte dieses Jahrhunderts einigermaßen zu übersehen.

Unterste Zelle in dieser Hierarchie – wenn wir von dem atomaren und molekularen Aufbau absehen – ist das Satellitensystem eines Planeten nach dem Beispiel von *Erde und Mond.* Außer der Erde werden auch andere der uns bekannten Planeten von Monden begleitet (oder von »Subplaneten«, wie man sie gelegentlich nennt). Der Mars beispielsweise hat zwei Monde, der Jupiter dreizehn, der Saturn zehn (den zehnten kennen wir erst seit 1966), der Uranus fünf. Ihre Größe ist ganz unterschiedlich, die kleinsten haben einen Durchmesser von nur 10 bis 20 Kilometern, große gibt es selten, von den vielen Jupitermonden übertreffen nur zwei unseren Mond an Volumen, von denen des Saturn nur einer, von den Monden des Uranus kein einziger. Die vier ersten Jupitermonde hat 1610 Galilei entdeckt, die Entdeckung des (bisher) letzten – durch eine Raumsonde – liegt erst vier Jahre zurück.

Aber das alles betrifft natürlich nur unser engeres Gesichtsfeld. Es ist sicher, daß es in unserer Milchstraße Abermillionen, ja Milliarden von Monden gibt, nur können wir nicht hoffen – trotz der immer stärkeren Teleskope –, daß wir außerhalb unseres Sonnensystems auch nur einen einzigen dieser »winzigen« Körper jemals zu Gesicht bekommen. Und für Raumsonden sind die Entfernungen zu groß.

Über die Herkunft der *Monde* gibt es mehrere Theorien. Welche von ihnen wirklich zutrifft, hängt wahrscheinlich weitgehend von der Geschichte des einzelnen Planeten ab. Von unserem Mond wird neuerdings angenommen, daß er zusammen mit unserer Erde als Doppelplanet entstanden ist, daher die Gleichaltrigkeit von beiden und eine gewisse Ähnlichkeit ihrer Dichteverhältnisse. Doch möchte ich die Frage hier nicht weiter vertiefen. Es kommt mir allein auf die Tatsache an, daß das Mondsystem als solches mit Sicherheit zu den typischen Strukturen des Universums zählt.

Über diese unterste Stufe des Himmelsgebäudes, das Parterre sozusagen, erhebt sich dann als zweite Etage die der *Fixsterne,* also der Sonnen. Ihre Zahl in unserer Milchstraße wird heute auf ungefähr 200 Milliarden geschätzt, aber wir wissen, diese Zahlen bewegen sich ständig nach oben. Unsere Sonne selbst – wie bereits erwähnt – ist unter diesen vielen Milliarden nur ein Stern mittlerer Größe. Wie sie haben auch viele andere Fixsterne, wahrscheinlich ein paar Prozent von allen, *Planeten* um sich kreisen, so daß wir allein in unserer Milchstraße mit Millionen von Planeten zu rechnen haben. Wieder eine rein statistische Überlegung, denn auch diese Planeten, für die Fernrohre viel zu klein, werden wir mit dem Auge niemals

wahrnehmen und auch nicht mittels fotografischer Vergrößerung sichtbar machen können. Aber wie verborgen sie uns auch bleiben, sicher ist, daß wir es auch hier mit einem allgemeinen Bauprinzip des Universums zu tun haben. Es sei an die Beobachtungen amerikanischer Astronomen im Sternbild des Schwan erinnert, an jene leuchtende, sich abplattende Gasscheibe, aus der vermutlich ein ganzes Planetensystem geboren wird. Was sich dort einst als fertiges Gebilde zeigt, gehört dann ebenfalls dieser zweiten Etage an: ein aus eigener Energie weiterglühender Fixstern, dessen Licht sich über seine erkalteten Planeten breitet.
Die dritte Stufe auf der Skala nach oben: Die Milchstraßen oder die *Galaxien.* (Innerhalb der Galaxien gibt es noch einige Zwischenstufen, von ihnen sei später gesprochen.) Die Galaxie wölbt sich als ein System von großer Selbständigkeit über die Milliardenschwärme von Subplaneten- und Planetensystemen. Es wurde schon erwähnt, was es bedeutet hat, als man außerhalb unserer Milchstraße die ersten fremden Milchstraßen entdeckte: Mit einem Schlag waren die uns vertrauten Grenzen der Welt gesprengt.

Dem Amerikaner Hubble war es 1923 erstmals gelungen, mit Hilfe des neuen 2,50-Meter-Teleskops auf dem Mount Wilson in drei angeblichen »Nebeln« unserer Milchstraße, darunter dem Andromedanebel, einzelne Sterne ausfindig zu machen. Von diesem Augenblick an war klar, daß es sich in Wahrheit nicht um Nebel, sondern nur um fremde Galaxien, um selbständige »Weltinseln« handeln konnte. Ihre Zahl ist seitdem ins Unermeßliche gestiegen. In dem gegenwärtig überblickbaren Teil des Weltalls – auch das wurde schon erwähnt – wird mit mindestens 100 Milliarden gerechnet. Um die Größenordnung auch nur annähernd zu begreifen, sollte man nicht nur an die Zahl der Sterne, sondern auch an den Umfang der Materie denken, die sich darin vereinigt: Die Masse unserer Sonne beträgt das 330000fache der Masse unserer Erde, die Masse unserer Milchstraße das 230milliardenfache der Masse unserer Sonne, die Masse aller Milchstraßen zusammen das 100milliardenfache der Masse unserer eigenen Milchstraße. Massen, nichts als Massen – tot oder lebendig?

Viele der Galaxien nun – dieses ist die vierte Stufe – schließen sich zu *Doppel- und Mehrfachsystemen* zusammen. Von unserer Milchstraße wissen wir zum Beispiel, daß sie mit den beiden Magellanschen Wolken (zwei selbständigen Galaxien) in einem engeren Verbund steht. Ähnliches gilt von dem uns »benachbarten« Andromedanebel und zweien seiner Begleiter. Bisher sind etwa 100000 solcher Doppel- und Mehrfachsysteme festgestellt worden. Es scheint, daß sie nicht sonderlich stabil sind, vielleicht ist ihre Gemeinschaft also nur eine flüchtige.

Über ihnen dann wieder, als fünfte Stufe, noch größere *Gruppen von Milchstraßen,* darunter die sogenannte lokale Gruppe, zu der unsere eigene Milchstraße mit ihren beiden Gefährten gehört. Mitglieder dieser Gruppen weisen die verschiedensten Typen und Größen auf, die der lokalen Gruppe – nach heutigem Stand etwa 21 – bestehen meist aus kleineren Systemen und ausgesprochenen Zwerggalaxien.

Darüber endlich als sechste Stufe die großen galaktischen Familien, die Supergalaxien oder *Galaxienhaufen.* Sie stellen unsere Phantasie auf eine noch viel härtere Probe als die Etagen darunter. Ursprünglich vermutete man, die Milliarden Galaxien seien wie einzelne Staubkörner lose über den Himmel verstreut. Bald waren aber einige große, deutlich abgrenzbare Verbände zu sehen, und in den vierziger Jahren ging man bereits davon aus, daß etwa 5 % aller Milchstraßen Mitglieder solcher Verbände seien. Heute weiß man, daß rund neun Zehntel aller Galaxien in Supergalaxien organisiert sind – eine der frappierendsten Entdeckungen der neueren Zeit. »Die Gruppierung von Galaxien«, sagt der französische Astronom E. L. Schatzman, »ist eine ganz allgemeine Erscheinung, angefangen bei den Mehrfachgalaxien bis hin zu den großen Haufen.« Im gegenwärtig überblickbaren Teil des Universums rechnet man mit vielen tausend Galaxienhaufen, darunter solchen mit mehreren tausend, möglicherweise bis zu 100000

Mitgliedern. Anders als bei den galaktischen Gruppen, die nur eine »kleinere« Mitgliederzahl haben, handelt es sich also um riesige Zusammenballungen von Milchstraßensystemen. Allein in dem 36 Millionen Lichtjahre entfernten Virgohaufen werden rund 2500 »Nebel« gezählt.

Ob es über diesen galaktischen Haufen auch eine siebte Stufe gibt, Familien von Galaxienhaufen oder, weniger elegant ausgedrückt, »Haufen von Haufen«, ist umstritten. Vergleicht man eine Galaxie mit einer einzelnen Biene, so würden wir also nicht nur Bienenschwärme vor uns haben, vielmehr zögen Dutzende, Hunderte, ja Tausende von Bienenschwärmen gleichsam als ein Oberschwarm durch die Luft, und neben ihnen zwei, drei, ja hundert weitere Oberschwärme, wobei schon jede einzelne Biene einer Galaxie von 100 Milliarden Sternen entspräche – ein Bild, das nun wirklich jeder Vorstellung spottet und nur noch als bloße Statistik begriffen werden kann. Es ist aber nicht uninteressant, daß gewichtige Stimmen die Existenz solcher Monstergebilde, anders als die der »einfachen« Galaxienhaufen, verneinen. Der aus der Schweiz stammende amerikanische Astronom Fritz Zwicky, der sich um die Durchmusterung des Himmels große Verdienste erworben hat, sagte hierzu folgendes:

> »Im Gegensatz zur Bestätigung unserer Erwartungen über die Galaxienhaufen hat sich die Voraussage über die Existenz von Haufen von Haufen von Galaxien nicht bewahrheitet. In der Tat sind ... etwa 10000 bis jetzt untersuchte Galaxienhaufen derart gleichförmig in der Breite und Tiefe des Weltraums verteilt, daß wir noch keinen einzigen physikalisch zusammenhängenden Doppelhaufen, geschweige denn einen ausgesprochenen Haufen von Haufen von Galaxien gefunden haben.«

Neuere, sehr komplizierte Untersuchungen über die Verteilung der sogenannten Röntgen-Hintergrundstrahlung im Weltall scheinen dieser Ansicht recht zu geben. Danach würde es, was unserer Phantasie zuträglicher ist, mit Sicherheit nur Bienenschwärme von Galaxien, keine Oberschwärme geben.

Das würde auch genügen. Der hierarchische Aufbau des Universums ist nun deutlich genug zu sehen: eine grandiose Stufenfolge, die sich, ausgehend von der Gemeinschaft der Planeten mit ihren Satelliten, gleich einer endlosen Feuergarbe bis in die fernsten Regionen der Galaxienhaufen entfaltet oder, wenn wir es von oben nach unten betrachten, kaskadenförmig aus den Höhen des Universums bis in das uns vertraute Bündnis von Erde und Mond hinabreicht.

Dieser *strukturelle* Stufenbau wird ergänzt durch einen *funktionellen.* Wir erinnern uns, daß vom Organismus eine ähnliche Hierarchie der Funktionen verlangt wird: von den einzelnen chemisch-physikalischen Vorgängen im Muskel zum Beispiel, über die Muskelkontraktion, die Rückenmarksreflexe usw. bis hinauf zu den kombinierten Bewegungen des Gesamtkörpers. Etwas Analoges stellen wir nun auch beim Weltall fest. Die vielen hierarchisch gegliederten Strukturen bilden nicht nur einen morphologischen Aufbau, wir haben es hier zugleich mit einer Fülle prozessualer Wechselbeziehungen zu tun – teils Ursache, teils Folge der zahlreichen dynamischen Vorgänge, die wir innerhalb der Galaxie und des Gesamtuniversums beobachten.

Auf Einzelheiten möchte ich später eingehen. Sie hängen eng mit den weiteren Lebensmerkmalen, vor allem dem Fließgleichgewicht, den autonomen Tätigkeiten und dem Formenwechsel zusammen. Immerhin sei das Beispiel der Drehbewegungen erwähnt. Die Bewegung eines Mondes wird vom Planeten, die Bewegung der Planeten von den Fixsternen, die der Fixsterne von den Gravitationsfeldern der Galaxie kontrolliert, alle zusammen von der offenbar einheitlichen Expansion des Universums. Wir haben es hier nicht etwa mit einer nur evolutionären Hierarchie zu tun, mit verschiedenen zeitlichen Akten aus der Entstehungsgeschichte des Kosmos, sondern mit einer noch andauernden, gleichzeitigen Dynamik und daher einem echten funktionellen Zusammenhang. Er allein erlaubt die Stetigkeit der das ganze System erhaltenden Rotationen, jenes ausgeklügelte, ineinandergeschachtelte Spiel von Fliehkraft und Gravitation.

Ein anderes Beispiel aus unserem engeren Bereich. Es gäbe kein irdisches Leben, wäre die Erde unmittelbar der sogenannten kosmischen Strahlung ausgesetzt, einem Strom energiereicher Atomkerne, der sich mit nahezu Lichtgeschwindigkeit fortbewegt und vermutlich aus Supernovae-Ausbrüchen und Pulsaren in unserer Milchstraße und aus anderen Galaxien stammt. Diese Ultrastrahlung wird unter anderem durch den »Sonnenwind« von der Erde abgehalten, eine von der Sonne ausgehende Korpuskularstrahlung, die um unser gesamtes Planetensystem einen kugelförmigen Mantel aus ionisiertem Wasserstoffgas von 12 Milliarden Kilometern Durchmesser legt. Überhaupt gehören die meisten funktionellen Abhängigkeiten zwischen den verschiedenen Systemstufen dem Energiebereich an.

Wie alle großen kosmischen Strukturen, so hat auch der Stufenbau des Universums eine *zeitliche* Dimension. Den Virgohaufen zum Beispiel mit seinen ca. 2500 Galaxien sehen wir nicht, wie er gegenwärtig ist. Da er 36 Millionen Lichtjahre von uns entfernt steht, sehen wir ihn nur, wie er vor 36 Millionen Jahren war. Stellen wir uns den Stufenbau des Universums, von unserem Erde-Mond-System aus betrachtet, als eine auf der Spitze stehende Pyramide vor, so ist der weit oben liegende Boden dieser Pyramide, eben die Vielheit der Galaxienhaufen, mehr oder minder tief *in die Vergangenheit zurückgebogen.* Ohne diese zeitliche Komponente zu berücksichtigen, würden wir von den räumlichen Strukturen im Universum immer nur ein völlig schiefes Bild gewinnen. Das hat bekanntlich Einstein unter anderem veranlaßt, die Zeit als vierte Dimension einzuführen und das Weltall als ein »raum-zeitliches Kontinuum« anzusehen. Für unser Thema ergeben sich daraus einige interessante Überlegungen:

Würde es sich bei den Galaxien oder beim Universum als Ganzem tatsächlich um Organismen handeln, so würden wir

ihren Stufenbau – Gestalt und Funktionen – nur in einer starken zeitlichen Dehnung erkennen. Sie würden uns nicht etwa ihren Augenblickszustand verraten, sondern nur einen Querschnitt durch ihre zurückliegenden Lebensphasen zeigen. Und da die fernsten Objekte, die bisher beobachtet werden konnten, ca. 17 Milliarden Lichtjahre von uns entfernt sind, könnte es sogar sein, daß wir bei unseren Beobachtungen gar nicht nur auf diese früheren individuellen Lebensabschnitte stoßen, auf die es uns eigentlich ankommt. Vielmehr wäre denkbar, daß wir dahinter auch längst vergangene Phasen aus der Gesamtentwicklung des Kosmos erblicken, in denen sich die verschiedenen Strukturen überhaupt erst entwickelt haben und die uns über ihr späteres individuelles Schicksal nur wenig Auskunft geben. Es leuchtet ein, daß unsere Feststellungen dadurch außerordentlich erschwert würden. Wir müssen den Nachteil dieser zeitlichen Verzerrung daher ständig im Auge behalten.
Und eine scheinbar gegensätzliche Konsequenz. Nach Einsteins Spezieller Relativitätstheorie sind Raum und Zeit variable Größen, ihre Dimensionen hängen ganz vom Standort und von der Bewegung des jeweiligen Beobachters ab. Es gibt für ihn somit weder einen absoluten Raum noch eine absolute Zeit. Also gibt es auch keine Gleichzeitigkeit, zumindest nicht auf weite Entfernungen. Nur die Lichtgeschwindigkeit bleibt sich stets gleich und kann von keiner anderen Geschwindigkeit übertroffen werden.
Nun ist von philosophischer Seite (u.a. von Nicolai Hartmann und Friedrich Dessauer) darauf hingewiesen worden, daß unter Einsteins Zeit nicht die Realzeit des Universums verstanden werden darf. Seine Theorie betrifft nur die Art und Weise, in der wir physikalisch von Raum und Zeit Kenntnis nehmen, sie beschreibt das »metrische Sein«, nicht das »Sein des Objekts«. Darum gibt es auch im Universum eine Gleichzeitigkeit. In dem Augenblick, da ich dies schreibe, können zwei Supernovae-Ausbrüche stattfinden, der eine 200, der andere 2000 Lichtjahre entfernt. Unsere

Nachfahren würden sie mit einer Zeitdifferenz von 1800 Jahren wahrnehmen, dennoch – ontologisch gesehen – hätten sie sich zu gleicher Zeit ereignet.

Für unsere These bedeutet das, daß es auch für einen kosmischen Superorganismus über sein ganzes, noch so ausgedehntes System hinweg Gleichzeitigkeit geben muß, obwohl wir, rein physikalisch gesehen, die Zeiten innerhalb seines Systems für variabel halten. Die stetige Möglichkeit eines »Jetzt« gehört zu den ungeschriebenen Grundeigenschaften des Lebendigen, eines »Jetzt« für den gesamten körperlichen Bereich. Das schließt nicht aus, daß physische Vorgänge, etwa Reflexe, an die Höchstgeschwindigkeit der Licht- und Energieausbreitung gebunden sind. Doch müßten Vorgänge des Bewußtseins zum Beispiel von einer solchen Begrenzung frei sein, zumindest die, die nicht auf Physik und Chemie reduzierbar sind.

Soviel über den Stufenbau des Universums. Vielleicht ist zur Genüge deutlich geworden, daß im Weltall in der Tat eine gigantische Hierarchie herrscht, sowohl was seine äußere Gestalt angeht wie seine Funktionen – eine Rangordnung, die in ihrer Kompliziertheit der eines Organismus nicht nachsteht. Freilich, auch das hat sich gezeigt: Es gibt große Schwierigkeiten – optische und zeitliche –, sie in ihrem ganzen Ausmaß jemals zu übersehen.

KAPITEL V: DIE MILCHSTRASSEN (GALAXIEN) ALS MÖGLICHE EINZELORGANISMEN

Wir haben jetzt das erste Lebensmerkmal untersucht, den hierarchischen Aufbau, der sich durch das ganze Weltall hindurchzieht. Im folgenden wollen wir uns mit den weiteren Lebensmerkmalen beschäftigen. Aber ich halte es für gut, wenn wir dabei nicht gleich das ganze Universum betrachten. Das Beobachtungsmaterial – darunter leiden alle kosmologischen Theorien – ist hier noch viel zu gering. Richtiger scheint es, wenn wir zuerst eine der unteren Stufen herausgreifen, deren Einzelheiten sich besser überblicken lassen. Dazu bieten sich in besonderem Maße die Galaxien an. Warum werden wir bald sehen.

Natürlich muß man sich fragen, ob es nicht überhaupt besser wäre, mit den alleruntersten Sprossen der Stufenleiter, also mit dem Subplaneten- oder Planetensystem zu beginnen. Was würden Kopernikus und Kepler dazu sagen, wenn wir nicht in erster Linie die Sonne betrachten, in der sie noch das Zentrum allen kosmischen Lebens vermutet haben? Was der Physiker und Philosoph Gustav Theodor Fechner, der die Erde und die übrigen Planeten für Organe der belebten Sonne hielt und noch um die Mitte des vorigen Jahrhunderts den Satz schreiben konnte: »Die Sonne, als *ein* Körper ohne die Planeten gedacht, wäre wie ein verstümmelter Leib, dem man die größten, bewegenden und empfindenden Glieder abgeschnitten«?

Nun, es sei eingeräumt, Sonne, Planeten, Monde, also ganz allgemein die Fixsternsysteme müssen ebenfalls als biologische

Strukturen angesehen werden, wenn man den einzelnen Milchstraßen oder dem gesamten Universum die Eigenschaft eines Organismus zuerkennt. Aber es würde sich bei ihnen dann, wie ich glaube, nur um ganz *unselbständige Teilelemente* handeln, die wegen ihrer mangelnden Autonomie für eine erste Untersuchung keine größeren Aufschlüsse versprechen. Sie stellen nicht genügend abgrenzbare Lebenseinheiten dar.

Was die *Erde* zum Beispiel angeht, so wird ihre starke funktionale Abhängigkeit, ihr Gliedcharakter, schon aus einem Vergleich der Entfernungen deutlich. Ihr Abstand von der Sonne beträgt rund 150 Millionen Kilometer, der mittlere Durchmesser ihrer nahezu kreisförmigen elliptischen Bahn um die Sonne rund 300 Millionen Kilometer. Das könnte zwar auf den ersten Blick für eine ziemlich starke Autonomie sprechen. Der Abstand des Mondes von der Erde beläuft sich beispielsweise nur auf ein Vierhundertstel unserer Entfernung von der Sonne. Aber der äußerste Planet, der erst 1930 entdeckte »kleine« Pluto, ist von der Sonne sogar rund 5900 Millionen Kilometer, also um das 40fache unseres Abstandes von der Sonne, entfernt und wird von ihrer Schwerkraft dennoch gezwungen, sie zu umrunden. Selbst der Riesenplanet Jupiter mit dem 1344fachen Volumen der Erde umkreist die Sonne gehorsam in derselben Bahnebene wie die übrigen Planeten und in derselben Richtung, vom Norden aus gesehen entgegen dem Uhrzeigersinn.

Was das *Sonnensystem* insgesamt anbetrifft, so sind die Entfernungen ebenfalls aufschlußreich. Allein der Abstand zum nächsten Fixstern (auch er möglicherweise mit Planeten, vielleicht sogar mit bewohnten) läßt unsere Sonne samt Erde, übrigen Planeten und Monden zu einem kleinen Grüppchen zusammenschmelzen. Alpha Centauri, dieser unmittelbarste Nachbar, ist 42000000000000 Kilometer von der Erde entfernt, 3000mal so weit wie die Ausdehnung des Sonnensystems als Ganzes und 280000mal weiter als unser Abstand von der Sonne. Das Licht mit seiner Geschwindigkeit von 300000 Kilometern pro Sekunde, das von der Sonne den weitest entfernten Planeten Pluto in 6 Stunden erreicht, braucht 4,3 Jahre, um von diesem »Anrainer« Alpha Centauri zu uns zu dringen, eine so gewaltige Distanz, daß, hätte dieser Fixstern einen Planeten von der Riesengröße unseres Jupiter, wir ihn mit unseren optischen Instrumenten gar nicht mehr wahrnehmen könnten. (Möglicherweise wird hier das Projekt eines Riesenteleskops auf dem Mount Hopkins in Arizona eine Änderung bringen.)

Wichtiger aber noch als die Entfernungen scheint mir die Tatsache zu sein, daß weder Subplaneten- noch Planetensysteme eine genügende Hierarchie aufweisen, um als selbständige Lebenseinheiten gelten zu können. Eine Stufenfolge ist bei ihnen zwar unverkennbar. Und wahrscheinlich beschränkt sie sich nicht nur auf das Verhältnis der Himmelskörper zueinander, auch ihr innerer Aufbau mag sich stufenweise vollziehen. Aber die Stufen sind doch nicht so zahlreich oder, vorsichtiger ausgedrückt, nicht so deutlich, wie das von einem kompletten lebenden System zu verlangen ist. Ähnlich ist es mit der Dynamik. (Wir werden allerdings sehen, daß es gewisse Anzeichen für Materieflüsse gibt, die zumindest die Möglichkeit nicht ausschließen, daß da und dort Erscheinungen wie offene Systeme und Fließgleichgewicht vorliegen.)

Dennoch sei wiederholt: Auch Sonne, Erde, Mond wie alle anderen Planeten- und Mondsysteme müßten ebenfalls biologische, nicht nur anorganische Strukturen sein, wenn sich die darüberliegenden Stufen tatsächlich als Organismen oder als Teile von Organismen erweisen sollten. Nehme ich sie also hier von einer näheren Betrachtung aus, so nur deshalb, weil sich bei ihnen noch nicht die nötige Fülle von Einzelmerkmalen zeigt, wie sie für Lebewesen typisch ist und wie ich sie für das weitere Vorgehen brauche. Eine etwas willkürliche Annahme vielleicht, aber ohne solche Annahmen kommen wir bei der Auswahl eines geeigneten Untersuchungsobjekts nicht weiter.

1.
Die größten geordneten Systeme, die es gibt

Auch bei den Milchstraßen ist es in erster Linie die Gesamterscheinung, die für mich bestimmend ist. Wir erinnern uns an die Mahnung Portmanns, daß Leben im Bereich des Unsichtbaren, außerhalb der uns vertrauten Welt, nur begriffen werden kann, wenn wir uns um eine möglichst umfassende Ansicht des Ganzen bemühen, wenn wir versuchen, vor jeder Analyse im einzelnen, das Lebendige erst einmal in seinen »Zusammenhängen« zu sehen. Es war Goethes »Urphänomen«, das dahinter stand, das »Elementare«, von dem Goethe selbst nun freilich meinte, daß es überhaupt »nicht weiter zerlegt« werden dürfe. »Das Erkennen der großen, sichtbaren Zeichen«, hat es Carl J. Burckhardt in einem seiner Briefe genannt, Zeichen, die durch »Zahlen« völlig verdrängt worden seien.

Betrachten wir die Milchstraßen unter diesem phänomenologischen Gesichtspunkt, so drängen sie sich für die weitere Untersuchung nun geradezu auf. Dabei erweist sich als besonders nützlich, daß wir dank der Nähe zu unserer eigenen Milchstraße ein ziemlich deutliches Bild von ihrem Aufbau und von ihren inneren Prozessen besitzen. Gemessen an dem, was uns noch verborgen oder rätselhaft bleibt, ist dieses Bild zwar noch immer außerordentlich verschwommen. In den letzten Jahren hat man aber soviel Neues entdeckt, daß wir wenigstens zu verstehen beginnen, welche überragende Rolle die Galaxien in der Gesamtstruktur des Universums spielen. Der deutschschweizerische Astronom Wilhelm Becker nennt sie *»die größten geordneten Systeme überhaupt, die wir kennen«.* Dieses hohe Maß an einheitlicher Organisation ist es, das mich veranlaßt, sie als erste auf etwaige Lebensmerkmale zu untersuchen. Keine Stufe unterhalb von ihnen zeigt sich so autonom wie sie.

Einige Einzelheiten, die diese Ansicht bekräftigen:

Die Milchstraßen sind die *eigentlichen Wohnstätten der Sterne.* Von wenigen Ausnahmen abgesehen, gibt es keine Himmelskörper, weder Monde, Planeten, Fixsterne noch

Sternhaufen oder -assoziationen, die nicht einer Galaxie angehörten. Alle Sterne zum Beispiel, die wir mit bloßem Auge sehen, sind Bestandteile unserer eigenen Milchstraße. Von ihrer Gesamtzahl nehmen wir allerdings nur etwa den dreißigmillionstel Teil wahr, nämlich fünf- bis sechstausend. Daß wir trotzdem glauben, wir sähen auch Sterne und Sternbilder außerhalb unserer Milchstraße, beruht auf einer optischen Täuschung.

Es wurde bereits erwähnt, daß sich unser Sonnensystem, entgegen früherer Annahme, nicht im Zentrum unserer Milchstraße, sondern mehr zu ihrem Rand hin befindet, etwa 30000 Lichtjahre vom Zentrum entfernt. Nun liegt sein Platz aber ziemlich genau in der Mittelebene ihrer diskusförmigen Scheibe, so daß sich die Sterne für uns zu häufen scheinen, wenn wir in diese Mittelebene, die eigentliche »Straße«, hineinblicken. Umgekehrt haben wir den Eindruck, daß es auch Sterne gibt, die gar nicht zu der Straße gehören, wenn wir den Blick von der Kante der Scheibe nach oben oder nach unten richten.

Die Milchstraßen sind durch *riesige Abstände voneinander* getrennt, was sie nur um so kompakter und selbständiger erscheinen läßt. Sie stellen wirkliche »Weltinseln« dar. Unser Nachbar, der Andromedanebel, den wir noch mit bloßem Auge als verschwommenen Fleck erkennen können, ist schon 2,25 Millionen Lichtjahre von unserer Milchstraße entfernt, ein anderer, unlängst entdeckter, Maffei I, 3,30 Millionen Lichtjahre. Das sind Zwischenräume, in die 20 bis 30 Milchstraßen hineinpassen würden und die jeglichen Einfluß der einen Galaxie auf die andere, wie ihn noch die Milchstraße auf unser Sonnensystem ausübt, ausschließen dürften.

Soweit sich bis heute feststellen läßt, sind die Milchstraßen *in ziemlicher Gleichmäßigkeit über das ganze Universum verteilt.* Grob gesehen stellt dieses nur die milliardenfache Summe aller Galaxien dar. Jedenfalls hat man bisher keinen Bereich ausfindig machen können, auch nicht in den weitesten Entfernungen, ohne daß man auf immer neue, unzählige Galaxien gestoßen wäre. (Die entfernteste optisch noch nachweisbare Galaxie ist die seit 22 Jahren als Radiogalaxie bekannte 3 C 123, bezeichnet nach einem Nebelkatalog; ihre Entfernung von uns beträgt 8 Milliarden Lichtjahre, ihre »Flucht«geschwindigkeit 135 000 Kilometer pro Sekunde.) Es gibt fotografische Aufnahmen von Himmelsausschnitten, auf denen sich mehrere tausend Galaxien feststellen lassen. Diese gleichmäßige oder »isotrope« Verteilung, wie man sie nennt, scheint zu bestätigen, daß wir es bei den Milchstraßen mit den *wahren Bauelementen* des Universums zu tun haben.

Darauf deuten auch die einheitlichen *Formen* hin, die sie trotz ihrer riesigen Anzahl aufweisen. Im allgemeinen unterscheidet man vier große Klassen, je nach dem äußeren Bild, das uns die Teleskope vermitteln: die Spiralnebel, die rund 60% aller Galaxien ausmachen (auch unsere Milchstraße und der Andromedanebel gehören dazu), die elliptischen Nebel (23%), die linsenförmigen (21%) und die unregelmäßigen (5%), dazwischen mehrere Übergangsarten. Unter den spiralförmigen (mit bald größeren, bald kleineren Kernen und Armen) gibt es einen Untertyp, den mit Balkenspiralen, dessen Spiralarme nicht schon am Kern ansetzen, sondern zunächst wie ein durch den Kern gelegter Balken nach außen gehen, um dann in Spiralarme umzuknicken. Bei den irregulären Galaxien, zum Beispiel der großen Magellanschen Wolke, scheint es sowohl an einem Kern wie an einer symmetrischen Rotation zu fehlen.

Innerhalb dieser Typen freilich trifft man auf zahlreiche Varianten. Es gibt ausgesprochene Zwerggalaxien mit relativ wenig Sternen (darunter offenbar keine Spiralsysteme), aber auch Riesengalaxien, deren Gesamtmasse – wieder eine der vielen Unfaßbarkeiten – 45mal höher liegt als die unserer eigenen Milchstraße.

So klar nun die äußeren Formen der Galaxien sind, so kompliziert scheint ihr innerer Aufbau zu sein. In der Vielfalt ihrer Strukturen und Prozesse stehen sie lebenden Systemen nicht nach; auch darin nicht, daß sich in dieser Vielfalt weitere *Merkmale der Hierarchie* zeigen.

Bei unseren Beobachtungen sind wir allerdings weitgehend auf unsere eigene Milchstraße angewiesen, also auf das typische Bild einer Spiralgalaxie. Und hier müssen wir immer wieder bedenken, daß uns viele Partien, vor allem ihr Zentrum, durch riesige Gas- und Staubwolken gänzlich entzogen sind, so daß sie uns wie weite, sternenleere Gebiete vorkommen. Würden wir nicht noch über andere Beobachtungsmittel verfügen, wie die Spektralanalyse, die Radio-, Infrarot- und Röntgenastronomie, so würden uns wichtige Vorgänge in unserer Milchstraße noch völlig unbekannt sein. Benachbarte Milchstraßen können uns nur vereinzelt weiterhelfen. Wir übersehen sie zwar meist in ihrer ganzen Ausdehnung, aber in viel zu weiter Entfernung und oft nur in einer Seitenlage. Vergessen wir nicht: Schließlich sind es noch nicht einmal 60 Jahre her, daß es gelungen ist, die uns nächsten Milchstraßen, darunter den Andromedanebel, in Einzelsterne aufzulösen; erst seit dieser kurzen Zeit wissen wir überhaupt, daß es mehr als eine Galaxie gibt.

Vom *Stufenbau* innerhalb der Galaxie wurde schon das Mondsystem eines Planeten und die Fixsterne (Sonnen) erwähnt, einige Prozent der Fixsterne mit Planeten. Nun stoßen wir unterhalb der Stufe der Gesamtgalaxie, aber oberhalb der Sonnensysteme noch auf weitere Stufen, die sogenannten Sternpopulationen.

Der deutsche Astronom Walter Baade, der während des Zweiten Weltkriegs am Mount-Palomar-Observatorium arbeiten konnte, hat sie in intensiven Beobachtungen unserer Milchstraße ausgemacht. Unter diesen Populationen gibt es etliche Übergänge, zwei Hauptgruppen aber ragen besonders hervor: die Population I, die vorwiegend aus jungen, überaus heißen, lichtstarken, blauglühenden, metallreichen Sternen besteht, die Population II aus älteren (bis zu 10 bis 15 Milliarden Jahren alten), schweren, rötlich schimmernden und metallarmen Sternen. Beide Populationen sind in der Milchstraße ganz unterschiedlich angesiedelt. Die Population I, darunter unsere Sonne, findet sich weit draußen in den Spiralarmen, meist in der Gesellschaft ungeheurer Gas- und Staubwolken, die, von den hohen Temperaturen der Sterne zum Leuchten gebracht, sie wie Scheinwerfer anstrahlen. Die Population II treffen wir vor allem im Hof der Galaxie an, dem sogenannten »Halo«, einer sich um die ganze galaktische Scheibe breitenden sphärischen Kugel mit einem Durchmesser von 125000–150000 Lichtjahren. Sowohl Population I wie II neigen zur Bildung spezifischer Haufen, der »offenen Haufen« und der älteren »Kugelhaufen« (benannt nach ihrer äußeren Erscheinung). In unserer Milchstraße rechnet man mit etwa 30000 offenen Haufen (Mitgliederzahl 10 bis einige tausend Sterne), im Halo mit ca. 500 Kugelhaufen, von denen jeder 50000 bis 50 Millionen Sonnen enthalten kann.

(Für die offenen Haufen gibt Peter von der Osten-Sacken einen sehr anschaulichen Vergleich:

> »Um sich eine Vorstellung von der Verteilung der Sterne in der Sonnenumgebung machen zu können, denken wir uns in der Hauptstadt eines jeden Landes der Erde einen Apfel. Ein Apfel befände sich dann in Moskau, einer in Peking, Tokio und so weiter. In Europa würden die Äpfel wegen der viel kleineren Länder wesentlich näher beieinander liegen. Sie würden einem offenen Haufen entsprechen. Ein anderer Haufen ergäbe sich im nördlichen Südamerika, ein weiterer in Afrika. Die Äpfel entsprechen den Sternen, wobei wir allerdings neben einigen Riesenäpfeln auch winzige Äpfelchen . . . einordnen müßten.«

Man sieht, daß wir uns von diesen großen Sternengemeinschaften – und das gilt mehr oder minder für alle stellaren Zusammenballungen – nur eine annähernd richtige Vorstellung machen, wenn wir die Sterne auch bei dichtester Fülle immer nur in riesigen Abständen voneinander sehen.)

Soviel, in groben Zügen, zu der komplizierten inneren Architektur der Galaxien. Das eigentlich Erregende dabei ist, daß wir sie uns nicht nur als eine rein statische zu denken haben, sondern als eine *ständig und überall bewegte,* und daß Umschichtungen in ihr stattfinden, die wir zum Teil erst ahnen und die offenbar unter gewaltigen Energieausbrüchen vor sich gehen.

Diese Bewegungen und Prozesse, so vielschichtig sie im einzelnen sind, zwingen ihre Gesetze dem Gesamtsystem auf, so daß auch von der dynamischen Seite her dessen Einheit deutlich wird. Am auffälligsten zeigt sich das bei der erst vor einigen Jahrzehnten entdeckten Rotation. In der enormen Zeit von etwa 250 Millionen Jahren wälzt sich das riesige Feuerrad unserer Milchstraße mit seinen Myriaden von Sonnen, Planeten und Monden, mit seinen Schwärmen von Sternhaufen und Wolkenfeldern einmal um seine Achse. Auch die energetischen Vorgänge, obwohl sie vom Zentrum der Milchstraße ihren Ausgang nehmen, durchlaufen alle ihre Glieder und Teile. So scheint beispielsweise ein unmittelbarer Zusammenhang zwischen der Aktivität des Kerns und der Bildung (möglicherweise auch der Erhaltung) der Spiralarme zu bestehen. Darüber wird noch eingehend zu sprechen sein.

Nun ist es wohl einigermaßen deutlich, warum sich die Galaxien in besonderem Maße für unsere Untersuchung anbieten: In Aufbau und Mechanismus stellen sie trotz ihrer Vielgestaltigkeit im einzelnen Organisationen von großer Einheit und Geschlossenheit dar. Damit weisen sie schon nach ihrem äußeren Erscheinungsbild rein *phänomenologisch gewisse Parallelen zu der Organisation lebender Systeme* auf. Man könnte an einen Vergleich mit Zellen in irdischen Organismen denken, Zellen, die hier einen kosmischen Organismus aufbauen. Oder man könnte sich unter ihnen gar fertige Individuen vorstellen, deren Gemeinschaft dann eben mit dem identisch ist, was wir Universum zu nennen pflegen. Doch wir greifen den Dingen vor.

2.
Anzeichen für biologische Prozesse

Wir kennen nun einiges über die Architektur der Milchstraße und auch etwas über die zusätzlichen Stufen ihres hierarchischen Aufbaus. Wie aber verhält es sich mit ihrer *Dynamik?* Um ein möglichst umfassendes Bild dieser Dynamik zu gewinnen, empfiehlt es sich, die Bewegungsvorgänge beim Einzelstern in Erinnerung zu rufen. Diese Vorgänge müssen durch einige neue Gesichtspunkte ergänzt werden, die uns über wichtige kreislaufähnliche Erscheinungen bei ihnen unterrichten. Von der Dynamik des Einzelsterns gehen wir dann über auf die Bewegungen und Prozesse der Galaxie insgesamt. Hier versuchen wir uns zunächst über den Substanzenaustausch in ihrem Innern zu informieren, dann über die verschiedenen Stadien ihres Formenwechsels, wie Wachstum, Alter, Tod, zuletzt auch darüber, wie die Galaxien geboren werden. Bei ihrem Substanzaustausch und bei ihrem Formenwandel wird besonders zu prüfen sein, ob sie etwa im Wege einer Art Selbstregulation vor sich gehen. Im nächsten Abschnitt wird dann über eine Reihe weiterer Lebensmerkmale der Galaxien gesprochen werden, so über ihre Eigenschaft als offenes System, über ihren Stoffwechsel mit der Außenwelt und über ihre Vermehrung.

Wievielen Einzelheiten wir dabei auch begegnen, immer müssen wir uns einprägen, daß sie erst in neuerer Zeit entdeckt worden sind. Die Dramatik unseres Themas, ich kann es nicht oft genug wiederholen, läßt sich nur voll ermessen, wenn wir in jedem dieser Details einen Beweis für den großen Umsturz sehen, der das Universum binnen wenigen Jahrzehnten von einem statischen in ein dynamisches verwandelt hat. Dieser Umsturz bezieht die Milchstraßen mit ein. Länger sogar noch als das Universum selbst hat man auch sie fälschlicherweise als statisch betrachtet. Als feste, rotierende Blöcke schwebten sie im All. In einer der ersten auf den Urknall folgenden Phasen, so glaubte man, waren sie entstanden. Alles weitere war determiniert: In einem langen, simplen, geradlinigen Prozeß strebten sie ihrer vorgeschriebenen Auflösung zu. Der Satz des deutsch-amerikanischen Astronomen Walter Baade vor 25 Jahren: »Das Universum läuft ab wie ein Wecker, weil es im Unbelebten keine Schöpfungsprozesse gibt«, dieser Satz galt auch für sie. Und auch auf sie bezogen sich die ersten Zweifel an dieser allzu einfachen »Uhrwerksthese«, Zweifel, die der russische Biologe A. J. Oparin zehn Jahre danach in die aufsehenerregenden Worte gekleidet hat: »Es ist denkbar, daß in den grenzenlosen Räumen des Universums eine Vielzahl sehr vollkommener und komplizierter Bewegungsvorgänge der Materie existiert, von denen wir noch keine Vorstellung haben.«

Was sich uns darbieten wird – schon in unserer eigenen Milchstraße, also in unserer »unmittelbaren« Umgebung –, sind jedenfalls Prozesse, deren Heftigkeit und weitreichende Zusammenhänge noch um die Mitte dieses Jahrhunderts niemand vorauszusagen wagte; Umwälzungen, die wir heute nur als durchlaufende Ketten von Schöpfungen, Untergängen und Neuschöpfungen galaktischer Bestandteile und Strukturen, von Sternen, Sternsystemen, Nebelhaufen usw. deuten können.

Wir erinnern uns an die Phasen, die der *einzelne Fixstern* während seines Lebens durchlaufen kann: Bildung aus Gaswirbeln, wachsender innerer Druck und steigende Temperaturen; Auslösung von Kernprozessen, Verwandlung von Wasserstoff in Helium – jetziges Stadium unserer Sonne; später, während sich die übrigen Elemente bilden und der Strahlungsdruck steigt, Aufblähung des weißglühenden Sonnenballs zum »Roten Riesen« bis zu millionenfacher Sonnengröße; danach Schrumpfung zum unsichtbaren »Weißen Zwerg«. Dazwischen eine ganze Serie weiterer Auf- und Abschwellungen, je nachdem, ob die von außen auf die Sternmasse wirkende Schwerkraft oder der innere Druck überwiegt.

Liegt die Masse des hellweißen Zwergs über einem bestimmten Wert, so richtet er sich, statt langsam auszukühlen, ein letztes Mal auf (ein »Antikollapseffekt«). Der Himmelskörper explodiert (eine »Nova«, bei besonders heftiger Explosion eine »Supernova«); der übrigbleibende Explosionskern endet als Neutronenstern, als jenes superschwere, winzige Gebilde, das in Sekundenschnelle, unter pulsartiger Aussendung von Radiowellen, um seine Achse rast (»Pulsar«). Die grundlegende Erscheinung bei alldem war, daß das Fixsternleben nicht etwa linear oder stationär verläuft, wie man früher angenommen hatte, sondern unter extremen Formenwechseln, die den Vergleich mit biologisch gearteten Zyklen nahelegen.

Doch sei einiges hinzugefügt, was noch sonderbarer anmutet. Nicht nur, daß der Fixstern während seines Milliarden Jahre währenden Lebens keinen Augenblick in Ruhe ist; nicht nur, daß seine Dynamik sich über lange Zeiten hinweg selbständig, in einem autonomen Wechselspiel seiner Kräfte in Gang zu halten vermag, seine Wandlungen sind auch mit so merkwürdigen stofflichen Prozessen verbunden, daß man sie nur als eine Art *Kreislauf* bezeichnen kann.

Im Vordergrund steht der Austritt von Sternmaterie in den freien Raum, der bald stoßweise vor sich geht, bald in einem ununterbrochenen Prozeß. So werden aus jungen Sternen von Zeit zu Zeit kleinere Portionen der Ursubstanz in die äußeren Sternschichten, aber auch in die freie Umgebung getragen. Während seines langen Sonnendaseins strahlt dann der Fixstern laufend beträchtliche Mengen seiner Materie ab, jährlich bis zu zehn Sonnenmassen. Noch größer sind die Mengen, die die schweren Fixsterne in ihrer letzten Phase hervorschleudern. Man schätzt sie für jeden Ausbruch auf ein Tausendfaches der Sonnenmasse; die Energie des Explosionsblitzes kommt der Strahlungsenergie gleich, die von der Sonne in 2000 Jahren ausgeht. Dabei ist zu bedenken, daß es auch wiederkehrende Novae gibt, bei denen man in verhältnismäßig kurzer Zeit schon mehrere Ausbrüche beobachtet hat. Alles wird jedoch von den Supernovae übertroffen. Hier reißt die Explosion den Körper bis in die Tiefe auf und läßt auch die schweren chemischen Elemente in den Weltraum treten.

Vermutlich ist unsere Sonne aus der Explosionswolke einer solchen Supernova hervorgegangen. Wenn ja, so wäre sie die *Vertreterin einer völlig neuen Sterngeneration;* während der eben geborstene Stern noch Milliarden Jahre brauchte, um der Reihe nach die schweren Elemente zu erzeugen, empfing sie diese schweren Elemente schon gleich bei ihrer Geburt.

Kurz, wir beobachten, daß der Fixstern in allen Phasen seiner Entwicklung, bald in Form eines ruhigen, langwährenden »Abblasens«, bald in Form plötzlicher Ausbrüche, Materie und Energie in vielfacher Gestalt an seine nähere und weitere Umgebung abgibt, Stoffe, die er bei seiner Geburt empfangen hat oder die er im Laufe seines Daseins selbst erzeugt. Nun, an die Außenwelt gespendet, vermischen sie sich mit den Gas- und Staubwolken in seiner Nachbarschaft, aus denen wieder junge Sterne entstehen. *Auf diese Weise trägt schon der einzelne Stern zur Geburt neuer Nebel und Sterne bei und verhilft dazu, daß der allgemeine Kreislauf des stellaren Lebens in Gang gehalten wird.* So erklärt es sich auch, daß neue Sterne vielfach in der Nähe von alten entstehen oder sich dort sogar in ganzen Gruppen bilden – ein Vorgang, der über das gesamte galaktische Sternfeld zu beobachten ist und offenbar dazu dient, die Milchstraße ständig mit neuen Gestirnen aufzufüllen. In der Tat, um mit dem Biologen zu sprechen: Ein »ständiger Wechsel der Bestandteile«, eigens zu dem Zweck, die Fortdauer des Gesamtsystems zu sichern.

Auch die Pulsare nehmen an diesem kreislaufartigen Geschehensfluß teil. Mit der allmählichen Abnahme ihrer Drehfrequenz strahlen sie große Energiemengen ab, die bis zum 100 000fachen der Sonnenstrahlung betragen können. Diese Energie wird Teil der sogenannten kosmischen Primärstrahlung, diese wieder ist eine der wichtigsten Substanzen der gesamten Weltraummaterie.

Übrigens verläuft nicht nur das Sternenleben, sondern auch die Sternentstehung viel wechselvoller, als lange Zeit vermutet wurde. Jedenfalls deutet manches darauf hin, daß die gültigen Theorien ergänzt werden müssen, wenn sie der ganzen Dynamik gerecht werden wollen. Wir erinnern uns, daß sich der Fixstern nach allgemeiner Ansicht aus einer riesigen Wasserstoffwolke bildet. Im großen gesehen verläuft das so: Die Atome der Wolke ziehen sich gegenseitig an, das Gas verdichtet sich, ein Kern entsteht, das Gebilde beginnt sich zu drehen; mit immer schnellerer Rotation, unter der Wirkung der Schwerkraft klumpt sich im Zentrum Materie zusammen, Druck und Temperatur steigen an, das atomare Feuer entzündet sich; allmählich übersteigt der innere Strahlungsdruck die äußere Schwerkraft, der Stern dehnt sich ins Gigantische aus, dabei kühlt sich das Zentrum wieder ab, der Druck von innen schwindet, die Schwerkraft gewinnt wieder die Oberhand; schließlich, nach wiederholten Rhythmen dieser Art, pendelt er sich in ein Gleichgewicht ein und beginnt das normale Leben einer Sonne. Insgesamt ein Geburtsprozeß, der dichtere Substanzen aus ausgedehnten dünnen diffusen Substanzen hervorgehen läßt. Nun behauptet aber eine neuere Theorie, daß die jungen Sterne ganz im Gegensatz hierzu aus Gebilden von noch größerer Dichte entstehen. Die Ansicht wird unter anderem von dem russischen Astronom Viktor A. Ambarzumjan vertreten. Nach ihm vollzieht sich die Bildung von Sternen in »kleinen Raumgebieten«, dieses zwingt zu der »diametral entgegengesetzten Hypothese, daß die Sterne aus dichter, wohl sogar überdichter Substanz entstehen durch Zerteilung massiver prästellarer Körper«. Damit ist gemeint, daß größere Gebilde von besonders hoher Massendichte in kleine Bruchstücke zerfallen, die später zu Sternen werden.

Welche der beiden Theorien wirklich zutrifft, ist noch im Dunkeln. Vielleicht sind beide Arten von Geburtsprozessen nebeneinander denkbar, je nach der Sternkategorie, um die es sich handelt. Beispielsweise wird die Vermutung geäußert, Sterne der Population II könnten aus dem Zerfall überdichter Massen entstanden sein, jene älteren Sterne also, die sich zwischen den Spiralarmen der Milchstraße und in der Nähe ihres Zentrums befinden. Die Sterne der Population I würden sich dann aus kondensierten Gaswolken gebildet haben.

Ob das aber die einzigen Varianten einer Sternengeburt sind? Können wir vor weiteren Überraschungen sicher sein?

Es scheint tatsächlich, als seien damit noch nicht alle Möglichkeiten erschöpft, was bei einem biologisch gearteten Geschehen nur begreiflich wäre. Unlängst war in der Presse zu lesen (Juni 1977), der Planet Jupiter sei im Begriff, sich in eine neue Sonne zu verwandeln. Bereits seit Jahren wußte man, daß er mehr Energie ausstrahlt, als er von der Sonne empfängt, woraus man den Schluß zog, daß er noch nicht erkaltet ist. Nun kamen russische Astronomen aufgrund näherer Beobachtungen und Berechnungen zu der Ansicht, »daß im Inneren des Riesenplaneten thermonukleare Reaktionen ablaufen und er deshalb Licht abstrahlt«. Die Energievorräte des Planeten scheinen also nicht abzunehmen, wie es eigentlich der Fall sein müßte, sondern zu wachsen. Offenbar ist er aus irgendwelchen unerfindlichen Gründen in der Lage, dem Weltraum neue Materie zu entnehmen, Meteore, Kometen, kosmischen Staub. In 3 Milliarden Jahren, so glaubt man, könnte er so hell leuchten wie die Sonne. Ob er dann allerdings noch weiter ihrer Anziehungskraft gehorcht, ist fraglich.

Zusammenfassend läßt sich sagen, daß schon im Bereich der einzelnen Fixsterne, also auf der zweituntersten Stufe der galaktischen Hierarchie, eine heftige Dynamik erkennbar ist. In der nüchternen Sprache der Physiker: Die scheinbar stationären Erscheinungen sind durch nichtstationäre Erscheinungen ersetzt. Das entscheidende ist dabei, daß diese nichtstationären Erscheinungen durchaus nicht auf eine Zerstörung der stationären Gesamtstruktur hinauslaufen. Im Gegenteil. Die Sterne, durch wieviele Schwingungsphasen sie auch hindurchgehen, bewahren letztlich ihre feste Gestalt. Mehr noch. Was sie an Energie und Materie abgeben, dient zugleich als Grundstoff für die Geburt neuer Sterne und kommt damit der Erhaltung des ganzen Milchstraßensystems zugute. Der Vergleich mit den kreislaufähnlichen Energie- und Materieflüssen eines Organismus drängt sich förmlich auf. Auch hier ein ununterbrochener Substanzaustausch, begleitet vom Aufbau, Abbau und Wiederaufbau mittlerer und kleiner Einheiten, auch hier der ständige Bezug dieses Geschehens im Kleinen auf die Erhaltung des Ganzen.

Ich gehe nun freilich nicht so weit, zu behaupten, schon deshalb müßten die geschilderten Prozesse biologische sein. Man kann sie sehr wohl, zum größten Teil wenigstens, auf physikalische und chemische Weise erklären (Kernfusionen im Sterninnern, Wechselspiel von innerem Druck und Schwerkraft, Verwandlung von Masse in Strahlungsenergie usw.). Sollten sich die Galaxien aber tatsächlich als biologische Systeme erweisen, so werden natürlich auch sie automatisch Teile biologischer Zusammenhänge. Es stünde mit unseren Erfahrungen, wie wir gesehen haben, durchaus nicht in Widerspruch, wenn sich Erscheinungen eines Lebewesens oder seiner verschiedenen Baustufen auf rein physikalisch-chemische Abläufe reduzieren ließen.

Die Erforschung der Fixsterne steckt erst in den Anfängen, vor allem unser Wissen darüber, welche Rolle sie im Werden und Vergehen der ganzen Milchstraße spielen. Auch bei ihnen zeigt sich, was der Astronomie immer wieder begegnet: Kaum können wir hoffen, ein Rätsel sei gelöst, schon taucht hinter der Lösung ein neues Rätsel auf. Vielleicht ist es nicht untypisch, daß sich auch hier die größten dieser Rätsel um die Herkunft von neuer Materie drehen.

Wir kennen das Problem: Woher stammt die Materie des Uratoms, aus dem binnen drei Minuten nach dem Big Bang das Weltall hervorgegangen ist? Nun zwei Fragen ganz ähnlicher Art: Woher stammt die Materie für die riesige Wasserstoffwolke, aus der sich die Fixsterne bilden? Woher die Materie, die der Planet Jupiter »einfängt«, um zu einer Sonne zu werden? In jener Pressemeldung über die Beobachtungen russischer Astronomen hieß es lakonisch: »Sie geben aber keine Erklärung darüber ab, woher die riesigen Materiemengen kommen könnten, im Sonnensystem sind sie nicht vorhanden.« Rätsel über Rätsel. Der deutsche Astronom Hans Elsässer sagt am Schluß eines Aufsatzes über die Entstehung der

Sterne: »Wir sehen uns heute einer Fülle neuer Phänomene gegenüber, die wir vorerst nur unvollständig ordnen und verstehen können. Bisher unbekannte Zusammenhänge werden aber bereits spürbar und wecken unsere Hoffnung auf neue Antworten zu der alten Frage nach der kosmischen Entwicklung vom einfachen Atom zur lebendigen Struktur.« Sage da einer, unsere Astronomen seien nicht mutig genug.

Wenden wir uns nun der *Dynamik im Bereich der Gesamtgalaxie zu.* Zu Beginn sei noch einmal an die Schwierigkeiten erinnert, die einer genauen Beobachtung entgegenstehen. Große Teile unserer eigenen Milchstraße, vor allem die Kerngebiete, sind unserem Auge durch Gas- und Staubwolken entzogen. Wir sind hier auf die nichtoptische Erforschung durch Radio-, Infrarot- und Röntgenastronomie angewiesen (wobei man beträchtliche Hoffnungen auf das amerikanische Unternehmen »Spacelab« setzt). Fremde Milchstraßen sind nur spärliche Auskunftsquellen, einmal wegen ihrer weiten Entfernung, zum anderen weil wir sie häufig nur in einer Seitenlage sehen. Dazu kommt jener »Zeitlupeneffekt«, der uns wegen der Kürze unserer Lebensdauer galaktische Bewegungsvorgänge in so ungeheurer Zeitdehnung wahrnehmen läßt, daß sie uns fälschlicherweise als äußerst langsame oder unbewegte vorkommen.

Ein weiteres Hindernis: Bei der allgemeinen biologischen Beschreibung des Organismus haben wir erfahren – im Zusammenhang mit seinem Stufenbau –, daß die jeweils höhere Struktur immer beharrender erscheint als die nächstuntere und diese wieder, im Vergleich zur höheren, als viel bewegter. Mit anderen Worten, je weiter wir in einem Organismus nach oben dringen, um so langsamer scheinen die Prozesse abzulaufen, je weiter wir nach unten steigen, um so kürzer und rascher folgen die einzelnen Prozeßwellen aufeinander. Gerade durch dieses unterschiedliche Tempo des Geschehensstromes kommt der Eindruck des *Quasistationären* zustande, das wir an jedem Organismus wahrzunehmen glauben. Seine Gesamtform gibt sich als starr, nur seine Teile scheinen bewegt. Sollte es sich also bei den Milchstraßen tatsächlich um lebende Systeme handeln, so würden sie uns viel unveränderlicher erscheinen als etwa das Sonnensystem, um so unveränderlicher, je vollkommenere Lebewesen sie wären. Verwundern wir uns also nicht, wenn sich in der Galaxie auf den ersten Blick weniger augenfällige Wechsel zeigen als im Bereich des Einzelsterns.

Um so erstaunlicher scheint nun, daß in einem Punkt absolute Einigkeit besteht: Die überlieferte Vorstellung von der geringen Dynamik des Milchstraßensystems läßt sich nicht mehr aufrechterhalten. Wo einst, abgesehen von der Rotation, durchgehende Ruhe zu herrschen schien, erkennen wir heute stürmische Prozesse, das Bild der Unveränderlichkeit ist völlig veraltet. Wie das gesamte Universum, so ist auch die Galaxie zur »geschichtlichen Größe« geworden. Geschichtlich in dem Sinne, daß ihr Leben weder stillsteht noch rein linear verläuft, sondern sich in einem vielfältigen Wandel, in Phasen des Aufstiegs, der Neuschöpfung, des Alterns, des Erstarrens vollzieht. »Nichtstationärer Charakter in der Welt der Galaxien«, sagt Ambarzumjan, »ist bedeutend häufiger anzutreffen als in der Welt der Sterne.«

Ich hoffe, dartun zu können, daß es sich bei diesen vielen Einzelprozessen um nichts Geringeres handelt als um eine Art *inneren Stoffwechsels;* um einen fortlaufenden, selbstregulierten Austausch der Bestandteile, der von der Geburt der Galaxie an zum Aufbau immer neuerer und größerer Ordnungssysteme verhilft; dieser Stoffwechsel wird uns das Wachstum der Galaxie erklären und eine Reihe weiterer Erscheinungen, von denen ich glaube, daß sie uns wichtige Annäherungen an die bekannten biologischen Lebensmerkmale erlauben.

Wir beginnen mit der *Rotation.* Sie ist das auffälligste Gesetz, das die Galaxie ihren Untertanen aufzwingt, dennoch wurde sie erst vor einigen Jahrzehnten entdeckt. Die Umlaufgeschwindigkeit wurde bereits genannt: je eine Umdrehung in ungefähr 250 Millionen Jahren. Man ist auch auf eine weitere

Auffälligkeit gestoßen. Der Umlauf erfolgt nicht etwa einheitlich, in der Art eines starren Wagenrads. So scheint es nur auf den ersten Blick, wenn man die Bewegung im Großen betrachtet. Bei näherer Prüfung zeigt sich, daß erhebliche Verschiedenheiten bestehen, die Rotation verläuft *differenziert.* Es erinnert schon an die Geschmeidigkeit eines lebenden Körpers, was man da festgestellt hat: Die Kernmasse kreist rascher als der Kranz der Spiralarme, so daß beispielsweise die Sonne, die sich an der Innenseite eines Spiralarms befindet, von den Sternen zum Zentrum hin überholt wird, während sie ihrerseits mit 300 Kilometer pro Sekunde an den weiter außen liegenden Sternen vorbeifliegt. Es ist, als drehten sich drei Schallplatten, eine große, mittlere und kleine, um dieselbe Achse, die größte am langsamsten, die kleinste am schnellsten.

Wie ist es aber möglich, daß die drei Platten, um bei dem Beispiel zu bleiben, trotz ihrer verschiedenen Geschwindigkeiten alle auf demselben Teller liegen? Und wie läßt es sich erklären, daß die Spiralarme mit der Zeit nicht ausfransen oder gar abreißen? Wir wissen, daß sie schon stark zurückgebogen sind, eben weil die Galaxie sie nachziehen muß. Die schönen Aufnahmen des Andromedanebels, eines Zwillingsbruders unserer Milchstraße, machen das ganz deutlich. Daß die Spiralarme trotzdem stabil bleiben, führen einige Gelehrte auf magnetische Felder zurück, die vom Zentrum der Milchstraße, wie Speichen von einer Radnabe, in den Weltraum hinausragen, parallel zu den Spiralarmen, und daß sie dort den Sternen und den Gas- und Staubwolken einen korsettähnlichen Halt verleihen. Fred Hoyle, der britische Astronom, hat in einer geistvollen Gruselgeschichte eine »denkende Wolke« beschrieben, in deren Anatomie diese magnetischen Kraftlinien eine wichtige Rolle spielen; sie bilden das unsichtbare Knochengerüst, das den überdimensionalen Körper zusammenhält.

Neuerdings wird allerdings vielfach behauptet, Magnetfelder seien zu schwach, um bei den hohen Geschwindigkeiten und bei der Größe der bewegten Massen den Spiralarmen die nötige Stabilität zu verleihen. Die Vertreter dieser Ansicht nehmen statt dessen an, daß es *Dichtewellen* sind, die das System vor dem »Zerrührtwerden« bewahren. Im einzelnen ist das höchst kompliziert. Dichtewellen, oder besser Dichteschwankungen, die sich wellenförmig fortpflanzen, entstehen aus Strömungen, die durch die Anziehungskraft der Sterne auf ihre Umgebung hervorgerufen werden. Diese Wellen bilden nun Täler an den gleichen Stellen, wo die Spiralarme verlaufen. In diese Täler fließt vorzugsweise die interstellare Materie, aus der sich dann junge Sterne bilden. So würde sich auch erklären, daß wir in den Spiralarmen hauptsächlich freie Materie und junge Sterne antreffen.

Die Existenz von Dichtewellen wäre für uns aus einem besonderen Grund interessant. Es geht um eine der typischen Eigenschaften des Organismus. Wir haben gesehen, daß ein Lebewesen im Gegensatz zu unbelebten Systemen in der Lage ist, seinen Ordnungsgrad aufrechtzuerhalten, ja möglicherweise zu erhöhen (etwa indem es wächst), obwohl Prozesse in ihm ablaufen, die sich nicht umkehren lassen. Das bedeutet, daß auch die Entropie, jenes Maß, das die Unordnung anzeigt, bei ihm nicht zunimmt, wie das bei irreversiblen Prozessen sonst der Fall ist, sondern sich gleichbleibt, unter Umständen sich sogar verringert. Diese Stabilität seiner Ordnung, diese Nichtzunahme seiner Entropie verdankt der Organismus den Energie- und Materieflüssen, die ihm von außen neue Stoffe zuführen, während er seine alten Stoffe abgibt. Nur dank dieser Dynamik, nicht etwa dank einem Stillstand seiner Prozesse, hält sich der Organismus im Gleichgewicht – jenem Fließgleichgewicht, von dem wir gesprochen haben.

Liegt hier nun nicht etwas Ähnliches vor? Würden die Spiralarme allmählich ausfransen und verrührt werden, so würde das doch nichts anderes bedeuten, als daß die Galaxie in einen Zustand wachsender Deformation überginge. Ihre Spiralgestalt würde sich allmählich in einen allgemeinen Brei von Sternen und interstellarer Materie verwandeln. Der Grad ihrer Unordnung, mit ihm ihre Entropie, nähme ständig zu. Daß sie statt dessen, trotz der Rotation, ihren Ordnungsgrad aufrechtzuerhalten vermag, also ihre Spiralstruktur bewahrt, ist schon sonderbar genug. Noch mehr aber muß zu denken geben, daß dies allein durch eine starke innere Dynamik bewirkt wird, eben durch jene Dichtewellen, die fortwährend neue Materie in die Spiralarme führen und auf diese Weise für deren Stabilisierung sorgen; für eine Stabilisierung, die in Wahrheit in einem laufenden Substanzwechsel besteht; denn es sind nicht etwa immer dieselben Sterne, die uns als Spiralarme erscheinen, sondern ständig neue. Läßt das nicht deutliche Analogien zu den Erscheinungen eines Organismus erkennen?

Die Erforschung der Dichtewellen steckt noch ganz in den Anfängen. Soviel aber zeigt sich schon jetzt, daß sie auf großräumige Bewegungsvorgänge schließen lassen, die das Geschehen innerhalb der Milchstraße entscheidend beeinflussen. Wir müssen mit einem innergalaktischen Zirkulationssystem rechnen, das uns noch weithin unbekannt ist. Ein Beispiel aus neuester Zeit. Im Max-Planck-Institut für Astronomie in Heidelberg glaubt man in Nebeln, mehrere tausend Lichtjahre von der Erde entfernt, rotierende Staubwolken entdeckt zu haben, in denen neue Planetensysteme geboren werden. Man vermutet, daß die Rotation dieser »Staubscheiben« durch eine Stoß- und Schockwelle ausgelöst wird, die die gesamte Milchstraßenebene durchläuft. Wenn das zutrifft, hätten wir es auch hier, wie bei den Magnetfeldern und Dichtewellen, mit einem geheimen Mechanismus zu tun, der die Struktur der Galaxie nicht etwa durch ein Höchstmaß an Ruhe, sondern im Gegenteil durch ein Höchstmaß an Dynamik aufrechterhält und vervollkommnet. In diesem Falle würde die Dynamik zu lokalen Drehbewegungen der interstellaren Materie und zu einer ständigen Neugeburt von Sternen führen.

Was die Rotation der Gesamtgalaxie ausgelöst haben könnte ist umstritten. Die verschiedenen Ansichten hierüber hängen eng mit den Theorien zusammen, die man über die Entstehung der Galaxie aufgestellt hat. Auf diese Theorien sei später näher eingegangen, doch sei schon hier einiges vorweggenommen. Nach der einen Theorie haben sich die Milchstraßen aus der Kondensation anfänglich chaotischer Gasmassen gebildet. In den Gasmassen herrschte eine mehr oder minder starke Turbulenz. Da sich die Massen aneinander rieben, klang die Turbulenz allmählich ab, doch blieb ein bestimmter Drehimpuls erhalten, der mit der Zeit in eine gleichmäßige Rotation überging. Diese Rotation setzt sich nun automatisch fort und wird erst mit dem Lebensende der Galaxie zum Stillstand kommen.

Nach der anderen Theorie sind die Milchstraßen nicht aus diffusen Gaswolken, sondern aus dichten, ja überdichten Materiekernen entstanden – eine völlig entgegengesetzte Annahme, der wir schon bei der Frage der Sternentstehung begegnet sind. Sie läuft wiederum auf eine Bildung des Großen aus dem Kleinen, statt des Kleinen aus dem Großen hinaus. Die Rotation hätte sich dann so entwickelt, daß weitere Massen auf diesen Kern eingestürzt sind, aber nicht immer zum Zentrum hin, sondern schräg. Dadurch kam es zu verschiedenen Querbewegungen, eine von ihnen hat sich zur Rotation ausgebildet.

Die letzte Theorie gewinnt immer mehr an Boden. Sollte sie tatsächlich zutreffen, *würde die Rotation also aus dem Kern entstanden sein und auch vom Kern her durch dessen weitere Aktivität gesteuert, so würde sie eine große Ähnlichkeit mit den autonomen Bewegungen eines Organismus aufweisen.* Im Gegensatz zu den Bewegungen anorganischer Systeme, die dahin tendieren, in eine immer größere Unordnung überzugehen – wir erinnern uns an den Wasserstrahl, der zur Wasserlache wird –, dienen die Bewegungen des Organismus, seine Rhythmen und Kreisläufe, dem Ziel, die Ordnung im lebenden Körper zu erhalten und weiter auszubauen. *Von daher könnte sich auch erklären, daß sich die Rotation zugleich als ein wichtiger Ordnungsfaktor für das gesamte galaktische System erweist.*

Einige Einzelheiten, die diese *Ordnungsfunktion der Rotation* unterstreichen. Es scheint, daß es eine der Aufgaben der differenzierten Umdrehung ist, die interstellare Materie, diesen Urstoff für die Bildung neuer Sterne, über die ganze Galaxie zu verteilen und so die vielen örtlichen Schöpfungsprozesse in Gang zu halten. Unter anderem wird auf diese Weise Materie in die Spiralarme geleitet, wobei sie, wie wir gesehen haben, vermutlich den »Tälern« der Dichtewellen entlangläuft. Vielleicht haben auch diese Dichtewellen, zum Teil wenigstens, ihren Ursprung im Kern. Dann würden vom Zentrum her auf zweierlei Wegen, über Rotation und Dichtewellen, die Außenglieder der Galaxie ständig mit neuer Materie versorgt. Eine Folge der Rotation scheint es auch zu sein, daß aus dem freien Raum zusätzlich Bau- und Nährstoffe in die Milchstraße gelangen. An den Rändern der Galaxie treten durch die Umdrehung turbulente Strömungen auf, diese wieder ziehen Energie und Materie, die dem System bisher nicht angehören, nach innen. Von alldem nehmen wir aber erst Umrisse wahr. Nicht nur, daß uns die wahren Ursachen der Rotation noch verborgen sind. Ein noch größeres Dunkel liegt über den Aufgaben, die sie im einzelnen zu erfüllen hat. Nur soviel scheint festzustehen, daß sie der Milchstraße von Geburt an mitgegeben ist; auch daß sie von dieser mit einer gewissen Autonomie weiter betrieben wird; und vor allem, daß sie nicht etwa den Effekt hat, das galaktische Gefüge auseinanderzutreiben und mit der Zeit aufzulösen, sondern im Gegenteil, sie verhilft ihm dazu, seine innere Stabilität zu bewahren, ja weiter auszubauen.

Wie sich schon gezeigt hat, ist die *interstellare Materie* für die Milchstraße der eigentliche Lebensstoff. Wenn man an biologische Vorgänge denkt, könnte man sie am ehesten mit dem Grundplasma der Zelle irdischer Lebewesen vergleichen. Sie bildet das eigentliche Baumaterial der Sterne, ganz gleich, wie wir deren Entstehung erklären, ob aus kondensierten Urwolken oder aus der Zerteilung massiver prästellarer Körper. In unseren weiteren Überlegungen wird sie eine wichtige Rolle spielen.

Merkwürdigerweise wurde noch zu Anfang unseres Jahrhunderts geglaubt, der Raum zwischen den einzelnen Sternen sei leer, abgesehen von den Kometen und Meteoren natürlich. Das mag noch heute die volkstümliche Ansicht sein. Die Astronomie hat inzwischen aber längst erkannt, daß es sich bei den Partikeln, die zwischen den Sternen umherschwirren, um ungeheure Massen handelt. Entdeckt wurden sie an ihren starken Zusammenballungen in Dunkelwolken und in hellen Nebeln, die, wie der Große Orionnebel, durch benachbarte heiße Sterne zum Leuchten gebracht werden. Interstellare Materie besteht zum größten Teil (zu 99%) aus Gasteilchen, der Rest ist Staub, beides in so großer Verdünnung, daß nur wenige Atome auf einen Kubikzentimeter kommen, nach Hans Elsässer ein Tischtennisball pro 1000 Kilometer. Auf der Erde könnte ein so hohes Vakuum nicht einmal künstlich erzeugt werden. Dennoch macht die Gesamtmasse dieser unvorstellbar dünn verteilten Substanz 5–10% der gesamten Milchstraßenmasse aus. »Mindestens 10 Milliarden Sterne«, sagt der deutsche Astronom Karl Stumpff, »zu feinem Staub zermahlen, in Atome aufgelöst und über die unermeßlichen Weiten der Milchstraße verstreut – das ist jene Schicht interstellarer Materie, mit der wir zu rechnen haben.«

Noch lange nach ihrer Entdeckung wurde angenommen, daß sich die interstellare Materie hauptsächlich aus Wasserstoff zusammensetzt, daneben aus Helium, aus sehr geringen Mengen Sauerstoff, Stickstoff, Kohlenstoff, Neon, viel seltener aus schweren Elementen. Die Existenz dieser Atome wurde nach und nach mit Hilfe der Absorptionslinien in den Sternspektren festgestellt. Seit einigen Jahren, dank der Radioastronomie, weiß man aber, daß auch kompliziertere Moleküle, also Verbindungen mehrerer Atome, vorkommen. Mehr als 30 Molekülarten wurden bisher entdeckt, darunter Moleküle aus acht Atomen, *auch zahlreiche organische Verbindungen,* die im Kosmos bisher gar nicht vermutet wurden. Bis 1970 gelang es unter anderem, Ammoniak, Wasser, Formaldehyd, Methylalkohol, auch Ameisensäure nachzuweisen, einen der wichtigsten Eiweißbausteine. »Einer Chemie des Weltraums«, sagt einer der beteiligten Wissenschaftler, »kommen wir langsam auf die Spur. Vor 1968 hätte sie niemand für möglich gehalten.«

Dieser interstellare Lebensstoff nun fließt auf verschlungenen Bahnen, deren Netz wir nur vage vermuten können, durch die ganze galaktische Scheibe. Es wurde schon erwähnt, daß er Gebiete bevorzugt, in denen es neue Untersysteme aufzubauen gilt. Wir erinnern uns an die verschiedenen »Populationen« und an deren hauptsächlichste Vertreter: Population II, vorwiegend »Kugelhaufen«, dicht angefüllt mit alten, abgekühlten, schweren, rötlich leuchtenden Sternen (die übrigens an der allgemeinen Rotation nicht teilhaben, sondern quer zur Scheibe ihre eigenen elliptischen Bahnen ziehen, so daß manche wie »Schnelläufer« an uns vorübereilen); Population I, vielfach »offene Haufen«, lockerer zusammengefügt als die Kugelhaufen, bestehen aus jungen, heißen, bläulichen Gestirnen, weniger zahlreich als die alten, auch weniger schwer, aber reicher an Metallen. (Der sogenannten »Scheibenpopulation«, darunter unsere Sonne, gehören ebenfalls ältere Sterne an; sie umfaßt die Sterne des Milchstraßenzentrums.)

Es ist schon merkwürdig genug, daß sich Sterne verschiedener Altersklassen in eigenen Familien zusammenfinden, wobei die ältesten Familien, die Kugelhaufen, bis zu vielen Millionen Mitgliedern zählen. Was soll man aber dazu sagen, daß diese Familien, je nach ihrer Generation, auch in ganz spezifischen Wohnstätten angesiedelt sind? Die Kugelhaufen, so haben wir gesehen, trifft man vor allem im »Halo«, jenem großen, um das Milchstraßenzentrum gebreiteten Hof, der aus der Zeit stammt, da die Milchstraße noch nicht zur heutigen Form abgeplattet war. Dort bewegen sie sich, wie die übrigen Halosterne, gleich riesigen Außenbollwerken, in langen elliptischen Bahnen um die galaktische Scheibe. In diesem Außenkranz der Kugelhaufen gibt es aber keine offenen Haufen. Deren Siedlungsgebiete, die der jungen Familien also, sind fast ausnahmslos zur galaktischen Ebene hin plaziert, hauptsächlich in den äußeren Partien der Spiralarme, an den Speichenenden des galaktischen Rades, wo nun wiederum keine Kugelhaufen existieren.

Worauf ist diese seltsame Verteilung zurückzuführen? Wie kommt es, daß Milliarden von Sternen ganz verschiedenen Alters imstande sind, sich in einem so ausgedehnten sphärischen System klar zu ordnen? In einem System auch noch, das einer ständigen heftigen Bewegung unterliegt?

Hier scheint, neben den einzelnen Wachstumsstadien der Galaxie, die Strömungsrichtung der interstellaren Materie eine entscheidende Rolle zu spielen. Diese Strömung sehen wir zwar nicht, alles erscheint uns ja viel unbewegter, als es in Wahrheit der Fall ist. Doch ist deutlich zu erkennen, daß die interstellare Materie, die als eine Schicht bis zu 1000 Lichtjahren breit über und unter der ganzen Milchstraßenebene liegt, sich besonders in den Spiralarmen konzentriert, eben dort, wo sich die offenen Haufen mit den jungen Sternen befinden. Auf diese Weise hat man die Spiralarme überhaupt erst lokalisieren können; man hat sie radioastronomisch nach der Verteilung des interstellaren Wasserstoffs bestimmt. Die Spiralarme sind also offenbar das Zielgebiet, in das die interstellare Materie schwerpunktmäßig gelenkt wird, und dort hat sie keinen geringeren Auftrag, als zur ständigen Neubildung von Sternen beizutragen. Millionenfach verdichtet sie sich zu »Protosternen«, instabilen Wolken, aus denen dann bei weiterer Verdichtung junge Sterne hervorgehen. Da die Sterne der Population I mit großen Massen interstellarer Materie räumlich in enger Verbindung stehen, ist gar kein Zweifel, daß gerade sie vor kurzer Zeit aus eben dieser Materie entstanden sind. Bei den Kugelhaufen sammelt sich keine interstellare Materie an. Sie scheinen von ihr gemieden zu werden, und der Grund ist auch klar: In den Kugelhaufen sind die Schöpfungsprozesse bereits abgeschlossen. Die Aufgabe der interstellaren Materie ist allein, für *neue* Sterne zu sorgen und die Milchstraße als Ganzes durch Auffrischung ihrer untersten Zelleneinheiten zu erhalten und weiterzuentwickeln. Sie ist die Substanz, die *Leben* mit sich führt.

Wie ist es nun aber möglich, daß diese Substanz sich trotz der vielen Bewegungsabläufe in der Galaxie (und es gibt außer der

Rotation noch einige zweitrangige Bewegungen) immer an ihre vorbestimmten Wege hält? Was veranlaßt sie, durch das ganze Labyrinth von Massen und Energien hindurch gerade dorthin zu fließen, wo sie benötigt wird, zu den Geburtsstätten neuer Sterne?

Bei dem geringen Einblick, den uns die dynamischen Vorgänge erlauben, können wir nicht hoffen, schon eine eindeutige Antwort zu finden. Es ist aber ziemlich sicher, daß es neben den Dichtewellen, denen die Spiralarme ihre Stabilität verdanken, vor allem Magnetfelder sind, die sie lenken. Eine weitverzweigte magnetische Feinstruktur scheint die ganze Milchstraße zu überdecken und für die interstellare Materie die Funktion eines unsichtbaren Transportnetzes zu übernehmen.

Magnetfelder sind ein Ordnungsprinzip ersten Ranges. Wahrscheinlich haben sie sich aus turbulenten Bewegungen von Gaswolken gebildet; diese haben elektrische Ströme erzeugt und sie wieder schwache örtliche Magnetfelder, die sich allmählich verstärken. Mitunter läßt sich eine deutliche Faserstruktur erkennen (Filamente), an der sich die interstellaren Staubteilchen ausrichten und deren Feldlinien parallel zu den Spiralarmen verlaufen.

(Magnetfelder haben darüber hinaus noch die Aufgabe – ein weiteres Ordnungsprinzip, wie es scheint –, die zum Teil von außen in die Galaxie eindringende kosmische Strahlung festzuhalten, zu speichern und auf einem engverschlungenen Netz durch das gesamte Milchstraßensystem zu lenken. Bei der kosmischen Strahlung, die keine Strahlung im üblichen Sinne ist, sondern einen Strom aus Atomkernen darstellt, handelt es sich um eines der energiereichsten Bauelemente des Universums.)

Aber nun endlich: Woher stammt die interstellare Materie, woher kommen diese »10 Milliarden Sterne, die zu feinem Staub zermahlen, in Atome aufgelöst über die unermeßlichen Weiten der Milchstraße verstreut sind«?

Auch diese Frage erlaubt noch keine endgültige Antwort.

Im Gegenteil, sie birgt eines der größten Rätsel, vor das sich die moderne Astronomie gestellt sieht. Einige Herkunftsquellen kennen wir schon: das ruhige »Abblasen« und die portionsweise Abgabe von Materie aus Fixsternen, vor allem aber die Bruchstücke aus den Explosionen der Novae und der Supernovae vor allem. Dies würde aber keinesfalls ausreichen, um die laufende Neubildung der vielen Sternhaufen und Einzelsterne zu erklären. Es muß noch zusätzliche Quellen geben, und es wird immer deutlicher, daß sie nur dort zu suchen sind, wo unsere Fernrohre nicht hindringen können, weil Gas- und Staubwolken uns die Sicht versperren – im Kerngebiet der Galaxie, von dem die Radioteleskope neuerdings über merkwürdige Erscheinungen berichten.

Mit der Erforschung des *galaktischen Kerngebiets* hat ein neues Kapitel der Astronomie und eine neue Epoche der Kosmologie begonnen. Sie stellt uns vor Probleme, deren Bedeutung weit über die Dynamik der Galaxie herausragt und wirft alte, fundamentale Fragen wieder auf, von denen wir geglaubt haben, sie seien nun einigermaßen gelöst: Was spielt sich denn eigentlich in den unsichtbaren Regionen des Universums ab? Haben wir die wahre Natur des Weltalls bisher überhaupt erkannt?

Wie immer die Antwort darauf lauten wird, sie wird zwischen zwei historischen Abschnitten unterscheiden müssen:

Der erste Abschnitt liegt seit etwas mehr als einem Jahrzehnt hinter uns. Er wird durch einige zwar interessante, aber durchaus nicht sensationelle Annahmen charakterisiert: Das Milchstraßenzentrum können wir nicht sehen, Dunkelwolken verhüllen uns den Blick. Aber die Massen der Milchstraße scheinen sich dort am stärksten zu konzentrieren. Von besonderen dynamischen Impulsen, die vom Zentrum ausgehen könnten, wird nicht berichtet. Man bemerkt wohl, daß (so Littrow) »Sterngeschwindigkeiten überwiegen, die vom Zentrum fort- oder nach dem Zentrum hinführen«, vermutet aber nicht im geringsten, daß damit eine Art Kreislauf verbunden sein könnte. Das Hauptaugenmerk gilt geometrischen Fragen.

Zum Beispiel überlegt man, ob der Mittelpunkt des kugelförmigen Raumes um die Milchstraße herum, jenes Raumes also, den man Halo nennt und in dem sich die Kugelhaufen verteilen, mit dem Mittelpunkt der Milchstraße zusammenfällt.

Dann folgt der zweite Abschnitt, und dieser Abschnitt wird die kommenden Jahrzehnte bestimmen. Das Kerngebiet der Milchstraße ist ein Schauplatz stürmischer Vorgänge. Seit dem vermuteten Urknall, das heißt seit der Geburt des Universums vor 10 bis 15 Milliarden Jahren, sind diese Vorgänge wohl die heftigsten, die jemals stattgefunden haben. Dieses Kerngebiet scheint auch das eigentliche Herz der Galaxie zu sein. Es steuert den gesamten inneren Materieumlauf und bildet auf diese Weise neue Strukturen heran, Einzelsterne, Assoziationen, Haufen, eine Sterngeneration nach der anderen. Es produziert zu diesem Zweck ständig neue Materie aus dem Nichts. Das Erregendste ist, daß es dabei offenbar keine Rücksicht auf physikalische Gesetze nimmt, etwa den Energieerhaltungssatz, der doch zu den Grundpfeilern der Vermutung des Anorganischen gehört.

Dieser tiefe geschichtliche Umbruch, dessen Zeugen wir seit einiger Zeit sind und der auch meine Hypothese maßgeblich bestimmen wird, zeigt von neuem – und nicht nur der Astronomie, nein, allen Wissenschaften, die mit Natur und Leben zu tun haben –, wie brüchig die Grundlagen unseres Wissens sind. Ein paar Radioteleskope, ein paar Ballons und Satelliten, die uns den Infrarotbereich erschließen, und schon stürzt das Weltbild zusammen, das dem Studenten noch vor 15 Jahren mit auf den Weg gegeben worden ist. So unvollkommen ist unser Auge, so fragwürdig sind unsere Erfahrungen. So bescheiden sollten wir sein, wenn wir glauben, die Geheimnisse der Natur enthüllt zu haben.

Wir haben uns den Kern als ein *kompaktes Objekt* zu denken. Es handelt sich nicht etwa nur um eine besonders dichte Sternenansammlung, wie man das früher angenommen hat. Über seine eigentliche Gestalt weiß man aber so gut wie nichts. Wahrscheinlich ist er stark abgeplattet, sein Durchmesser wird auf ungefähr 4000 Lichtjahre geschätzt, ein Fünfundzwanzigstel des gesamten Milchstraßendurchmessers (wobei wir uns daran erinnern, daß unser Sonnensystem rund 30 000 Lichtjahre vom galaktischen Mittelpunkt entfernt liegt). In diesem relativ engen Bezirk sind ungeheure Massen konzentriert, man spricht von der 20milliardenfachen Masse unserer Sonne. Anders als das übrige Milchstraßensystem rotiert der Kern aber nicht mit unterschiedlicher Geschwindigkeit, sondern als ein starrer Block, und offenbar wesentlich schneller als die angrenzenden Zonen. Im tiefsten Innern scheint es eine Art Superkern zu geben, identisch wohl mit der Radioquelle Sagittarius A, mit nur 50 Lichtjahren Durchmesser oder noch weniger und einer noch dichteren Materie (rund 30 Millionen Sonnenmassen). Doch das sind, wie gesagt, nur vage Feststellungen, im Lauf der Zeit werden weitere, nicht weniger überraschende Einzelheiten sie ergänzen. »Was sind eigentlich die Kerne von Galaxien?« fragt Ambarzumjan. »Vorläufig läßt sich nur sagen, daß es Objekte übergroßer Masse sind. Man kann auch behaupten, daß die Kerne nicht einfach große, sehr dichte Sterngruppen, ähnlich der Kugelhaufen, sind, wie noch vor einem Vierteljahrhundert fast alle Astronomen meinten. Die ... mit Hilfe einer Ballonapparatur angestellten Beobachtungen sprechen dafür, daß der Durchmesser des Kerns möglicherweise beträchtlich kleiner als 1,6 Lichtjahre ist und seine mittlere materielle Dichte die in Kugelhaufen herrschende um mindestens das Millionenfache übertrifft. Wir wollen nicht drängen. Vielleicht wird man im 21. Jahrhundert die wahre Natur der Kerne ... mit einigem Glück verstehen und noch später herausbekommen, wie sie entstanden sind.«

Stellen wir uns vor, die Kerne wären tatsächlich so klein, wie hier vermutet wird (und neuere Daten scheinen das zu bestätigen). Dann würde ihr Durchmesser weniger als die Hälfte des Abstands betragen, der unsere Sonne von ihrem nächsten Nachbarn, Alpha Centauri, trennt. Ein winziger Bezirk, gemessen an den Größenverhältnissen der gesamten Galaxie. In diesem Minibezirk aber würden sich Prozesse abspielen, die an Gewalt alles bisher Bekannte übertreffen.

Auch von diesen Prozessen wissen wir im Grunde erst wenig. Nur soviel steht fest, daß sie auf eine enorme Aktivität des Kerns schließen lassen. So wurden bei Radiogalaxien, von denen es zum Teil ausgezeichnete fotografische Aufnahmen gibt, ungeheure Explosionen im Kerngebiet beobachtet. In einer der »Seyfert-Galaxien« zum Beispiel, benannt nach dem amerikanischen Astronomen C. K. Seyfert, bewegen sich Filamente in einer Länge von einigen 10000 Lichtjahren mit rasender Geschwindigkeit (bis zu mehreren tausend Kilometern pro Sekunde) radial vom Kern weg nach außen. Die Filamente werden als Folge einer Explosion gedeutet, die vor ungefähr 5 Millionen Jahren stattgefunden hat. Dabei muß eine Energiemenge freigesetzt worden sein, die Millionen Supernovae-Ausbrüchen entspricht. »Welcher Mechanismus«, so wird in einem Bericht hierüber gefragt, »gibt Anlaß zu den gigantischen Explosionen, bei denen Materiemengen bis zu 100 Millionen Sonnenmassen aus einem kleinen Kerngebiet herausgeschleudert werden können?«

Es wird aber noch rätselhafter. Nicht nur einmalige Ausbrüche wurden beobachtet. Bei einer weiteren Seyfert-Galaxie hat man auch festgestellt, daß aus dem Zentralgebiet (mit einem Durchmesser kleiner als 1 Lichtjahr!) *laufend* Materie abgegeben wird, in so ungeheuren Mengen, daß sie der Leuchtkraft einer ganzen Galaxie gleichkommt. Das stand mit allen bisherigen Erfahrungen in Widerspruch. Um so genauer wurde geprüft, ob es sich wirklich um Massen handelte, die sich ständig erneuern. Vielleicht war es nur immer dieselbe Masse, die man sah und die das Kerngebiet einfach wegen der Schwerkraftanziehung nicht verlassen konnte? Aber das Ergebnis war frappierend: Es lagen deutliche Massenabgänge vor, und dennoch blieb die Gesamtmenge der emittierenden Masse immer konstant. Also mußte sie auf noch unbekannte Weise *vom Kern her ständig nachgeliefert* werden, eine Erscheinung, die inzwischen als *»Kontinuumsquelle«* zu einem festen Begriff der Astronomie geworden ist.

Wir müssen uns das Ganze so vorstellen, daß sich aus dem

Zentrum fortwährend, wenn auch ungleichmäßig, Materieströme in die angrenzende Umgebung und über sie hinaus in die äußeren Bezirke der Milchstraße ergießen. Daß hier wirklich Ströme mit eigener Bewegung vorliegen, steht außer Zweifel. Sie werden nicht etwa nur von der Rotation in Gang gehalten. Vielmehr wurden autonome Bewegungsrichtungen beobachtet, quer zur Rotation. Auch scheinen die Materiewolken in der Lage zu sein, von sich aus zu expandieren.

Die Frage nun, wie es dazu kommt, daß der Kern ständig neue Materie produziert, ist gänzlich ungeklärt. Vollends bleibt dunkel, wie sich diese fortlaufende Neubildung mit den uns bekannten physikalischen Gesetzen vereinbaren läßt. Nach dem Satz von der Erhaltung der Energie können im Universum – physikalisch ein abgeschlossenes System – keine Energien auftreten, die nicht schon von Beginn an vorhanden waren, gleichviel ob als Strahlung oder als Materie. Das erklärt ja auch die Schwierigkeit, der sich die Urknalltheorie ausgesetzt sieht. Sie muß notgedrungen davon ausgehen, daß alle Energien, wo immer sie sich im Weltall zeigen, in den Sternen, der interstellaren Materie, den Galaxien oder wo sonst, bereits alle im »Uratom« vereinigt gewesen sind. Wie ist es also möglich, daß wir nun plötzlich doch auf Quellen neuer Materie stoßen, und nicht nur von irgendwelchen nebensächlichen Quantitäten, für die sich später vielleicht die eine oder andere Erklärung finden ließe, sondern von so gigantischen Mengen, daß wir gar nicht umhin können, die Geltung des Energieerhaltungssatzes im Universum zu überdenken?

Ich komme auf die Frage später noch einmal zurück. Wichtig sind im Augenblick folgende Überlegungen. Die interstellare Materie ist der Lebensstoff der Sterne. Neun Zehntel aller galaktischen Massen, vielleicht etwas mehr, sind in den Sternen konzentriert, der Rest, 5 bis 10 %, eben die interstellare Materie, läuft in der galaktischen Scheibe um und baut neue Sterne auf. Mit diesem Aufbau neuer Sterne aber erhält und entwickelt sie zugleich das ganze galaktische System. Damit ist sie sowohl Bauelement der Sterne wie der Milchstraße selbst. Um mit Hans Elsässer zu sprechen: »Das interstellare Medium läßt sich als Hefe im Sauerteig unseres Sternsystems charakterisieren – es ist das Agens, von dem ständig Veränderungen ausgehen und das neue Entwicklungen einleitet.« Von diesem Agens sehen wir nun, daß die Milchstraße es nicht nur in Umlauf setzt und an die Geburtsstätten neuer Sterne lenkt, weit mehr: Sie erzeugt es selbst. Zumindest produziert sie einen großen Teil davon. Mit Hilfe eines eigenen Mechanismus, der sich noch nicht durchschauen läßt, schafft sie aus sich heraus die Substanz, die sie zur Erneuerung ihrer untersten Einheiten und damit zu ihrem eigenen Fortbestand braucht:

Alles in allem ein grandioses, sinnvoll miteinander verwobenes Geflecht zahlreicher Schöpfungsvorgänge auf den verschiedenen Stufen. In mehr oder minder langen Kausalketten, die bis zur Folge mehrerer Sterngenerationen reichen, werden sie vom Kern ausgelöst und gesteuert – Prozesse der Selbsterhaltung, zu denen er von sich aus, über einen noch rätselhaften Automatismus, die nötige Energie und Materie liefert.

Nun gibt es aber auch einige Erscheinungen, die noch um vieles merkwürdiger sind und von denen wir schon jetzt mit Sicherheit annehmen dürfen, daß sie unser astronomisches Weltbild von Grund auf verändern werden. Es geht um die Frage, *wie die Milchstraßen entstanden* sind. Wir werden dabei auf eine Tatsache stoßen, die es von neuem zweifelhaft macht, ob der Satz von der Erhaltung der Energie für die Vorgänge in der Galaxie überhaupt noch gilt. Es wird sich nämlich zeigen, daß das Milchstraßenzentrum nicht nur laufend interstellare Materie abgibt, sondern daß sich aus ihm möglicherweise auch die gesamte galaktische Masse entwickelt hat. *Die Galaxie, so scheint es, wird vom Kern nicht nur am Leben erhalten; er ist auch die Stätte, wo sie geboren wird.*

Über die Entstehung der Galaxien gibt es, ähnlich wie bei der Entstehung der Sterne, zwei völlig entgegengesetzte Theorien. Ich habe sie schon im Zusammenhang mit der Rotation kurz erwähnt. Jetzt sei näher auf sie eingegangen. Sie geben uns nicht nur wichtige Anhaltspunkte für einen möglichen organischen Aufbau des Weltalls – wenigstens eine von ihnen –, sie vermitteln uns auch ein eindrucksvolles Bild von der Dramatik, mit der die heutige astronomische Forschung verbunden ist.

Zuvor noch ein Wort über das mutmaßliche Geburtsdatum der Milchstraßen. Es wird auf 10 bis 15 Milliarden Jahre geschätzt und hängt natürlich stark vom Alter des gesamten Universums ab. Geht man von der Theorie des Urknalls aus, den man ebenfalls auf eine Zeit vor 10 bis 15 Milliarden Jahren datiert, so würden sich einige 100 Millionen Jahre danach einzelne Konglomerate der gleichförmig herausgeschleuderten Materie gebildet haben, die »Protogalaxien«, Vorläufer der heutigen Milchstraßen, die sich dann infolge der allgemeinen Ausdehnung des Weltalls »flucht«artig voneinander fortbewegten. Praktisch sind die Galaxien danach so alt wie die Welt.

Doch nun zu den beiden Theorien.

Die erste, schon klassische Geburtsthese geht von der allmählichen *Verdichtung einer Gaswolke* aus, wie schon beim Werdegang des Einzelsterns. Im Großen laufen die Phasen etwa folgendermaßen ab:

Nach dem Urknall, also nach der Entstehung des Universums aus dichtgeballter Masse, ist die Materie weitgehend in Strahlung verwandelt. Die Strahlungsenergie dominiert. Mit fortschreitender Ausdehnung wird die Strahlung immer dünner, so daß von einem bestimmten Zeitpunkt ab, etwa nach 250 Millionen Jahren, die Materie die Strahlung überwiegt. Das Gas, aus dem diese Materie besteht, zieht sich unter seiner eigenen Schwerkraft zusammen, es zerfällt in einzelne »Gasbälle«, wirbelnde Gaswolken, die bei der weiteren Expansion des Universums langsam auseinanderwandern. Sie haben etwa die zehnfache Größe der späteren Galaxie.

Innerhalb der einzelnen Wolken sind die Gase nicht gleichmäßig verteilt. Es kommt zu verschiedenen Gasströmen und

Turbulenzen, aus denen sich eine allgemeine Rotation entwikkelt.

Je mehr sich die Wolke zusammenzieht, um so höher wird die Rotationsgeschwindigkeit, eine Karussellbewegung entsteht, so wie sich ein Eisläufer bei der Pirouette rascher dreht, wenn er die Arme anlegt. Die Erhöhung der Karussellbewegung verstärkt auch die Zentrifugalkraft. Die Zentrifugalkraft wirkt der weiteren Verdichtung entgegen, jedoch mehr an der Peripherie als in der Mitte, so daß hier, an den »Polen«, die Gasmassen weiter »kollabieren«. Dadurch bildet sich eine diskusförmige Scheibe heraus. Je größer der Drehimpuls, um so rascher plattet sie sich ab.

Die Scheibe ist aber nicht »homogen«, das heißt, die Massen in ihr sind nicht gleichmäßig verteilt. Auf diese Weise verformt sie sich, die Drehbewegung nimmt unterschiedliche Geschwindigkeiten an, die äußeren Teile kreisen langsamer als die inneren, es kommt zur differentiellen Rotation.

Allmählich entstehen endgültige Strukturen; als früheste, noch bevor sich die Scheibe abgeplattet hat (weshalb es heute auch als Kugel um die Galaxie erscheint), das Halo mit seinen Kugelhaufen aus alten Sternen; später die Spiralarme und der Kern, weil die Materie infolge der differentiellen Rotation teils nach außen, teils nach innen fließt.

Die Spiralarme, dieses hervorstechendste Merkmal der meisten Milchstraßen, resultieren somit ebenfalls aus den Bewegungen der Gas- und Staubmassen. Radiale Materieansammlungen sind in die Länge gezogen worden. Möglicherweise spielen aber schon bei ihrer Entstehung (nicht erst bei ihrer späteren Stabilisierung) die schon geschilderten »Dichtewellen« eine Rolle. Der Prozeß im einzelnen bleibt aber dunkel. »Es gibt heute noch keine Möglichkeit«, sagt E. L. Schatzman, »die Fülle der verschiedenen Formen von Spiralen zu deuten und sie auf eine einheitliche theoretische Konzeption zurückzuführen.«

Soviel zur Kondensationstheorie.

Die Gegenthese geht den ganz umgekehrten Weg. Sie ist eng

mit dem Namen des russischen Astronomen V. A. Ambarzumjan verknüpft. Erste Anregungen dazu hat aber schon von der Osten-Sacken Anfang der 50er Jahre gegeben. Sie läuft darauf hinaus, daß nicht eine Verdichtung von Urwolken, sondern eine *Ausdehnung von Materie aus supermassiven Vorkörpern* stattgefunden hat. Die Geburt der Galaxien hätte sich danach auf die genau entgegengesetzte Weise vollzogen. Im einzelnen stellt man sich das so vor:

Die Urgalaxie ist nicht eine gigantische Gaswolke, wie die Kondensationstheorie annimmt, sondern ein relativ kleiner kompakter Körper; ein supermassives Objekt, vielleicht von nur einem Lichtjahr Durchmesser, aber mit einer Masse von Hunderten Millionen, ja von Milliarden Sonnenmassen.

Der Druck, den diese Massen auf sich selbst ausüben, setzt in ihrem Innern Kernreaktionen in Gang, die mit rasender Geschwindigkeit ablaufen.

Gewaltige Eruptionen sind die Folge. Die dicht zusammengepreßte Materie wird nach außen geschleudert, ähnlich wie bei den Explosionen der Supernovae, nur um ein Vielfaches gesteigert.

Die ausgestoßene Materie des Vorkörpers verwandelt sich in Gase, diese werden erhitzt und in Drehung versetzt. Nun erst beginnt der Prozeß der allmählichen Verdichtung zur Galaxie, den wir von der ersten Theorie her kennen.

Die Explosionen wiederholen sich. Der Vorkörper wird durch die erste Eruption nicht etwa zum Mittelpunkt aufgerissen, wie das bei den Supernovae der Fall ist, vielmehr bleibt sein Zentrum erhalten; der innere Strahlungsdruck bewahrt ihn vor der totalen Zerstörung. Auf diese Weise stößt er nicht nur ein einziges Mal Materie aus, er wird zur ständigen Materiequelle. Die weiteren Explosionen ereignen sich jeweils, wenn der Innendruck die äußere Schwerkraft überwiegt. Mit wachsender Zahl der Kernfusionen bilden sich auch schwere und schwerste Elemente.

Die gewaltigen Explosionsvorgänge sind die Ursache der beobachteten Radiostrahlung. Es ist nicht so – was man viele

Jahre annahm –, daß die »Radiogalaxien« durch den Zusammenstoß zweier Galaxien entstanden seien. So viele Zusammenstöße kann es bei den großen Abständen der Galaxien gar nicht geben. Die Radiostrahlung stammt nicht aus Kollosionswolken, sondern aus den Energiestößen des Kerns.

Die Dynamik des Kerns gibt der Galaxie auch ihre endgültige Gestalt. Die Sterne der Population II zum Beispiel werden durch die späteren Explosionen in die weitere Umgebung (Halo) geschleudert, dort bilden sich durch lokale Verdichtungen die Kugelhaufen. Es läßt sich auch »an den Auswurf größerer und kompakter Massen aus dem Kerngebiet denken« (von der Osten-Sacken). Die Spiralarme strömen nach dem Rasensprengerprinzip aus dem Kern heraus. Das erklärt, daß sie trotz dessen Kleinheit geometrisch alle zum Kern gerichtet sind. Auch die unterschiedlichen Typen der Galaxien sind Folge des Materieausstoßes. Je nachdem, mit welchen Bewegungsrichtungen, Geschwindigkeiten, Schwankungen und Pausen er vor sich geht, kommen spezifische Formen zustande.

Insgesamt »bildet sich nicht der Kern in der bereits bestehenden Galaxie, sondern die Galaxie entsteht infolge der Aktivität des Kerns« (Ambarzumjan).

Bei der »Verdichtungstheorie« und dieser »Vorkörpertheorie« handelt es sich um zwei diametral entgegengesetzte Hypothesen, und dies, nachdem man viele Jahre geglaubt hat, die Entstehungsgeschichte der Galaxien stünde nun einigermaßen fest. Auf den ersten Blick ist auch schon deutlich, was sich gegen die »Vorkörpertheorie« einwenden läßt. Woher stammen die supermassiven Objekte? Wie ist es denkbar, daß sie nur an bestimmten Orten auftreten, an anderen wieder nicht? Wie kommt es, daß sie nicht fortlaufend Materie ausstoßen, zumindest nicht in Form heftiger Emissionen, sondern daß intensive Ausstöße nur in Intervallen, und nicht einmal in regelmäßigen, auch mit ganz wechselnder Stärke vor sich gehen? Fragen, die sich nicht einfach damit abtun lassen, daß sie letztlich auch die Urknalltheorie betreffen (und damit auch die Verdichtungstheorie, die sich wieder auf den Urknall stützt) – woher stammen die Massen, aus denen sich das Uratom zusammensetzte und die in den leeren Raum geschleudert wurden?

Diesen Einwänden sei erst später nachgegangen. Zuvor muß eine Entdeckung erwähnt werden, die den Streit der beiden Theorien noch sehr viel aufregender macht. Es haben sich nämlich im Weltall Objekte gefunden, die *Quasare* (Quasi Stellar Radio Sources = quasistellare Radioquellen), die ganz ähnliche Eigenschaften aufweisen wie die hypothetischen Urgalaxien und die zu unverhofften Bundesgenossen der Vorkörpertheorie geworden sind.

Wie schon so manches, was sich neuerdings am Himmel zeigt, sind auch diese Quasare wahre Anomalien. Es fing damit an, daß amerikanische Forscher, u. a. A. Sandage, Anfang der 60er Jahre nacheinander fünf winzige Sternchen entdeckten, die sich durch starke Radiostrahlung bemerkbar machten. Sie sahen wie schwache entfernte Fixsterne aus. Bei näherer Untersuchung ihres Spektrums erwiesen sie sich aber als höchst bizarre Gebilde. Einmal zeigten sie eine hohe Fluchtgeschwindigkeit (250 000 Kilometer und mehr pro Sekunde), mußten also weit außerhalb unserer Milchstraße liegen. Zum anderen ließ ihre starke Leuchtkraft darauf schließen, daß sie eine enorme Masse besaßen. Sie strahlten bis zu 100mal so stark wie eine Riesengalaxie, damit entpuppten sie sich als die absolut hellsten Einzelobjekte, die man bisher im Kosmos gefunden hatte (man kann sie sogar durch ein selbstgebasteltes Fernrohr erkennen).

War man auf einige weitentfernte, dichtgeballte Milchstraßen gestoßen?

Auch diese Annahme trog. Ihr Licht konnte binnen weniger Tage schwanken, was nur möglich war, wenn ihr Durchmesser nicht mehr als einige Lichtjahre betrug. Also mußten die ungeheuren Massen (viele hundert Millionen Sonnenmassen) auf einem verhältnismäßig kleinen Raum zusammengepreßt sein (viele Millionen Tonnen je Kubikzentimeter). Das ähnelte den Neutronensternen, an die wir uns noch als »Pulsare« erinnern. Doch auch Neutronensterne konnten es nicht sein, dazu waren sie wiederum zu weit entfernt. Kurz und gut: ein ganz neuer, fremdartiger, physikalisch unerklärlicher Typ kosmischer Objekte. »Ungeheuerliche Massen«, so der russische Astronom Zigel nach ihrer Entdeckung, »sind selbst im Weltall nicht selbstverständlich.«

Inzwischen wurden mehrere Hundert dieser mysteriösen Objekte entdeckt, und es scheint sich zu bestätigen, vor allem weil sie eine so hohe Fluchtgeschwindigkeit haben, daß sie sich nicht in unserer Nähe befinden, sondern äußerst weit von uns entfernt sind, in Abständen bis zu 11 Milliarden Lichtjahren. Das interessanteste ist aber folgendes. *Man glaubt, daß man die Quasare mit jenen supermassiven Kernen in Verbindung bringen kann, aus denen nach der Vorkörpertheorie die Milchstraßen geboren werden.* Bisher hat sich noch keiner dieser Vorkörper optisch feststellen lassen. Heute ist man aber ziemlich sicher, daß sie in Gestalt dieser Quasare gefunden wurden. *Danach sind die Quasare identisch mit Kernen in verschiedenen Entstehungsphasen der Galaxie.*

In einer ersten Phase stellen sie *isolierte* Kerne dar, Vorkörper also, die noch kein Sternfeld um sich haben – »die frühesten Entwicklungsstadien der Galaxien« (L. W. Mirsojan). In einer zweiten Phase sind die Galaxien schon in der Entstehung begriffen, sie umlagern den Kern, aber infolge der hohen Leuchtkraft des Kerns können wir sie noch nicht deutlich wahrnehmen (A. Unsöld: »Überstrahlt der Kern die übrige Galaxie vollständig, so sprechen wir von einem Quasar«).

Diese beiden ersten Phasen des Quasars gehen dann in eine dritte über, in die sogenannten Seyfert-Galaxien, von deren auffälligen explosiven Erscheinungen wir schon gehört haben; ihre intensive Radiostrahlung verrät, daß der Kern noch immer eine heftige Aktivität entfaltet. Im Anschluß an diese dritte Phase bilden sich schließlich die normalen Galaxien aus, zu ihnen gehört auch unsere Milchstraße; die Kerntätigkeit besteht noch fort, sie ist aber in ein ruhigeres Stadium übergegangen. Insgesamt, wie man sieht, eine lückenlose Entwicklungskette, die dank der neu entdeckten Quasare im Prinzip die Vorkörpertheorie zu bestätigen scheint.

Vergleicht man nun die beiden Theorien miteinander, die Verdichtungstheorie und die Vorkörpertheorie, so hat die erste den Vorteil, daß sie sich weit mehr als die zweite an die physikalisch-chemische Gesetzmäßigkeit hält. Auch sie kann zwar manche Erscheinungen nicht erklären, so die überraschenden Explosionen in den Kerngebieten. Doch vor allem die ersten Phasen der Entstehung einer Galaxie – das Auseinanderstreben von Gasmassen, deren Kondensation, sobald die Materiemenge die Strahlungsmenge überwiegt, die Bildung großräumiger turbulenter Wirbel usw. – kann sie gut mit allgemeinen Erkenntnissen der Physik in Einklang bringen. Demgegenüber muß die zweite Theorie, obwohl sie sich durch neuere Beobachtungen, wie das Phänomen der Quasare, bestärkt sieht, von wichtigen physikalischen Gesetzen abweichen. Sie kann, was ganz besonders gravierend ist, keine Auskunft darüber geben, woher all die Materie stammen soll, aus der milliardenfach im Universum galaktische Massen hervorschießen; wie sich ja auch schon keine Antwort darauf finden ließ, nach welchen Gesetzen innerhalb der schon entstandenen Galaxien jene »Kontinuumsquellen« in der Lage sein sollen, laufend interstellare Materie zu produzieren.

Wichtiger ist aber *ein morphologischer Vergleich der beiden Theorien.* Er zeigt nicht nur, daß die Vorkörpertheorie unserem allgemeinen Bild von Naturabläufen näherkommt als die Verdichtungstheorie. Er zwingt uns auch zum ersten Mal, an die Möglichkeit biologischer Erklärungen zu denken.

Führen wir uns doch einmal möglichst plastisch und in großem Zusammenhang vor Augen, wie sich die Dinge nach der einen und nach der anderen Ansicht zugetragen haben sollen. Da ist also zunächst die Annahme – die erste Theorie –, die Milchstraßen seien aus einer Kondensation gigantischer Gaswolken hervorgegangen. Das würde bedeuten, daß der Geburtsprozeß vom *Großen zu immer Kleinerem verlaufen* ist, von einer ausgedehnten Streuung (»Diffusion«) zu einer fortschreitenden Konzentration. Am Anfang hat ein Maximum gestanden, die Explosion der Gesamtmaterie des Universums, am Ende ein Minimum, die punktförmige Ausbildung des galaktischen Kerns. Einen anderen Gang der Ereignisse kann die Verdichtungstheorie gar nicht annehmen, wenn sie ihrer Forderung nach lückenloser physikalischer Kausalität genügen will. In der Natur, auch in der anorganischen, gehen evolutionäre Veränderungen aber stets den umgekehrten Weg. Alle Neuschöpfungen folgen dem Prinzip des Größerwerdens, nicht des Kleinerwerdens, der Expansion, nicht der Kontraktion. Darauf hatte gerade Ambarzumjan hingewiesen, einer der Hauptgegner der Kondensationstheorie. »Die Fakten sprechen, und zwar sehr beharrlich, für die Entwicklung vom Dichten zum Zerstreuten.«

Genau einer solchen Entwicklungsrichtung folgt nun die zweite Theorie, wenn sie die Entstehung der Galaxien aus massiven Vorkörpern ableitet. Hier ist der natürliche Weg vom Kleinen zum Großen deutlich zu erkennen. Die Theorie kann aber nicht nur dartun, daß die *Geburt* der Galaxien diesem natürlichen Weg folgt. Auch ihr *Wachstum* vollzieht sich von kleinsten zu immer größeren Strukturen, ihr gesamter weiterer Werdegang, nach ihrer Geburt, wird von der Tätigkeit des Kerns bestimmt. Wir haben schon gesehen, daß sich die Spiralarme bilden, indem Materie dem Kern entströmt und sich nach dem Rasensprengerprinzip in die weitere Umgebung verteilt – eine recht einleuchtende Erklärung, während man der Verdichtungstheorie vorwirft, sie könne für die Spiralstruktur noch keine plausible Lösung anbieten. Von den elliptischen Riesengalaxien sagt die Vorkörpertheorie, daß sie Objekte sind, die sich noch in einem frühen Stadium ihrer Kernaktivität befinden, weshalb sich bei ihnen noch keine Spiralarme herausgebildet haben. Auch das Fehlen oder Vorhandensein eines Halos wird auf die Kerntätigkeit zurückgeführt, auf ihre Stärke und ihre Dauer in den ersten Phasen. Zwerggalaxien sollen Galaxien sein, in denen die Kerntätigkeit früh erloschen ist. Kurz, das Kleine, wie die Natur das tausendfach lehrt, bringt das Große nicht nur hervor, es entwickelt es auch zu einer immer vollkommeneren Organisation, es läßt es wachsen zu dieser oder jener Gestalt, einer spiralförmigen, elliptischen, linsenförmigen, irregulären usw., und es ist letztlich auch dafür verantwortlich, wenn das Große, ehe es ausgewachsen ist, vorzeitig verkümmert.

Erkenntnisse also, die den allgemeinen morphologischen Beobachtungen in der Natur durchaus entsprechen. Die Milchstraßen entstehen und wachsen nach dem Grundprinzip jeder Evolution: Aus Körpern mit winzigem Volumen, von Stufe zu Stufe, bilden sich immer umfangreichere und kompliziertere Gebilde heraus. Doch nun kommt der Haken. Mit den bekannten physikalischen Gesetzen läßt sich ein solches Geschehen nicht mehr erklären. Zu einer Geburt und einem Wachstum der Galaxie aus ihrem Kern würden so ungeheure Materiemengen benötigt, daß man nicht weiß, woher der Kern sie nehmen soll. Im Falle des Quasars 3C 273, um nur ein Beispiel zu nennen, strahlen Energiemengen ab, die der gesamten Strahlung von 1000 Galaxien entsprechen. Sie können unmöglich nur daher stammen, daß im Kern äußere Schwerkraft und innerer Strahlungsdruck einander entgegenwirken, wie wir das etwa von den Explosionen der Novae und der Supernovae kennen. Derartige »klassische« Prozesse würden nur einen Bruchteil der Kräfte und Massen liefern, die hier in Erscheinung treten. *Es bleibt nichts anderes übrig, als sich einzugestehen, daß man vor einem noch unlösbaren Rätsel steht.* »Woher letztlich die Materie stammt«, sagt von der Osten-Sacken, »muß nach dem heutigen Stand der Forschung noch unbeantwortet bleiben.« Auch Ambarzumjan spricht von einem »Elementarprozeß, für den es aus der heutigen astrophysikalischen Sicht keine Erklärung gibt«.

Ein wahrhaft dramatischer Stand der Dinge. Es gereicht der Astronomie zur Ehre, daß sie ihn nicht zu beschönigen versucht. Und es ehrt sie nicht minder, daß sie auch davor warnt, wir könnten bald irgendeine Patentlösung erwarten. Das entspricht ganz der fast mystischen Tragweite des Problems. Noch einmal sei Ambarzumjan zitiert, Hans Elsässer hat seine Worte dem deutschen Publikum zugänglich gemacht:

»Es erhebt sich die Frage nach dem Mechanismus dieser unterschiedlichen Aktivitätsformen. Darauf zu antworten heißt, die Entstehung der Galaxien zu verstehen. Man muß zugeben, daß wir noch weit davon entfernt sind, diese Antwort zu geben. Das ist auch ganz natürlich. Der Mensch sammelt schon seit Jahrtausenden Daten über die Sterne und konnte immer noch nicht den Mechanismus ihrer Entstehung enträtseln. Noch mehr: Er lebt auf der Erde und konnte noch nicht verstehen, wie unser Planet entstanden ist. Allerdings finden sich kühne Leute, die versichern, daß ihnen nicht nur die Entstehung der Galaxien, sondern auch die der galaktischen Kerne und Quasare bekannt seien! Wir leugnen nicht die hervorragende Bedeutung dieser Probleme. Um sie zu lösen, muß man aber zunächst unerläßliche faktische Daten ansammeln und die Natur der galaktischen Kerne und Quasare verstehen. Darum werden wir keine Antwort auf so schwierige Fragen versuchen.«

Die geschilderten Schwierigkeiten liefern ein wichtiges Argument für meine Hypothese. Sie bestehen im Grunde genommen darin, daß die jüngsten Beobachtungen auf eine Neuschöpfung gewaltiger Materiemengen aus dem Kerngebiet hinauslaufen. Ähnliches haben wir schon bei der Entstehung der interstellaren Materie erlebt. Auch sie hatte ja, mindestens zum Teil, ihren Ursprung im Zentrum der Galaxie. Es muß sich dort also eine Quelle befinden, die nicht nur einmalig, sondern laufend, mit wechselnder Heftigkeit und Dauer, neue Materie produziert. Das aber widerspricht diametral dem Satz von der Erhaltung der Energie. Nach diesem Satz, einem der unumstößlichen Grundpfeiler unseres heutigen astronomischen Weltbildes, muß die Gesamtsumme der Energie, die bei der Entstehung des Universums vorhanden war, während seines ganzen weiteren Daseins konstant bleiben. Eine wie auch immer geartete Neubildung von Energie, ob als Masse oder als Strahlung, ist nach diesem Energieerhaltungssatz – dem ersten Hauptsatz der Thermodynamik – ausgeschlossen. Die Astronomie ist sich dieses Widerspruchs durchaus bewußt. Gerade darin besteht ja das Rätsel, vor das sie sich gestellt sieht.

Der Widerspruch läßt sich am ehesten ausräumen, wenn wir das Ganze unter dem Gesichtspunkt eines Organismus betrachten. Zwischen dem, was physikalisch gilt, und dem, was wir tatsächlich beobachten, fällt der Gegensatz in dem Augenblick fort, wo wir statt der physikalischen Gesetze biophysikalische zugrunde legen. Dazu scheint mir auch einiger Anlaß zu bestehen:

Der Satz von der Erhaltung der Energie ist nur auf unbelebte Systeme anwendbar. Ohne Einwirkung von außen sind sie nicht in der Lage, ihre Energie zu erhöhen. Insbesondere sind sie niemals imstande, aus eigenem Automatismus heraus, das heißt mit Hilfe von Schöpfungsprozessen, die sie selbst in Gang setzen und regulieren, über die in ihnen vorhandene Masse und Energie hinaus neue Massen und Energien zu schaffen. Nur ein Organismus besitzt diese Fähigkeit. Nur von ihm haben wir erfahren, daß er aus eigenem Vermögen seine Substanz vermehren kann. Es ist ja der Hauptzweck seines im Fließgleichgewicht verlaufenden Stoffwechsels, daß er dem Körper möglichst mehr Energie zuführt als dieser verbraucht, weshalb auch der Energieerhaltungssatz für Lebewesen nicht gilt. Wenn sich nun also Zweifel ergeben, ob der Energieerhaltungssatz für die Milchstraßen wirklich noch zutrifft – weil sie nämlich die Eigenschaft haben, neue Substanzen zu bilden –, so wird damit zugleich zweifelhaft, ob es sich bei den Milchstraßen tatsächlich um unbelebte Systeme handelt.

Unterstellt man aber, die Milchstraßen wären Organismen, so würden die beobachteten Erscheinungen leichter zu erklären sein. Mit der Natur biologischer Systeme ließe sich ohne weiteres vereinbaren, daß sich an weit auseinanderliegenden Orten des Universums im Wege eines »Elementarprozesses« Objekte bilden, die sich »aus dem Nichts« heraus mit Masse anreichern – eben deshalb, weil lebende Einheiten, entgegen dem Energieerhaltungsgesetz, im Anfangsstadium ihres Werdens wie auch in ihren weiteren Lebensphasen ihre Materie und Energie ständig vermehren. Kraft des ihnen innewohnenden Mechanismus bringen sie, ähnlich wie sich das bei der Kerndynamik der Milchstraßen zeigt, in einem entwicklungsgeschichtlich fortlaufenden Prozeß Gebilde von wachsender Masse hervor.

Diese größeren, massereicheren Gebilde – auch das beobachten wir bei den Galaxien – sind nicht nur eine bloße Multiplikation dessen, was zu Anfang bestand. Sie erweitern und verfeinern vielmehr ihre Struktur mit jeder weiteren Stufe ihrer Evolution. Entsprechend den Gesetzen lebender Systeme entstehen Organisationen von immer größerer Ordnung und Komplexität. In unbelebten Systemen (deren Prozesse »irreversibel« sind, sich also nicht umkehren lassen) würde die Zufuhr neuer Massen zu immer größerer Unordnung führen. Die Entropie, jene Zustandsgröße für Unordnung, würde wachsen. Hier, in den Galaxien, ist das Gegenteil der Fall: Gerade dank der neuen Materie und Energie, die der Kern ihnen zuführt, bauen sie ihre Ordnung sukzessive aus. Die Folge könnte nur sein, daß auch in der Galaxie die Entropie nicht etwa zunimmt, wie das in unbelebten Systemen geschieht, sondern daß sie sich gleichbleibt oder daß sie gar abnimmt, wie wir das von Organismen her kennen.

Für eine lebende Galaxie wäre es auch selbstverständlich, daß sich ihre Geburt und ihr Wachstum nicht vom Großen zum Kleinen, sondern vom Kleinen zum Großen vollzieht. Jene Übereinstimmung mit anderen Evolutionsvorgängen, auf die die Vertreter der Vorkörpertheorie abheben, wenn sie sich für den Weg vom Dichten zum Zerstreuten aussprechen, fände so ihre ganz natürliche Erklärung. Sie wäre eine Folge der allgemeinen Morphologie des Lebendigen.

Insgesamt also: Nicht die Verdichtungstheorie, sondern die Vorkörpertheorie wäre die richtige Lösung. Ihre physikalischen Lücken wären nur scheinbare, sie ließen sich mit Hilfe der biologischen Gesetzmäßigkeit überbrücken. Bei der Materienquelle und der ständigen Materieneubildung im Kerngebiet der Milchstraßen würde es sich in Wahrheit um die laufende Stoff-

zufuhr eines im Wachstum begriffenen Organismus handeln. Das Kerngebiet brächte die junge Galaxie hervor, es wäre Ursache ihres weiteren Wachstums, es wäre verantwortlich für den Ausbau ihrer einzelnen Strukturen und ihrer endgültigen Gestalt.

Und welcher Art würde der Vorkörper sein, der am Anfang dieser Entwicklung steht? Wenn er alle diese biologischen Funktionen erfüllen soll, müßte auch er selbst, und zwar vom ersten Augenblick seiner Existenz an, als ein biologisches System angesehen werden. Andernfalls wäre die Neubildung von Substanzen an dem Ort, an dem er im Weltall fixiert ist, nicht in Gang gekommen. Ob er an diesem Ort selbst *entstanden* ist, bliebe dunkel. Wenn ja, so würden sich an Milliarden Stellen des Kosmos, in einem frühen Stadium seiner Expansion, isoliert und »jungfräulich«, galaktische Keimzellen herausgebildet haben. Wenn nein, könnte nur angenommen werden, daß die Vorkörper aus »Fetzen« stammen, die beim Urknall aus der Urmaterie herausgeschleudert wurden. Das würde in Analogie zur Urknalltheorie stehen, nur mit einem fundamentalen Unterschied: Auch diese aus der Urmaterie emittierten Fetzen müßten bereits die Fähigkeit zum Wachstum besessen haben, also biologischer Natur gewesen sein. Damit würde sich aber zugleich die Frage erheben, ob etwa die gesamte Urmaterie biologischer Natur war oder ob sie vor ihrer Explosion und Expansion, als eine anorganische, nur eine Vielzahl eingelagerter galaktischer Keimzellen enthielt.

Noch ein Wort über mögliche *Altersprozesse.* Man hat sich oft gefragt, ob es auch so etwas wie eine Alterung oder einen Tod der Milchstraßen gibt. Auch hier ist wieder zu bedenken, daß wir entwicklungsgeschichtliche Abläufe, wie überhaupt jede Art von Dynamik, erst wahrnehmen können, wenn wir sie zuvor mühsam aus Tausenden von Standbildern zusammengesetzt haben. Es sei noch einmal an den »Zeitlupeneffekt« erinnert. Blicken wir zum nächtlichen Himmel empor, so haben wir den Eindruck, daß sich nichts rührt, mit Ausnahme unseres Sonnensystems; und auch das nur, weil Sonne, Mond und einige Planeten uns besonders »nahe« stehen. (Doch selbst hier trügt das Bild; der berühmte 11jährige Sonnenfleckenzyklus zum Beispiel, wenn wir die Lebensdauer der Sonne mit unserer Lebensdauer vergleichen, läuft in Sekundenschnelle ab; könnten wir den gesamten Werdegang der Sonne, wie den eines Menschen, miterleben, so würden wir sie als ein äußerst nervöses Geschöpf empfinden.) Diese zeitliche Dehnung unserer Eindrücke macht es also völlig unmöglich, irgendwelche Übergänge der Milchstraßen von einem Altersstadium in ein anderes zu verfolgen. Solche Übergänge lassen sich nur umständlich rekonstruieren. Wir müssen das Porträt der einen Milchstraße dem Porträt der anderen gegenüberhalten. Aber dann sind es eben zwei Objekte, die wir sehen, nicht nur eines, und ob das angeblich jüngere später wirklich so aussehen wird wie das angeblich ältere, bleibt noch immer zweifelhaft.

Dennoch glaubt man, alte, vielleicht sogar schon tote Galaxien entdeckt zu haben. Ein wichtiges Indiz für das jeweilige Lebensstadium scheint zu sein, ob und in welchem Umfang interstellare Materie vorhanden ist. Wir haben gesehen, daß sie den eigentlichen Lebensstoff der Galaxie bildet, dessen laufende Umwälzung zur ständigen Neugeburt von Sternen und Sternhaufen führt. Wo sie völlig fehlt, muß daher das Leben der Galaxie zur Neige gehen oder völlig erloschen sein.

Ein weiteres Indiz ist auch, wie die Sternpopulationen I und II in der Galaxie verteilt sind. Liegt die Population II mit ihren alten, metallarmen Sternen im Durchschnitt weit von der galaktischen Ebene entfernt und finden sich nur noch die jungen metallreichen Sterne der Population I in deren Nähe, so wird man annehmen dürfen, daß die Milchstraße schon zu den »reiferen« zählt. Überhaupt scheint die chemische Zusammensetzung, vor allem das Vorkommen schwerer Elemente, einiges über das Alter des Systems auszusagen. Doch ist es offenbar nicht erlaubt, aus einer noch andauernden Neubildung junger Sterne unbedingt auf die Jugend der ganzen Galaxie zu schließen. Der Prozeß der Sternbildung dauert bis in ihr hohes Alter fort.

Einen halbwegs sicheren Anhaltspunkt bietet die Kernaktivität. Sie erweist sich ja überhaupt als der allgemeine Indikator für den gesamten galaktischen Lebenslauf. Wo sie erloschen ist, rechnet man damit, daß auch das Leben der Galaxie beendet ist, zumindest finden in ihr keine nennenswerten Schöpfungsprozesse mehr statt. Vielleicht zählen hierzu viele irreguläre Galaxien und die elliptischen Zwerggalaxien. Mitunter wird angenommen, daß eine ausgewachsene Spiralgalaxie, wenn die Tätigkeit ihres Kerns nachläßt, also mit zunehmendem Älterwerden, in eine der elliptischen Formen übergeht; dort finden sich vorwiegend alte Sterne und nur wenig interstellares Gas, auch senden sie nur noch geringe Strahlung aus. Doch erinnern wir uns, daß es elliptische Galaxien gibt, von denen man im Gegenteil annimmt, daß sich die Dynamik der Kerne noch gar nicht voll entfaltet hat und daß sich erst noch Spiralarme bilden werden, wenn der Kern in seine aktive Periode tritt. Dabei handelt es sich freilich um Riesengalaxien, deren große Energiemengen ohnehin auf ein frühes, nicht auf ein spätes Entwicklungsstadium schließen lassen.

Im Zusammenhang mit Geburt und Wachstum der Galaxien zeichnet sich nun die Möglichkeit etwas deutlicher ab, daß sie nicht anorganisch, sondern organisch aufgebaut sein könnten. Für ein einigermaßen vollständiges Bild reichen die Fakten aber noch nicht aus. Wir müssen erst abwarten, was die Prüfung der weiteren Lebensmerkmale ergibt: Offenes System, Fließgleichgewicht und Vermehrung. Als nächste Frage daher: *Ist die Galaxie ein offenes System? Hat sie auch einen äußeren Stoffwechsel, so wie sie einen inneren Stoffwechsel hat?* Fragen, die noch vor wenigen Jahren absurd erschienen wären.

Es empfiehlt sich, daß wir bei der Untersuchung in folgender Reihenfolge vorgehen:

Gibt es außerhalb der Galaxie einen Stoff, aus dessen Existenz man auf einen Zu- und Abfluß schließen kann?

Hat man solche Zu- und Abflüsse zwischen der Galaxie und ihrer freien Umgebung beobachtet?
Wie könnten diese Zu- und Abflüsse als ein dauernder Strom von der Galaxie aus gesteuert werden?

Schon der erste Punkt macht uns mit einem neuen, erregenden Kapitel der Astronomie vertraut: Mit der Auffindung der *intergalaktischen Materie.* Es lohnt sich, auch hier einen kurzen Blick auf die Historie zu werfen. Wir müssen uns ja immer wieder deutlich machen, welche grundlegenden Veränderungen gerade die allerletzten Jahre mit sich gebracht haben und wie nahe die Gefahr liegt, daß wir in unseren kosmologischen Vorstellungen noch Tatbestände mitschleppen, die in Wahrheit längst veraltet sind. Vor zwanzig Jahren nun war in den Lehrbüchern der Astronomie über die Existenz einer intergalaktischen Materie kein Wort zu lesen. Der Raum zwischen den Galaxien war absolut leer. Daran änderte sich auch nichts, als die Zahl der neuentdeckten Galaxien sprunghaft nach oben gestiegen war. Für sie galt das gleiche, was für unsere eigene Milchstraße gegolten hatte, solange man sie noch für die einzige hielt: Sie waren in ein völliges Vakuum eingebettet.

Fritz Zwicky, der als einer der ersten auf die Möglichkeit eines Mediums zwischen den Milchstraßen hingewiesen hatte, beklagte sich in einer Fachzeitschrift noch Anfang der sechziger Jahre über das geringe Echo, das er bei seinen Kollegen fand. »Obwohl der Verfasser bereits in den dreißiger Jahren triftige Beobachtungen ins Feld geführt hatte, die zeigten, daß es zwischen den Galaxien leuchtende sowie dunkle, Licht absorbierende intergalaktische Materie gibt, war die Opposition zu diesen Befunden stark. Auch heute noch ist sie nicht ganz gebrochen, wenigstens soweit die Existenz intergalaktischen Staubes zur Diskussion steht. Das häufige Auftreten von intergalaktischen leuchtenden Formationen von Gasen und von Sternen wird dagegen nicht mehr angezweifelt.«

Nun, vergleichen wir damit eine einzige Zahl, die sich in einem neuesten Lexikon über Astronomie findet: *Die*

Gesamtmasse der intergalaktischen Materie ist wahrscheinlich 100mal größer als die Masse aller Milchstraßen zusammen. Man muß das zweimal lesen, um ganz zu begreifen, was das bedeutet. Es bedeutet nichts Geringeres, als daß in den Räumen zwischen den 100 Milliarden Galaxien, von denen das Universum nach unserer heutigen Schätzung bevölkert ist, noch die zusätzliche Masse von 10000 Milliarden Galaxien in Gestalt feinster Gas- und Staubpartikeln umherschwebt. Damit sind unsere ganzen Vorstellungen von Umfang und Verteilung der kosmischen Massen, von der Dichte des Weltalls über den Haufen geworfen.

Man wird fragen, wie es denn möglich war, daß diese gewaltigen Massen unserem Auge oder unseren Instrumenten bisher verborgen blieben. Die Antwort darauf enthält eine weitere Überraschung: Nicht nur diese Massen sind unermeßlich groß, auch die Weiten sind unermeßlich groß, auf die sie verteilt sind. Auf jeden Kubikzentimeter des intergalaktischen Raumes entfällt von ihnen nicht mehr als durchschnittlich der 100000ste Teil eines Atoms! Nur so erklärt es sich, daß wir von der Existenz dieser Materie so lange nichts gewußt haben und daß über ihren wirklichen Umfang und über ihre Zusammensetzung noch bis zur Stunde weitgehend Unklarheit herrscht. Spektraluntersuchungen haben offenbar keine befriedigenden Ergebnisse gebracht. Dennoch scheinen die Zweifel, daß es sie überhaupt gibt, verstummt zu sein. Man verspricht sich wichtige Erkenntnisse von Röntgenbeobachtungen oberhalb der Erdatmosphäre, wie sie vor allem das Unternehmen »Spacelab« ermöglichen soll.

Woraus die intergalaktische Materie besteht, ist also noch nicht sicher. Überwiegend wird angenommen, daß es sich bei ihr zur Hauptsache um ein dünn verteiltes heißes Plasma handelt, örtlich mögen es auch mehr oder minder dichte Staubschichten sein. Plasma ist ein ionisiertes Gas. Darunter versteht man ein Gas, dessen Atome (oder Moleküle) durch Abtrennung der Elektronen vom Atomkern in elektrisch geladene Teilchen übergegangen sind. Unter irdischen Bedingungen kommt ein solches Plasma recht selten vor, hier treffen wir normalerweise nur feste, flüssige oder gasförmige Aggregatzustände an. Diese letzteren sind aber im freien Weltraum, auch in Fixsternen, die Ausnahme. Hier ist Plasma die Regel, und meist in sehr heißem Zustand. Für das intergalaktische Plasma vermutet man Temperaturen von mehreren Millionen Grad.

In den nächsten Jahren werden wir vielleicht Näheres erfahren. Eines scheint aber schon jetzt festzustehen: *Die intergalaktische Materie stellt eine ungeahnte Energiereserve und wahrscheinlich den eigentlichen Rohstoff des Weltalls dar.*

Was für eine merkwürdige Situation. Plötzlich haben wir mit einer Weltsubstanz zu rechnen, die an allen Stellen des Kosmos gegenwärtig ist, die uns jahrtausendelang unbekannt war und von der wir bis zu diesem Augenblick noch nicht den leisesten Beweis eines Augenscheins haben erbringen können – eine unerschöpfliche Vorratskammer von Elementarmaterie, die unseren Blicken unsichtbar ist, in die aber alle sichtbaren Gebilde des Kosmos eingebettet sind. Der Vorgang scheint mir von fast symbolischer Bedeutung zu sein. Er zeigt, wie sehr uns die Fakten, je mehr wir uns dem Grenzbereich zwischen Galaxie und freiem Weltraum nähern, zu verlassen beginnen. Immer größere Geheimnisse tun sich vor uns auf. Immer breitere Lücken unseres Wissens gilt es zu überbrücken. Immer mehr wächst die Notwendigkeit, sich der spekulativen Methode zu bedienen, immer mehr aber auch die Gefahr, daß wir uns mit unseren Theorien an der Wirklichkeit vorbeibewegen.

Als nächster Punkt wurde die Frage aufgeworfen, *ob es Zu- und Abflüsse zwischen der Galaxie und der intergalaktischen Materie gibt.* Solange der intergalaktische Raum als leer gegolten hat, war diese Frage begreiflicherweise niemals aufgetaucht. Die Milchstraßen hatten keinen Kontakt mit ihrer Außenwelt, ihre Außenwelt war ein Vakuum. Praktisch wurden die Galaxien als »isolierte Systeme« betrachtet, aber vielleicht war es auch nur so, daß man sich über ihren Systemcharakter – anders als beim Universum – überhaupt keine ernsthaften Gedanken gemacht hat. Weshalb auch: Es war ja klar, daß sie von außerhalb weder Materie noch Energie bezogen, um sie herum herrschte das Nichts; ebensowenig konnte man annehmen, daß sie Energie oder Materie dorthin abgaben, das Nichts hätte sonst aufgehört, ein Nichts zu sein. (Es sei an die drei Systemgruppen erinnert: die isolierten, die geschlossenen, die offenen Systeme; die ersten waren von ihrer Umgebung völlig abgedichtet, die zweiten ließen wenigstens einen Energieaustausch mit ihrer Umgebung zu, die letzten auch einen Austausch von Materie.)

Es ist fast zu befürchten, daß man auch heute den Systemcharakter der Galaxien nicht als eine vordringliche Frage ansieht. Natürlich ist längst klar, daß sie keine isolierten Systeme sind, dazu liegen nun schon zu viele gegenteilige Beobachtungen vor. Vielleicht handelt es sich um geschlossene Systeme, vielleicht gar um offene. Tatsächlich finden sich in der neueren Literatur gelegentlich Hinweise auf die Möglichkeit offener Systeme. Aber nirgends scheint man auf den Gedanken zu kommen, daß damit ein fundamentales Problem auftaucht: Ob nämlich die Galaxie als offenes System ein lebendes ist, nachdem ja alle Lebewesen offene Systeme sind; oder ob sie auch weiterhin als unbelebtes System zu gelten hat, wie das für isolierte oder geschlossene Systeme selbstverständlich ist.

Vor diesem grundlegenden Problem stehen wir aber heute. Neueste Beobachtungen haben in diesem Punkt geradezu sensationelle Resultate gebracht, anders kann man sie gar nicht nennen: *Die Milchstraße gibt laufend Materie in den verschiedensten Formen nach außen ab, und sie kompensiert diesen Verlust – neben der Eigenerzeugung von Materie aus ihrem Kern – ebenso laufend durch Aufnahme fremder Stoffe aus dem intergalaktischen Raum.*

Zu diesen ständig ausgetauschten Substanzen gehören in erster Linie alle Arten von *elektromagnetischer Strahlung,* von der kurzwelligen Röntgenstrahlung, der Ultraviolettstrahlung, dem optisch wahrnehmbaren Licht bis hin zu den langwelligen

Radiostrahlen. Wir lassen die Frage nach der Natur dieser Strahlen – ob Wellen oder Korpuskel (sie treten in beiden Eigenschaften wechselnd auf) – einmal beiseite. Wichtig ist hier nur, daß alle diese Strahlen aus dem extragalaktischen Raum in unsere Milchstraße eindringen, daß sie also nicht nur aus Quellen innerhalb der Milchstraße stammen. Das gilt wie von unserer eigenen Milchstraße auch von den übrigen 100 Milliarden. Auch sie nehmen alle diese verschiedenen Strahlungsarten auf, und wie unsere eigene Milchstraße emittieren sie sie wieder an ihre Umgebung. Nur so, aus dieser Emission der elektromagnetischen Wellen, erklärt es sich ja, daß wir auch von den entferntesten Galaxien Strahlen empfangen, vor allem die Radiostrahlen, die uns seit einigen Jahrzehnten unsichtbare Regionen des Universums erschlossen haben. Einige der Radiogalaxien sind übrigens zugleich besonders starke Röntgenquellen, so Cygnus A (eine Galaxie mit doppeltem Kern), Centaurus A (eine elliptische Riesengalaxie) und der uns schon bekannte Virgohaufen mit seinen 2500 Einzelgalaxien.

Ein besonders wichtiges Element dieses extragalaktischen Strahlenaustauschs bildet die sogenannte *kosmische Strahlung.* Sie wurde schon im Zusammenhang mit dem »Sonnenwind«, der dieses für uns tödliche Medium von uns abschirmt, und anläßlich der Magnetfelder der Milchstraßen erwähnt. Sie ist keine übliche Wellenstrahlung, sondern ein ultraharter Strom höchst energiereicher Atomteilchen, die sich mit nahezu Lichtgeschwindigkeit fortbewegen. Nach ihrem Eintritt in die Milchstraße werden sie auf galaktische Magnetbahnen geleitet, die sie unter Abbremsung spiralförmig umkreisen. Während ein Lichtquant, das in die Galaxie eindringt, sie nach etwa 1000 Jahren wieder verläßt, schätzt man, daß sie die kosmischen Strahlungspartikeln etwa eine Million Jahre lang in der galaktischen Ebene aufhalten. Haben sie Energien von einer Milliarde Milliarden Elektronenvolt erreicht, so entweichen sie wieder nach allen Richtungen.

Zwischen der Galaxie und ihrer Umgebung findet nun nicht nur ein Energie-, sondern *auch ein Materieaustausch* statt. *Der Austritt großer Materiemassen aus den Milchstraßen in ihre Umgebung* gehört zu den aufsehenerregendsten Befunden der letzten Zeit. Meist handelt es sich dabei um Wasserstoffwolken, die sich mit hohen Geschwindigkeiten fortbewegen, häufig aber auch um Plasma, das über Entfernungen von Hunderttausenden von Lichtjahren in den intergalaktischen Raum hinausgeschleudert wird. Es sei an jene Filamente erinnert, die man in den »Seyfert«-Galaxien beobachten konnte und die mit einem Tempo von mehreren 1000 Kilometern pro Sekunde in vielfachen Richtungen aus der Galaxie davonrasen. Am phantastischsten muten riesige *»jets«* an; sie stoßen aus den Zentralgebieten der Milchstraßen, senkrecht zu ihrer Hauptebene, in den Weltraum vor. Auf Fotografien sind sie als leuchtende Protuberanzen zu erkennen, zum Beispiel bei der elliptischen Galaxie M 87 im Virgohaufen. Diese »Materiepfeile« können die Länge ganzer Galaxien erreichen.

Es wäre aber falsch, anzunehmen, daß dieser Materieaustritt immer nur eruptiv vonstatten geht. Häufig vollzieht er sich in der Form eines langandauernden, verhältnismäßig ruhigen Abstrahlens. So hat man in weiten Bereichen um einige Milchstraßen dünne Gaswolken festgestellt, die offenbar aus dem Zentrum herausgeströmt sind und noch durch Magnetfelder zusammengehalten werden. (Möglicherweise hängt damit eine andere Entdeckung zusammen. Nach einem Bericht der Zeitschrift »Sky and Telescope« vom August 1975 haben amerikanische Astronomen mit Hilfe speziell präparierter Fotoplatten festgestellt, daß bei der Spiralgalaxie M 51, die einen Durchmesser von »nur« 40000 Lichtjahren hat, auch Licht von Objekten empfangen wird, die 200000 Lichtjahre von ihr entfernt stehen. Ihr Durchmesser müßte sich danach in Wahrheit auf mehrere 100000 Lichtjahre belaufen.) Sollten übrigens tatsächlich Magnetfelder im Spiel sein, die die Gaswolken an die Galaxie binden, so ist zu vermuten, daß das Gas nicht für immer ihr Gefangener bleibt, sondern allmählich aus ihrem Einflußbereich entweicht.

Diesem Materieaustritt entspricht nun – mit mehr oder minder großer Heftigkeit – eine *laufende Materiezufuhr aus dem intergalaktischen Raum.* Es leuchtet ein, daß eine solche Zufuhr am ehesten festzustellen ist, wenn auch sie in eruptiven Formen vor sich geht. Tatsächlich scheint es dahingehende Beobachtungen zu geben. Helmut Sautter berichtet von intergalaktischer Materie, die möglicherweise »auf das Zentrum der Milchstraße zustürzt«. Daß es sich dabei nicht etwa um Materie handelt, die von der Milchstraße selbst ausgestoßen worden ist, schließt man aus der Tatsache, daß sich beide Objekte, Gasmassen und Milchstraßen, aufeinander zubewegen. (Wie würden wir den stürmischen Ablauf derartiger Prozesse erst verfolgen können, wenn uns der »Zeitlupeneffekt« nicht im Wege stünde.)

Doch auch in nichteruptiver Form, in einem *allmählichen* Einströmen wird der Milchstraße intergalaktische Materie zugeführt. Dafür spricht, daß man solche Materiezuflüsse noch weit über die unmittelbare Umgebung der Milchstraße hinaus entdeckt hat. Man ist auf *feste Materiebrücken* gestoßen, die benachbarte Galaxien miteinander verbinden und sie offenbar wechselseitig mit Substanzen versorgen – auch dieses eine der vielen Großtaten der modernen Astronomie. »Tausende von Stegen, Schlieren und Wolken zwischen Galaxien aller Art«, so hat Fritz Zwicky die merkwürdigen Erscheinungen Anfang der sechziger Jahre beschrieben, »fein modellierte Brücken«, die, wie im Sternbild der Jungfrau, mehrere Spiralgalaxien zu einem quasi zusammenhängenden System vereinigen. »Viele dieser Gebilde haben derart bizarre Formen, daß sich der Astronom, wie das nach vielen Entdeckungen der Fall war, vor neue Rätsel gestellt sieht.« Besonders eng sind solche brükkenartigen Verbindungen, in denen man sogar einzelne Sterne ausmachen konnte, bei Doppel- und Mehrfachgalaxien, zum Beispiel bei dem sogenannten »Seyfert-Sextett« und dem »Stephans-Quintett«. Hier ist die Schwerkraftanziehung, auf die man die Bildung der Brücken zurückführt, offenbar so groß gewesen, daß sie auch die Spiralarme der Nachbargalaxie deformiert hat.

Massen also, die von außen auf die Milchstraßen einstürzen; gleichmäßige, wenn auch unsichtbare Ströme, die ihnen aus ihrer Umgebung Stoffe zuführen; Materiebrücken, die einen ständigen Substanzaustausch mit Nachbargalaxien erlauben – das alles verrät, daß nicht nur im Innern, sondern auch außerhalb der Milchstraßen ein gigantischer Stoffwechsel im Gange ist. Wie die übrigen Galaxien, so nimmt auch unsere Milchstraße an diesem Stoffwechsel teil. Und wie sie, nimmt auch unser Sonnensystem an ihm teil, und wie unser Sonnensystem auch die Erde. Auf unseren Planeten regnen täglich mehrere tausend Tonnen meteoritischen Staubs herab, jährlich fünf Millionen Tonnen, von denen der größte Teil aus unserer Milchstraße stammt, doch beträchtliche Mengen davon müssen *außergalaktischen* Ursprungs sein. Hoimar von Ditfurth hat auf diese Zusammenhänge aufmerksam gemacht. Vielleicht ist unser Fuß erst vor wenigen Stunden auf Staub getreten, der unserer Milchstraße aus fernen Räumen des Kosmos zugeflossen ist.

Wir haben gesehen, daß zwischen den Milchstraßen Materie existiert, ferner daß die Galaxie mit dieser Materie einen ständigen Austausch unterhält. Es stellt sich nun die Frage, *ob dieser äußere Stoffwechsel von der Galaxie selbst gesteuert wird.*

In der Tat scheint es so zu sein, daß die Galaxie den Substanzaustausch von sich aus reguliert, und vieles spricht auch dafür, daß das Regulationszentrum, ähnlich wie die Quelle der Materieschöpfung, in ihrem *Kerngebiet* zu suchen ist. Wie der Mechanismus im einzelnen verläuft, wissen wir nicht. Das Forschungsmaterial ist noch viel zu dürftig. Wir sind darauf angewiesen, Zusammenhänge zu konstruieren, für die wir erst über wenige Bruchstücke verfügen. Um etwas weiterzukommen, empfiehlt es sich aber wohl, auch hier zwischen den verschiedenen Bewegungsrichtungen – von innen nach außen, von außen nach innen – zu unterscheiden.

Die *Abgabe* von Materie an die Außenwelt der Galaxie beruht offenbar auf ähnlichen Prozessen des Zentrums, wie wir sie schon beim inneren Stoffwechsel und besonders bei der Geburt der Galaxie kennengelernt haben. Im Kern explodieren überdichte Materiemassen. Hierdurch werden so große Energien freigesetzt, daß sie nicht nur innerhalb der galaktischen Ebene verbleiben und dort als interstellare Materie zirkulieren, dank ihrer hohen Fliehkraft verlassen sie auch das System. Darüber besteht weitgehend Einigkeit. Alle Beobachtungen scheinen das zu bestätigen. Die Herkunftsrichtung der in den freien Raum schießenden Fontänen deutet durchweg auf das Milchstraßenzentrum hin; dort muß also auch ihre Ursache zu suchen sein.

Daher läßt sich mit ziemlicher Sicherheit sagen: Das Kerngebiet produziert nicht nur die Materie, aus der die Galaxie entsteht; es ist nicht nur Ursache für den vielschichtigen inneren Substanzwechsel und die damit verbundenen Schöpfungsprozesse, die die Galaxie wachsen lassen und am Leben erhalten; es ist auch die Schaltzentrale, die den Ausstoß überschüssiger Stoffe der Galaxie in die sie umgebende Außenwelt reguliert.

Viel zweifelhafter aber ist die Frage, auf welche Weise die Galaxie umgekehrt Materie aus dem intergalaktischen Raum *empfängt.* Ein Teil dieser Zufuhr wird vermutlich durch die Umdrehung des Milchstraßensystems und die dadurch entstehenden Turbulenzen an seiner Außenhülle bewirkt. Auf diesen »Import« zusätzlicher Bau- und Nährstoffe von den Rändern her wurde schon im Zusammenhang mit der Rotation hingewiesen. Das kann aber nicht genügen. Die auf diesem Weg in die Milchstraße gelangende Substanz würde kaum ausreichen, die aus dem Kern entweichende Materie zu ersetzen. Es muß noch ein anderer Ausgleich stattfinden.

Wir stehen damit vor dem gleichen Problem, das uns schon bei der Geburt der Galaxie beschäftigt hat: *Wie kann aus dem Nichts laufend neue Materie geschaffen werden?* Wir erinnern uns an den Streit darüber, wie die Galaxie entstanden sein könnte. Die Verdichtungstheorie war von der Kondensation großer Gaswolken ausgegangen. Die Vorkörpertheorie hatte demgegenüber angenommen, daß sich die Galaxie aus kleinen supermassiven Objekten, den Vorkörpern, gebildet hat. Die erste These konnte sich auf gültige physikalische Gesetze stützen (wenn man einmal davon absieht, daß auch für sie die Herkunft der Materie, die beim »Urknall« vorhanden war, unerklärlich blieb). Die zweite These stand in einem wichtigen Punkt im Widerspruch zu diesen Gesetzen. Sie mußte eine Neuschöpfung von Materie unterstellen, obwohl der Satz von der Erhaltung der Energie eine solche Neuschöpfung verbot. Ich habe deshalb die Möglichkeit eines *biologischen* Geburtsvorgangs in Betracht gezogen, weil sich nur so das Schöpfungsphänomen – der »Elementarprozeß«, wie die Astronomen ihn nannten – hinreichend erklären ließ.

Das gleiche tue ich auch jetzt. *Ich vermute, daß dem äußeren Stoffwechsel der Galaxie, wie schon dem inneren, biologische Abläufe zugrunde liegen und daß nur auf diese Weise verständlich wird, wie aus dem Kerngebiet Materie ins Freie abgegeben und als Kompensation dafür Materie dem Freien wieder entnommen werden kann.*

Damit taucht freilich ein neues Rätsel auf. Es läßt sich noch einigermaßen begreifen, wie ein lebendes System imstande sein kann, überschüssige Stoffe nach außen zu transportieren. Ähnliches geschieht ja auch bei unbelebten offenen Systemen; und was speziell die Galaxien betrifft, die Filamente und die Materiebrücken, die man beobachtet hat, so liegt es auf der Hand (man denke nur an die Supernovae), als Ursache dafür an den inneren Strahlungsdruck zu denken. Aber welches Kräftespiel ist am Werk, um den umgekehrten Transportvorgang zu bewirken, also große Materiemengen aus dem intergalaktischen Raum in die Galaxie hineinzuziehen? Wenn es nicht gelingt, auch dafür eine halbwegs plausible Erklärung zu finden, wird die Frage nach etwaigen Lebensmerkmalen der Galaxie in einem wichtigen Punkt offenbleiben.

Nun bietet sich gerade in letzter Zeit, dank einiger höchst merkwürdiger Gravitationserscheinungen im Milchstraßenzentrum, die Möglichkeit einer Lösung an. Es geht um die »black holes«, die *»Schwarzen Löcher«* – wie es scheint, Geheimnisse höchsten Grades, riesige Energiegebilde, über die noch undurchdringliche Schleier gezogen sind. Sicher ist schon jetzt, daß ihre Entdeckung uns zwingt, völlig neue kosmologische Perspektiven ins Auge zu fassen. Worum handelt es sich?

Schon im Leben des Einzelsterns, wenn seine Masse eine gewisse Grenze überschritten hat, wie etwa bei den uns schon bekannten Neutronensternen, kann es zu einem »Gravitationsschock« kommen. Der Stern stürzt in diesem Fall unter der Wirkung seiner eigenen Schwerkraft, unter Umständen in Bruchteilen von Sekunden, also blitzschnell in sich zusammen. Seine unvorstellbare Massendichte übt dann eine so starke Anziehungskraft aus, daß nicht einmal mehr die Lichtquanten aus ihm heraustreten können. Er frißt alle Masse, alles Licht in sich hinein. Würde sich ähnliches bei der Sonne ereignen, so würde ihre Masse auf einen Radius von 3 Kilometern zusammenschrumpfen, die Masse der Erde auf ein Kügelchen von 4,4 Millimetern. Theoretisch hat man solche Möglichkeiten schon Ende der dreißiger Jahre vorausgesagt. Entdeckt hat man bisher entsprechende Erscheinungen aber nicht, eben deshalb, weil »Kollapsare« dieser Art kein Licht nach außen dringen lassen. Sie sind nicht nur die größten Massen, sie sind optisch auch das größte Nichts. Daß es sie aber tatsächlich gibt, damit scheint man sich langsam abzufinden. Wie es ja überhaupt immer mehr zum Schicksal der modernen Astronomie und Kosmologie zu werden scheint, mit der Existenz des Nichtnachweisbaren rechnen zu müssen. Was uns nur daran erinnert, daß auch in der exakten Forschung visionäre Kräfte vonnöten sind.

Die eigentliche Sensation besteht nun darin, daß es solche Schwarzen Löcher nicht nur im Leben des Einzelsterns zu geben scheint, sondern daß man sie in viel gewaltigerem Umfang auch im Zentrum der Galaxien vermuten muß. Neuerdings haben einige amerikanische und britische Wissenschaftler die Zentralregion unserer eigenen Milchstraße mit weit voneinander entfernten Radioteleskopen, auch mit Röntgeninstrumenten in Satelliten, vermessen und dabei höchst interessante Einzelheiten festgestellt. In der Mitte unserer Milchstraße, 30000 Lichtjahre von uns entfernt, scheint sich ein Schwarzes Loch mit einer Masse von hundert Millionen Sonnenmassen zu befinden, ein Riesenloch also, das aber nur einen verhältnismäßig kleinen, ja einen extrem kleinen Platz einnimmt: Es ist nur zwanzigmal so groß wie der Abstand der Erde von der Sonne. Schon vorher hatte man in der Radiogalaxie Centaurus A entsprechende Beobachtungen gemacht. Dort wird die Masse des Schwarzen Lochs auf zehn Millionen Sonnenmassen geschätzt. Nach den Strahlungen muß man auf Materie schließen, die sich so rasch bewegt, wie das nur bei einem schwerkraftbedingten Einsturz großer Massen, also bei jenem »Gravitationsschock«, der Fall sein könnte. Das merkwürdigste aber: Alles scheint darauf hinzudeuten, daß es sich nicht etwa nur um vorübergehende Erscheinungen handelt, vielmehr müssen diese großen Schwarzen Löcher schon seit den Uranfängen in der Galaxie vorhanden gewesen sein.

Was soll man dazu sagen? Drängt sich nicht der Gedanke auf, daß wir hier auf einen geheimen Mechanismus stoßen, der den laufenden Zustrom großer Materiemengen in das galaktische System besorgt?

Meine Vermutung ist jedenfalls die, daß die Anziehungskraft dieser Schwarzen Löcher ausreicht, auch Energie und Materie aus dem außergalaktischen Raum in die Galaxie zu lenken und auf diese Weise die ihr entweichenden Massen durch neue Lebensstoffe aus ihrer freien Umgebung zu ersetzen.

Damit würde sich ein Phänomen von außerordentlicher Tragweite abzeichnen:

Das Kerngebiet könnte einmal dafür verantwortlich sein – nämlich in seiner Eigenschaft als »Kontinuumsquelle« –, daß innergalaktische Substanzen das Zentrum der Milchstraße verlassen, teils um in der galaktischen Scheibe zu zirkulieren und dort zur Geburt neuer Sterne beizutragen, teils um als überschüssige Stoffe ins Freie zu treten. Andererseits könnte das Kerngebiet bewirken – nun infolge seiner Anziehungskraft als »black hole« –, daß auf dem gerade entgegengesetzten Weg, das heißt aus dem freien Raum heraus, neue Bau- und Nährstoffe in die Galaxie gelangen, die sie zur weiteren Aufrechterhaltung ihres Systems benötigt.

Die Zentralregion der Milchstraße müßte also derart aufgebaut sein, daß ihr die Ausübung beider Funktionen ermöglicht wird. Es müßte sich dort ein Regulationsapparat befinden, der in zwei sich kreuzenden Flüssen Materie sowohl produziert wie absorbiert.

Im Augenblick sind das bloße Spekulationen. Wir können aber nicht mehr die Augen davor verschließen, daß auf einem verhältnismäßig kleinen Raum, eben dem galaktischen Zentralgebiet, zwei völlig konträre Prozesse beobachtet werden. Zum ersten wird in ungeheuren Mengen Materie ausgestoßen, zum zweiten wird sie, ebenfalls in ungeheuren Mengen, verschluckt. Es hieße alle Erfahrungen, die wir mit örtlich eng verbundenen kausalen Abläufen gemacht haben, ignorieren, wollten wir nicht mit der Möglichkeit rechnen, daß zwischen diesen beiden gegensätzlichen Prozessen tiefere, uns noch unbekannte Zusammenhänge bestehen. Auf solche Zusammenhänge, zumal da sie in Bruchstücken bereits sichtbar geworden sind, hypothetisch hinzuweisen, ist der alleinige Zweck dieser Überlegungen. Mehr zu sagen, läßt der noch völlig ungenügende Stand unseres Wissens freilich nicht zu.

Bis auf eine Frage allerdings: Würde es denkbar sein, daß das Kerngebiet solche konträren Funktionen gleichzeitig wahrnimmt, oder müßte man nicht vielmehr annehmen, daß die Prozesse nur *einer nach dem anderen,* also in einer zeitlichen Staffelung stattfinden? Ich möchte das letztere annehmen. Es läßt sich doch nur schwer vorstellen, daß so ungeheure Gravitationskräfte, wie sie zur Bildung der Schwarzen Löcher führen, und Strahlungsdrücke, die so gigantische Kerneruptionen auslösen, sich in einem kleinen Bezirk gleichzeitig in ihrer ganzen Wucht auswirken könnten.

Daher möchte ich eher auf einen gewissen zeitlichen Rhythmus schließen, in dem Kollapse und Antikollapse, Implosionen und Explosionen einander folgen. Das Kerngebiet würde dann eine quasipulsierende Tätigkeit entfalten, vergleichbar etwa mit einer Pumpe, die den äußeren Stoffwechsel periodisch in Gang hält. Das würde nun freilich bedeuten, daß es von einem überdichten Zustand in einen eruptiven und von diesem wieder in einen überdichten Zustand übergeht. Hier scheint mir von größtem Interesse zu sein, was Ambarzumjan zu der Aktivität des galaktischen Kerns erklärt: »Wir halten es für möglich«, sagt er, »daß das Objekt auch vor dem Ausbruch überdicht gewesen ist. Dann ist die Eruption nur ein Übergangsprozeß zwischen zwei Zuständen eines überdichten Körpers.«

Noch ein weiterer Punkt. Er betrifft das Zeitmaß der Prozesse. Ein pulsierender Verlauf, also eine sich ständig ablösende Folge von Ansaugen und Abstoßen lebensnotwendiger Stoffe, würde in Wahrheit viel rascher vor sich gehen, als wir meinen. Das liegt nicht nur daran, daß der »Zeitlupeneffekt« uns täuscht. Auch nach der Einsteinschen Relativistik würden sich offenbar kürzere Intervalle ergeben. Der russische Astronom F. J. Zigel beschreibt das folgendermaßen (er denkt dabei nicht an den Gravitationskollaps eines galaktischen Kerns, sondern an den eines Einzelsterns):

»Diese rasend schnell ablaufende Sternkatastrophe hat für einen äußeren Beobachter Aspekte, die an Wunder grenzen. Es läßt sich nämlich mit den Mitteln der Relativitätstheorie nachweisen, daß dieser Prozeß für einen ›äußeren Beobachter‹ zunächst sehr rasch, dann jedoch immer langsamer und schließlich beliebig lange dauernd abläuft. Ein anderer Beobachter auf dem zusammenbrechenden Weltkörper wird aber an seiner Uhr ablesen können, daß der ganze Vorgang nur etwa zehn Minuten dauert.« Ich gestehe, daß das nicht leicht zu begreifen ist.

(Übrigens hofft man neuerdings, über das Schwarze Loch in unserer Milchstraße mit Hilfe der sogenannten Gravitationswellen Näheres zu erfahren. Solche sehr schwachen Wellen entstehen, wenn sich große Massen bewegen. Der amerikanische Physiker J. Weber glaubte, Wellen dieser Art vor einigen Jahren aus dem Milchstraßenzentrum über hochempfindliche Aluminiumzylinder empfangen zu haben. Das Ergebnis ist aber umstritten. Gegenwärtig läuft ein langfristiges Experiment des Münchner Max-Planck-Instituts.)

Es ist Zeit, eine wichtige Schlußfolgerung zu ziehen.

Es liegen einwandfreie Beobachtungen dafür vor, daß die Galaxie Materie an den Raum außerhalb abgibt. Es besteht auch kein Zweifel darüber, daß sie Materie aus diesem Raum aufnimmt, auch Materie aus benachbarten Galaxien. Diese Abgabe und diese Aufnahme von Materie – von Massen sowohl wie von Energie – erfolgen im Wege eruptiver Vorgänge, aber auch in Form ruhigerer Flüsse. Somit steht fest, daß es einen laufenden Stoffwechsel der Galaxie mit ihrer Umgebung gibt. *Daraus folgt: Die Galaxie ist ein offenes System.*

Der Austritt von Materie in den extragalaktischen Raum wird durch eine Aktivität des Kerns ausgelöst; diese Aktivität scheint mit einer Neuschöpfung von Materie verbunden zu sein, woraus sich teilweise auch die Herkunft der interstellaren Materie erklärt. Auch der Eintritt fremder Materie in die Galaxie wird höchstwahrscheinlich durch Ereignisse in der Zentralregion der Galaxie bewirkt; Ursache dafür dürften extreme Anziehungskräfte sein, die in den Schwarzen Löchern der Milchstraße und den angrenzenden Massen zu vermuten sind. *Beide Vorgänge, der Austritt sowohl wie der Eintritt von Materie, werden somit von der Galaxie selbst ausgelöst und reguliert.*

Die Ursachen beider Prozesse scheinen nicht nur räumlich, sondern auch funktionell miteinander verbunden zu sein. Wie dieser Zusammenhang im einzelnen beschaffen ist, wissen wir nicht. *Vieles spricht dafür, daß wir es mit einem sich ablösenden Rhythmus zu tun haben (Überdichte, die in Eruption und wieder in Überdichte übergeht).*

Zusammenfassend: *Die Galaxie kann als ein offenes System betrachtet werden, das im Wege der Selbstregulation laufend Bestandteile von außen aufnimmt und laufend Bestandteile nach außen abgibt.*

Für die Hypothese, um die es hier geht, ist damit etwas Wichtiges hinzugekommen. Wir kennen von der Galaxie nun schon eine ganze Reihe von Erscheinungen, die vermuten lassen, daß es sich bei ihnen um typische Merkmale von Organismen handelt: stufenmäßiger Aufbau, innerer und äußerer Stoffwechsel, Eigenschaft als offenes System, Selbstregulation. Etwas Abschließendes läßt sich aber immer noch nicht sagen. Wir müssen noch zwei weitere Lebenskriterien untersuchen: das Fließgleichgewicht und die Fähigkeit zur Vermehrung.

Was das *Fließgleichgewicht* betrifft, so erinnern wir uns, daß jedes offene System in der Natur normalerweise von einem Zustand geringerer Unordnung in einen Zustand größerer Unordnung übergeht. Unordnung ist wahrscheinlicher als Ordnung; die Natur zieht wahrscheinlichere Zustände vor. Daher wächst in solchen Fällen auch die Entropie. Wir haben die Entropie als Maß der Wahrscheinlichkeit, damit auch der Ordnung, beziehungsweise der Unordnung eines Systems kennengelernt. Zu einem völligen Gleichgewicht gelangt ein offenes System erst, wenn alle seine inneren Prozesse (in der Natur sind solche Prozesse stets irreversibel, das heißt, sie laufen nur in *einer* Richtung ab) endgültig zum Stillstand gekommen sind. Praktisch gesprochen: Erst wenn sich das offene System aufgelöst hat, wird es stationär. Erst dann hört auch die Entropie auf, weiter anzuwachsen. Der Wasserstrahl – samt seiner Entropie – kommt erst zur Ruhe, wenn er zur Wasserlache geworden ist.

Anders der lebende Organismus. Obwohl ebenfalls ein offenes System, obwohl seine Prozesse ebenfalls nicht umkehrbar, kann er schon *vor* Ende dieser Prozesse zu einem Gleichgewicht gelangen, und zwar gerade dank der Tatsache, daß die

Prozesse noch weiterlaufen. So paradox es klingt, gerade seine Dynamik ist es, sein ständig fließender Stoffwechsel, der ihm zu einem *quasistationären* Zustand verhilft und ihn befähigt, seine Ordnung beizubehalten oder zu steigern. Das Ergebnis: Seine Entropie bleibt sich gleich; ja statt zu wachsen, kann sie abnehmen.

Somit erhebt sich die Frage: *Befindet sich die Galaxie im Gleichgewicht?*

Die Antwort hält uns nicht lange auf. An diesem Gleichgewichtszustand der Galaxien wird nicht gezweifelt. Die Gründe, auf die man ihn zurückführt, sind dieselben, die auch das Gleichgewicht der Sterne erklären. Die Drehbewegung ruft eine starke Zentrifugalkraft hervor, sie droht den Zusammenhalt der Galaxie zu zerstören. Aber die Gravitationskraft der Sterne und der übrigen Massen wirkt der Zentrifugalkraft entgegen und bewahrt das System davor, daß es auseinanderfliegt. (Die heftigen Ausbrüche aus dem Kern, von denen die Rede war, könnten das System natürlich ebenfalls bedrohen, ähnlich wie eine Supernova. Bei diesen »explodierenden Galaxien« – wir werden über sie noch zu sprechen haben – bleibt aber die Hauptmasse, ebenfalls dank ihrer inneren Anziehungskraft, erhalten.)

Bestünde kein allgemeines Gleichgewicht, wäre der Zustand der Galaxien also instabil, so hätten wir das übrigens an einer Vielzahl von Galaxien bemerkt. Wir können die Entwicklung der Galaxien zwar nicht in allen ihren Phasen verfolgen, mindestens nicht, soweit es sich um ein *bewegtes* Geschehen handelt. Aber wir kennen viele ihrer Lebensstufen. So sehen wir unzählige Milchstraßen, die jünger sind als unsere eigene Milchstraße. Die jüngsten, an den Grenzen des sichtbaren Universums, zeigen sich in einem Lebensalter, das sogar um viele Milliarden Jahre kürzer ist als das unserer Milchstraße. Abgewandelt natürlich stoßen wir auf dieselbe typische Form.

Das entscheidende Argument für den Gleichgewichtszustand der Galaxien ist aber wohl folgendes: Wir haben gesehen, daß das ganze Universum expandiert (falls uns die »Rotverschiebung« in den Spektren nicht täuschen sollte). Unter der Wirkung des Urknalls, anfangs mit höherer »Fluchtgeschwindigkeit« als heute, dehnt es sich nach den verschiedensten Richtungen hin aus. Die Folge: Alle Himmelskörper fliegen voneinander weg. *Nur die Galaxien, eben wegen ihres inneren Gleichgewichts, nehmen an dieser allgemeinen Ausdehnung des Weltalls nicht teil. Sie bleiben in sich stabil wie die Rosinen in einem aufgehenden Kuchen.*

Ich wiederhole also und stimme dem zu: Man geht davon aus, daß sich die Milchstraßen im Gleichgewichtszustand befinden. Dennoch wird ein wichtiger Punkt übersehen:

Dieses galaktische Gleichgewicht ist nicht etwa nur die Folge davon, daß sich einerseits die Schwerkraft, andererseits die Fliehkraft und der innere Gegendruck die Waage halten, wie das bei starren Himmelskörpern der Fall ist, etwa beim Mond. Der eigentliche Grund ist ein anderer. Das Gleichgewicht der Milchstraßen ist das Resultat jenes immerwährenden Stroms von Materie und Energien, ähnlich wie beim Organismus, dessen Bestandteile von einem Zeitpunkt zum anderen nicht mehr die gleichen sind und der sich gerade dank dieses Wechsels stationär erhält. Allein dieser ständige Materiefluß auf allen Stufen der galaktischen Hierarchie ist die Ursache dafür, daß Gravitation einerseits und Fliehkraft und innerer Druck andererseits in Balance bleiben; nur er, in einer nicht abreißenden Kette von Schöpfungsprozessen, schafft erst die Massen, die über die jeweils benötigte Größe von Gravitation, Fliehkraft und inneren Druck entscheiden.

Auch in einem weiteren Punkt unterscheide ich mich von den herrschenden Ansichten. Er betrifft die *Entropie:*

Allgemein wird behauptet, die Entropie im Universum nehme zu, denn die Entwicklung des Universums sei die gleiche wie die aller unbelebten Systeme, und sie bewege sich in Richtung auf immer größere Unordnung. Vielleicht erreicht diese Unordnung eines Tages ihren Gipfel in einem totalen Wärmeausgleich aller Himmelssysteme: Das Weltall sterbe den »Wärmetod«. Eine solche ständige Zunahme der Entropie müßte natürlich auch für die Galaxien gelten.

Anders nach der These, die ich hier vertrete. Ist die Galaxie ein biologisches System im Fließgleichgewicht, so ist sie in der Lage, ihre Ordnung zu erhalten, sie kann den Grad ihrer Ordnung sogar laufend erhöhen. Ihr Ziel ist das Ziel aller belebten Natur: der Übergang zu immer reicherer Mannigfaltigkeit, zu immer vollkommenerer Organisation. Die Folge davon ist, daß ihre Entropie sich gleichbleibt oder gar verringert. Die thermodynamischen Gesetze, die bei unbelebten Systemen notwendig auf eine Vermehrung der Entropie hinauslaufen, treffen somit auf die Galaxien nicht zu (um physikalisch genauer zu sein: Sie bleiben nur gültig, wenn man – nach der Lehre von Prigogine, Glansdorff u. a. – zu der Entropie innerhalb des Organismus die Entropie seiner Umgebung hinzuzählt; dort steigt sie in jedem Falle an, weil der Organismus seine ungeordneten Endprodukte in diese Umgebung zurückgibt).

Wir wollen jetzt das letzte der obligatorischen Lebensmerkmale untersuchen: die Fähigkeit zur *Vermehrung.*

Zuvor aber eine etwas mehr persönliche Bemerkung. Für den, der sich schon länger mit diesen Dingen befaßt, ist es nichts Besonderes, wenn nun eine so seltsame Frage auftaucht wie die, ob sich die Galaxien auch fortpflanzen könnten. Schließlich hat man schon seit Jahrhunderten von einer »Geburt« der Sterne gesprochen. Die Kant/Laplacesche Theorie über die Sternentstehung zum Beispiel hat ganze Generationen von Schülern beschäftigt. Daß man es aber jetzt für möglich hält – und nicht nur theoretisch, sondern aufgrund konkreter Beobachtungen –, es könnten nicht nur ganze Sternsysteme geboren werden, sondern diese Sternensysteme könnten auch imstande sein, ihrerseits neuen Sternensystemen mit Milliarden von Sternen das Leben zu schenken, das sollte uns doch für einen kurzen Augenblick nachdenklich stimmen. Wir sollten nicht nur Bewunderung für die Forschung empfinden, die uns solche Möglichkeiten überhaupt vor Augen rückt, sondern uns auch einer Tatsache bewußt werden, die noch wichtiger ist als jedes menschliche Tun: der Tatsache nämlich, daß unsere Väter von derlei Möglichkeiten noch nicht das geringste geahnt haben und daß es daher mit Sicherheit ebenso vieles geben wird, von dem auch wir nicht das geringste ahnen – vieles vor allem, was den Kosmos erst zu einer großen, lebendigen Schöpfung macht.

Was nun das Problem selbst angeht, die Frage der Duplikation, wie es in der nüchternen Sprache der Biologen heißt, so ist das Beobachtungsmaterial leider noch recht dürftig. Wir kommen jetzt – wie bereits gesagt – in Bereiche, wo uns die Fakten immer mehr im Stich lassen. Das gilt nicht nur speziell für meine Hypothese, sondern für alle kosmologischen Theorien. Gerade bei etwaigen Vermehrungsprozessen der Galaxien müssen wir uns auch vor Augen halten – ich bitte um Verständnis, wenn immer wieder daran erinnert wird –, daß die Zeit von 50 Jahren, in denen wir nun die Milchstraßen genauer beobachten, nur etwa den 200millionstel Teil ihres Lebenslaufs ausmacht, also rund 8 Sekunden aus dem Leben eines Menschen. In diesen 8 Sekunden würde ein außerirdischer Beobachter, wenn er uns aus so riesiger Entfernung sähe, schwerlich etwas Näheres über menschliche Geburtsvorgänge erfahren können. Immerhin schälen sich gewisse Befunde und Überlegungen heraus, die die *Tatsache, daß es einen galaktischen Fortpflanzungsprozeß gibt, so unglaublich das anmutet, immer wahrscheinlicher machen.*

Um die Zusammenhänge besser zu begreifen, müssen wir auch hier der morphologischen Betrachtungsweise folgen, wie wir das schon bei der Frage der Geburt der Galaxie und bei den Erörterungen über die Vorkörpertheorie getan haben. Danach müßte eine *Vermehrung der Galaxie etwa folgendermaßen* vor sich gehen:

Wie schon die Entstehung der Hauptgalaxie müßte sie vom Kleinen zum Großen verlaufen (Ambarzumjan: »Alles kommt von innen«).

Ihren Ausgang müßte sie vom Kerngebiet der Galaxie nehmen, also von den in ihren Zentren existierenden »massiven

Körpern unbekannter Natur« (Mirsojan). Sie waren schon für die Entstehung der Hauptgalaxie verantwortlich gewesen.

Die Aktivität des Kerns müßte sich nicht nur in mehr oder minder einmaligen Materieausstößen erschöpfen, wie sie zur Bildung der Muttergalaxie geführt haben; auch nicht nur in einem lauten »Abblasen« von Materie, das dem inneren und äußeren Stoffwechsel dient und über ihn den weiteren Ausbau der galaktischen Organisation besorgt (Bildung von Sternen und Sternhaufen, Stabilisierung der Spiralarme usw.). Vielmehr müßte es zu mehrfachen starken Eruptionen kommen, mindestens zu einer zweiten Eruption, ungeachtet der »normalen« aktiven Perioden.

Bisherige Beobachtungen stimmen mit dieser Annahme überein. Man hat festgestellt – so Mirsojan –, daß große Materieausstoß- und -ausströmprozesse aus demselben Kerngebiet mehrmals abgelaufen sind.

Die auf diese Weise aus einer vollentwickelten Galaxie herausgeschleuderten Materiemassen müßten die Tendenz zeigen, das galaktische System vollständig zu verlassen.

Auch dafür liegen entsprechende Beobachtungen vor. Ich erinnere an die »jets« aus der Galaxie M 82 (nachgewiesen von den amerikanischen Astronomen Lynds und Sandage); die Explosion muß hier erst »vor kurzem« (vor etwa 1 1/2 Millionen Jahren) stattgefunden haben; aus dem Zentrum der Galaxie treten senkrecht zur Hauptebene mit hoher Geschwindigkeit filamentartige Nebelstreifen hervor. Ein anderes Beispiel ist die Galaxie M 87; dort scheint der Vorgang noch viel heftiger verlaufen zu sein. Man schätzt, daß bei derartigen Kernaktivitäten Energiemengen vom Trillionenfachen der jährlichen Sonnenausstrahlung freigesetzt werden.

Angesichts der in ihr zusammengeballten Energien würde die fortgeschleuderte Materie zum Ausgangspunkt neuer galaxieähnlicher Prozesse werden, sobald sich die Verbindung zur Hauptgalaxie als instabil erweist (Ambarzumjan: »Junge Galaxien, die sich von der Hauptgalaxie zu lösen beginnen.«).

Der Vorgang gipfelt (nach dem russischen Astronomen

Woronzow-Weljaminow) in einer »kaskadenartigen Fragmentation dichter, massiver Körper und der Zerstreuung dieser Fragmente in Form sich auflösender Sternsysteme«. Möglicherweise liegen hier Mehrfachgeburten nach Art des »Seyfert-Sextetts« und des »Stephan-Quintetts« vor. (Von der Osten-Sacken vermutet, daß es sich bei Tochtergalaxien meist um kernlose Zwerggalaxien handelt, hält die Frage aber nicht für entschieden).

Das etwa wäre in großen Zügen der mutmaßliche Vermehrungsprozeß, von dem sich bisher freilich nur Bruchstückhaftes nachweisen läßt (und wie so oft, wird auch über diese Bruchstücke noch heftig gestritten). Die Astronomen befinden sich hier in einer ähnlichen Lage wie ihre Kollegen von der Archäologie, wenn sie erste, spärliche Funde ausgegraben haben, die im Augenblick nicht ganz zusammenpassen, von denen sie aber erwarten dürfen, daß sie ihnen eines Tages ein längst vermutetes Mysterium enthüllen.

Es könnte übrigens sein, daß uns auch in diesem Zusammenhang die *Quasare* zu Hilfe kommen. Wir sind ihnen schon beim Geburtsprozeß der Galaxie begegnet. Sie haben sich dort als mögliche Glieder einer großen Kette von Umwandlungen erwiesen, die von unsichtbaren Vorkörpern über sichtbare, aber noch rätselhafte Objekte bis zu jungen Galaxien reicht. Nun könnten wir bei ihnen auf jene Fragmente der galaktischen Kerne stoßen, die im Verlauf dieses Fortpflanzungsprozesses in den Weltraum geschleudert worden sind und aus denen sich an fremden Orten, nach Wegfall der Brücke zur Muttergalaxie, junge Galaxien entwickeln.

»Quasare«, so der schwedische Nobelpreisträger Hannes Alfvén, »können durchaus entstehende Galaxien sein.« Man hat bisher einige Hundert dieser Quasare festgestellt, dank ihrer Identität mit Radioquellen. Amerikanische Forscher schätzen die Zahl der »stummen« Quasare, die keine Radiowellen aussenden, aber auf ein Vielfaches der Radioquasare. »Danach würden mehr als 100000 Quasare das Weltall bevölkern (Helmut Sautter). Wegen ihrer geradezu surrealen Eigenschaften – ihre unheimliche Leuchtkraft und Dichte wurden bereits erwähnt – haben diese sonderbaren Gebilde inzwischen einen Zug des Monströsen bekommen, als hätten wir es bei ihnen mit Höllen zu tun. (Ist der Gedanke so abwegig – man verzeihe mir den lyrischen Vergleich –, daß es sich gar nicht um 100000 Höllen, sondern um 100000 Wiegen handelt?)

Es ist klar, daß dieses Bild des Vermehrungsprozesses die *Grenzen gültiger physikalischer Gesetze* ebenso *überschreitet,* wie das schon die Theorie über die Geburt der Galaxien aus Vorkörpern getan hat. Die Energien und Massen, die zum Aufbau einer ganz neuen Galaxie, der »Tochter«, benötigt werden, können unmöglich alle bereits in der Muttergalaxie vorhanden gewesen sein. Wir haben ja nicht nur eine Vermehrung im Wege bloßer Teilung des ganzen Systems anzunehmen, wie sie bei manchen irdischen Organismen vorkommt; sonst wären die Volumen der beiden Galaxien von Anfang an einander ziemlich gleich (auch hier käme aber die neue Galaxie im weiteren Verlauf ohne Materiezuwachs nicht aus). Der Fortpflanzungsprozeß, wie wir das ebenfalls in der Biologie irdischer Lebewesen kennen, muß vielmehr mit der Ausgliederung kleinster Strukturen beginnen. Woher sollen diese aber die weiteren Energien nehmen, die sie für ihren Aufbau benötigen, ohne gegen das für heilig gehaltene Gesetz über die Erhaltung der Energie zu verstoßen?

Die Antwort ist dieselbe, wie sie auf die entsprechende Frage bei der Geburt der Muttergalaxie gegeben wurde. Wir müssen von einer *Neuschöpfung von Materie* ausgehen, und zwar von einer zweifachen: Erstens muß der Kern der Muttergalaxie in der Lage sein, die Massen und Energien zu erzeugen, die dann als junge Galaxie in den extragalaktischen Raum gestoßen werden; zweitens muß diese junge Galaxie – der Quasar etwa, wenn er sich als galaktischer Vorkörper erweisen sollte – die Eigenschaft als Materiequelle besitzen, um sich für ihr weiteres Wachstum die erforderlichen Lebensstoffe zu verschaffen. Beides ist mit dem Satz über die Erhaltung der Energie nicht in Einklang zu bringen.

Dieser klare Widerspruch zu der thermodynamischen Gesetzlichkeit läßt sich nur mit Hilfe biologischer Abläufe überbrükken. Wir erinnern uns, daß ein Organismus, dank seines Fließgleichgewichts, die einzigartige Gabe besitzt, aus seinem Stoffwechsel, entgegen dem Energieerhaltungsgesetz, in seinem Körper Energieüberschüsse zu erzielen. Nur diese biologische Eigenart des Organismus könnte die Herkunft der riesigen Energiemengen erklären, die einerseits zur Bildung und zum Ausstoß junger galaktischer Vorkörper, andererseits zur Weiterentwicklung dieser Vorkörper im freien Raum benötigt werden.

Wenn sich die Anhaltspunkte für eine Vermehrung der Milchstraßen verdichten sollten – die Röntgenastronomie, vielleicht auch der Einsatz besonders leistungsfähiger Computer wird uns in den nächsten Jahren sicher neue, wichtige Aufschlüsse bringen –, so hätten wir es auch hier, wie schon bei der Entstehung der Sterne, mit einem *gigantischen Kreislauf der kosmischen Materie* zu tun. Die jüngeren Sterngenerationen, wir erinnern uns, werden aus den abgestrahlten oder plötzlich hervorbrechenden Stoffen der älteren Sterne geboren. Die interstellare Materie wandelt sich in ihnen von Generation zu Generation (Bildung immer schwererer Elemente). Etwas ganz Analoges nun bei den Galaxien. Auch die jungen Galaxien entstehen aus der Substanz der älteren. Auch sie geben dem Raum um sie herum, hier nicht dem interstellaren, sondern dem intergalaktischen, im Lauf ihres Stoffwechsels einen Teil der Materie zurück, die ihm die älteren zu ihrem Wachstum und zur Bildung der neuen Galaxien entzogen haben.

3.
Zwischenbilanz

Wir wollen nun versuchen, die bisherigen Ergebnisse ein wenig zusammenzufassen, damit der Leser den nötigen Überblick behält. Wir sehen jetzt manches deutlicher. Die Fakten werden wohl immer lückenhafter, aber dieses Manko teilen wir mit allen Kosmologien. Früher oder später wird jedes Weltmodell zur Spekulation. Ich stelle hier ja auch keine Theorie auf, ich muß das immer wieder betonen, sondern eine Hypothese. Hypothesen bedürfen noch keines exakten Beweises, sie müssen nur schlüssig sein. Nur wenn sie unschlüssig sind, sind sie ad acta zu legen.

Nach dem bisherigen glaube ich nun, daß *die Möglichkeit nicht mehr auszuschließen ist, die Galaxien könnten tatsächlich lebende Gebilde sein.* Ich will die entscheidenden Punkte noch einmal in Erinnerung rufen:

Zunächst einen allgemeinen: Die Resultate, die sich bis jetzt ergeben haben – und das scheint mir von großer Bedeutung zu sein –, lassen nicht nur eine starke Ähnlichkeit mit den typischen Eigenschaften eines Organismus erkennen. *Sie stimmen auch mit objektiv festgestellten kosmischen Erscheinungen überein;* mit Erscheinungen, die auch von solchen Theorien anerkannt werden, denen biologische Vorstellungen völlig fern liegen.

Als typisch für den lebenden Charakter einer Galaxie können wir ansehen (und ich folge dabei der Reihenfolge der Lebenskriterien, wie sie im Kapitel III beschrieben wurde):
daß sie einen *Stufenbau* besitzt, also hierarchisch gegliedert ist: Monde, Planeten, Fixsterne, Kugelhaufen (zwischen den Spiralarmen und im Halo), offene Haufen (in den Spiralarmen);
daß sie ein *offenes System* darstellt, also nicht, wie man das anzunehmen scheint, ein isoliertes System oder ein geschlossenes. Sie gibt in den Weltraum sowohl Strahlung ab wie auch Materie. Sie ist auch kein offenes System, das Materie und Energie nur abgibt, sie nimmt auch beides auf;
daß sie einen *ständigen Wechsel ihrer Bestandteile* zeigt. Äußerer Stoffwechsel mit dem extragalaktischen Raum und innerer Stoffwechsel (interstellare Materie) bewirken auf allen hierarchischen Ebenen einen fortwährenden Substanzaustausch, wobei die Zusammensetzung der Materie laufend Veränderungen erfährt;

daß sie ihren Stoffwechsel *selbst reguliert* (»Dynamik aufgrund eigener Systembedingungen«). Die Steuerungszentrale scheint das Kerngebiet zu sein;
daß sie sich in einem ständigen *Formenwandel* befindet, durch den das galaktische System erhalten und weiter ausgebaut wird. Es läuft eine ununterbrochene Kette von Schöpfungsprozessen ab, wiederum auf allen Stufen der Hierarchie (Einzelsterne, Spiralarme usw.). Die Folge ist eine immer größere Mannigfaltigkeit der inneren Organisation. Auf der höchsten Ebene reichen diese Schöpfungsprozesse von der Geburt über das Wachstum und die Alterung des ganzen Systems. Auch ihre Ursachen liegen in der Zentralregion;
daß sie sich in einem *fließenden Gleichgewicht* erhält. Trotz ihrer starken Dynamik bewahrt die Galaxie einen quasistationären Zustand ihrer Gestalt. Sie findet ihr Gleichgewicht nicht erst dann, wenn alle Bewegungsprozesse abgelaufen sind, wie das in unbelebten offenen Systemen der Fall ist (die nur Stoffe und Energie abgeben, aber nicht aufnehmen), sondern schon während der Prozesse, genauer gesagt: *weil* sie im Gange sind. Daher ist auch anzunehmen, daß die *Entropie* innerhalb der Galaxie nicht etwa anwächst (wie bei unbelebten Systemen), sondern sich gleichbleibt oder gar abnimmt. Die Steuerung des fließenden Gleichgewichts erfolgt ebenfalls durch den Kern;
daß sie fähig ist, sich zu *vermehren.* Diese Vermehrung scheint auf einem einmaligen oder wiederholten Ausstoß von Materie- und Energiemassen in den freien Raum zu beruhen. Hierdurch entstehen Kompaktkörper außerhalb der Galaxie, die zur Entwicklung neuer Sternsysteme führen. Wie schon bei der Entstehung der Muttergalaxie ist es nicht ausgeschlossen, daß hier ein Zusammenhang mit der Erscheinung der Quasare besteht.

Man wird also nach einem ersten Gesamteindruck schon mit einer gewissen Berechtigung sagen können, daß sich bei den Erscheinungen der Galaxien viele Parallelen zu typischen Eigenschaften eines Organismus feststellen oder vermuten lassen. Ich habe mich nun freilich auf die *obligatorischen Lebens-*

merkmale beschränkt, auf diejenigen also, die nach Ansicht der Biologie für einen Nachweis des Lebens als unerläßlich gelten. Es ist aber nicht uninteressant, daß auch für einige *fakultative Kriterien,* die zum Lebensnachweis nicht unbedingt notwendig erscheinen, gewisse Hinweise in der Galaxie anzutreffen sind.

So könnte zum Beispiel, wie bereits angedeutet, die Rotation als *autonome Bewegung* angesehen werden. Folgen wir für die Geburt der Galaxie der Vorkörpertheorie, so ließe sich denken, daß die junge Galaxie durch bevorzugte Querbewegungen zusammenstürzender Massen zum Zentrum hin zu rotieren begann (so unter anderem von der Osten-Sacken). Aber auch wenn man von der Verdichtungstheorie ausgeht, also annimmt, die Milchstraßen seien aus einer Kondensation großer Gasmassen entstanden, hat sich die Rotation aus *selbständigen, von der Außenwelt unabhängigen Vorgängen des Systems* ergeben (lokale Verdichtungen des Gases, Gasströme, Turbulenzen usw.). Sie würde dann ebenfalls als autonom gelten können.

Bezieht sich das nur auf den ersten Anstoß der Rotation oder auch auf ihren weiteren Fortgang? Wir wissen darüber nichts. Aber es könnte sein, daß die intergalaktische Materie je nach ihrer Dichte die Rotation mit der Zeit abzubremsen droht und daß der Kern (als »Kontinuumsquelle«, als Ort von Eruptionen) die Aufgabe hat, durch laufende oder periodische Impulse einem solchen Absinken der Rotationsgeschwindigkeit entgegenzuwirken. Jedenfalls wäre es verwunderlich, wenn die heftigen Prozesse im Kern auf die Rotation ohne Einfluß blieben. Dabei könnte sich dann ein weiterer Zusammenhang zwischen Kernaktivität und äußerem Stoffwechsel ergeben: Die so gesicherte Konstanz der Rotationsgeschwindigkeit würde am Rand der Galaxie die Turbulenzen aufrechterhalten, mit deren Hilfe intergalaktische Materie in das System gelangt.

Auch im Kreislauf der *interstellaren* Materie wird man eine Art autonomer Bewegung sehen dürfen. Wir müssen uns überhaupt von dem Gedanken freimachen, selbständige Bewegungen von Organismen seien unbedingt etwas Auffälliges und Großräumiges, nur weil wir das vom Menschen und von vielen Tieren so gewohnt sind. Nicht nur, daß es sich bei der autonomen Bewegung um eine fakultative Eigenschaft handelt, daß es also Lebewesen gibt, die gar keine solche Bewegungsfähigkeit haben. Diese Fähigkeit kann auch auf eine rein *interne* Dynamik, eben zum Beispiel auf Stoffwechselvorgänge, beschränkt sein. »Vielen heutigen Organismen«, sagt A. J. Oparin, »fehlt zwar die Fähigkeit, sich sichtbar im Raum zu bewegen, aber auch in diesem Falle bewegt sich das Protoplasma ihrer Zellen, es führt einen aktiven Kreislauf aus.«

Viel schwieriger ist es mit der *Reizbarkeit,* auch sie eine fakultative, keine obligatorische Eigenschaft des Organismus. (Es gibt Pflanzensamen, die gegenüber äußeren Reizeinwirkungen völlig unempfindlich sind, trotzdem zählen sie natürlich zu den Lebewesen.) Kennen wir Erscheinungen, die darauf schließen lassen, daß auch die Galaxien auf äußere Einflüsse, auf Veränderungen ihrer Umwelt reagieren? Könnten zum Beispiel die Materiebrücken zwischen Galaxien, von denen wir gesprochen haben, eine Folge von »Reizeinwirkungen« der Galaxien aufeinander sein? Oder jene Deformation von Spiralarmen, die man ebenfalls auf die Nähe einer anderen Galaxie zurückführt? Erst neuerdings, auf einer internationalen Tagung im August 1977, haben holländische und amerikanische Astronomen berichtet, daß gewisse Vorgänge in Milchstraßen, wie Störungen ihrer Spiralstruktur, auf »Dichtewellen« oder »Gezeitenwirkungen« beruhen können, die von benachbarten Galaxien ausgehen. Wenn es so wäre, müßten derartige Einflüsse von außen und die Reaktion darauf mit der *Schwerkraft* zusammenhängen, die man ja als Ursache dieser Vorgänge nennt. Damit würde sich die Frage stellen, was Schwerkraft eigentlich ist.

Diese Frage können wir hier nicht lösen, es ist nicht einmal möglich, ihr hier einen breiteren Raum zu widmen. Aber eines sei doch festgestellt: Man möge nicht immer wieder den Eindruck erwecken, die Frage *sei* gelöst. *Nichts ist in Wahrheit un-*

gelöster als das Problem der Gravitation: In keinem anderen Punkt ist die Physik und die Astronomie so unlogisch wie in diesem: Einmal wird behauptet, die Schwerkraft gebe es nicht mehr; jene alte Vorstellung, auf der die Newtonschen Gesetze basierten, daß die Massen eine geheimnisvolle Anziehungskraft aufeinander ausüben, sei durch Einstein überholt; die Allgemeine Relativitätstheorie habe diese »Kraft« von einst als Krümmung des »raumzeitlichen Kontinuums« entlarvt; jede Ansammlung von Materie biege und krümme Raum um sich herum, und was immer sich um diese Ansammlung bewegt, sei wohl oder übel gezwungen, dieser Krümmung zu folgen. So liest man das auf der einen Seite. Und auf der anderen Seite, oft in demselben Buch, oft in demselben Kapitel, wird dann ganz ungeniert weiter mit der guten alten Schwerkraft operiert; einfach deshalb, weil sie trotz ihrer angeblichen Entthronung durch die Raumkrümmung noch immer das probateste Mittel geblieben zu sein scheint, eine Vielzahl sonst rätselhafter Vorgänge zu erklären. (Es wäre ja auch nur schwer zu verstehen, daß der Apfel nur deshalb vom Baume fällt, weil der Raum um dem Baum gekrümmt ist.)

Warum macht man das? Warum gibt man den Widerspruch nicht offen zu? Warum will man unbedingt den Anschein erwecken, wir wüßten nun ganz genau, was Schwerkraft sei? Wir wissen es nicht im mindesten, kein Physiker, kein Astronom weiß es, und Einstein wäre der letzte gewesen, der behauptet hätte, daß er es wüßte. Das einzige, was er gewußt hat, war dieses: wie man die Erscheinung der Schwerkraft *geometrisch beschreibt* – das allein, nicht mehr. Was sie in ihrem innersten Wesen *ist*, das hat er genausowenig gewußt, wie er gewußt hat, was Elektromagnetismus ist, der die Atomteilchen aneinander bindet (und auch wir wissen es bis heute nicht). »Von der eigentlichen Natur dieser Kräfte«, sagt Lincoln Barnett, Einsteins Biograph, »weiß der moderne Wissenschaftler nicht mehr als Thales von Milet.«

Darum scheint es mir durchaus zulässig, daß wir die Schwerkraft auch unter biologischen Gesichtspunkten betrachten. Die

Parallele zu den elektromagnetischen Kräften, die die Elementarteilchen der Materie zusammenhalten und somit alles stabilisieren, was in dieser Welt besteht, ob Atom oder Universum, liegt allzu nahe. Auch diese Kräfte können wir nur *beschreiben* – vielleicht einmal mit der berühmten »Weltformel«, die auch die Gravitation mit einbezieht –, *erklären* können wir sie nicht. Und wie die elektromagnetischen Kräfte sowohl dem Unbelebten wie dem Belebten dienen – könnte die Schwerkraft nicht ebenfalls eine Erscheinung sein, die auch dem Belebten dient? Vielleicht nur dem Belebten im Makrokosmos, so wie die elektromagnetischen Kräfte dem Belebten im Mikrokosmos dienen? Indem sie etwa, abgesehen von der Reizwirkung der Sterne und der Sternsysteme aufeinander, die *Kohäsion* eines kosmischen Organismus garantiert? So wie es die elektromagnetischen Kräfte beim Menschen tun? *Die Schwerkraft als Ursache für den physischen Zusammenhalt einer lebenden Galaxie und aller ihrer Untersysteme, auch für deren Wechselspiel mit dem extragalaktischen Raum* – nennen wir sie nun »Gravitation«, »Raumkrümmung«, »Reiz« oder wie immer?

4.
Lebensmerkmale: ja – Lebensbedingungen: nein?

Bevor wir einen endgültigen Schluß aus diesen Betrachtungen ziehen, wollen wir uns noch mit einem Einwand auseinandersetzen, der naheliegt: Wer sagt denn, daß *eine lebende Galaxie überhaupt die nötigen Umweltbedingungen vorfindet, um existieren zu können?* Zugegeben, es würden sich konkrete Anzeichen für Lebensmerkmale finden, wäre die Galaxie dann nicht nur eine Art Reißbrettorganismus, weil es ihr an den nötigen physikalischen und chemischen Daseinsgrundlagen fehlt? Ein rein theoretisches Leben also – kaum entstanden, müßte sie es wieder aushauchen, weil es nichts gibt, was dieses Leben erhält, weil es sogar vieles gibt, was es sogleich wieder zerstört. Unter anderem ist es das Problem der *Lebenstoleran-*

zen, um das es hier geht (zu hohe Energien und Temperaturen zum Beispiel, keine Eiweißgrundstoffe, zu große räumliche Ausdehnung, zu lange Existenzdauer, keine durchgehende molekulare Struktur usw.).

Eine allgemeine Bemerkung vorab. Gerade bei der Frage der Lebenstoleranzen zeigt sich von neuem, welches Hindernis die ungeheuren Entfernungen und Größenordnungen für uns darstellen. Immer wieder gilt es darauf hinzuweisen, daß wir bisher ja nur winzige Spuren der galaktischen Organisation kennen, so gewaltige Fortschritte wir in unseren Beobachtungen auch gemacht haben. Auch hier also der »Bereich des Unsichtbaren«, wie ihn Adolf Portmann genannt hat. In diesem unsichtbaren Bereich, so hat er gefordert, sollten wir die Natur als eine »ungeheure, unbekannte Einheit« betrachten, als etwas »Unabsehbares« und »unbekannt Reales«. Das gilt nicht nur, wenn wir nach den Merkmalen des Organischen suchen. Es gilt ebenso, wenn wir diese Merkmale gefunden zu haben glauben und nun weiter fragen, ob es für dieses Organische auch die nötigen Lebensmöglichkeiten gibt. Die Entscheidung, *ob* etwas lebt, stellt an unsere Phantasie – bei aller gebotenen Exaktheit – keine geringeren Anforderungen als die, *wie* etwas lebt, ob also die Natur duldet, daß es lebt.

Sind die *Energien und Temperaturen* für eine Lebensfähigkeit der Galaxien zu hoch? Auf den ersten Blick zögert man nicht, die Frage zu bejahen. Es ließe sich eine ziemlich lange Liste solcher »Intoleranzen« aufstellen. Einige Beispiele nur, die meisten davon kennen wir schon. Im Kern der Sonne, wo sich Wasserstoff in Helium verwandelt, herrscht eine Hitze von 15 Millionen Grad Celsius. Ähnliches muß für die übrigen 200 Milliarden Fixsterne unserer Milchstraße gelten, natürlich auch für die Fixsterne der anderen 100 Milliarden Galaxien. Im Plasmazustand, in dem sich der größte Teil der galaktischen und der intergalaktischen Materie befindet, ist die Hitze so extrem hoch, daß sich die Elektronen von den Atomrümpfen gelöst haben und unabhängig von ihnen im Raum umherwirbeln. Eine unvorstellbare Dichte herrscht in den Neutronensternen, den Pulsaren. Ein Kubikzentimeter ihrer Masse wiegt mehrere Millionen Tonnen, ein Panzerkreuzer hätte die Größe eines Stecknadelkopfs. Ganz zu schweigen von den »Schwarzen Löchern«, deren Schwerkraftwirkung so groß ist, daß sie ganze Fixsterne, obendrein alles Licht verschlingen. Auch an die Energieausbrüche bei den Novae- und Supernovae-Explosionen, bei den Zusammenstößen großer Gasmassen, bei den elektrischen Entladungen magnetischer Felder sei erinnert, an die exorbitanten Voltspannungen der kosmischen Strahlung, an die »jets« bei den Vorkörpern der Galaxien, an die apokalyptischen Dichten und Strahlungen der Quasare.

Die Liste dieser »Intoleranzen« ließe sich beliebig verlängern. Ohne Zweifel ist eine klare Feststellung erlaubt: In einzelnen Partien der Milchstraße finden Ereignisse statt, die für sich gesehen für Organismen als intolerabel, als absolut lebensfeindlich erscheinen. Würden wir wie die alten Philosophen, wie noch Johannes Kepler oder Gustav Theodor Fechner es taten, schon die einzelnen Himmelskörper als Organismen betrachten, so sähen wir uns angesichts dieser hohen Energien und Temperaturen ohne weiteres widerlegt. Aber diese einzelnen Himmelskörper sind nach meiner Hypothese nur anorganische Bauelemente viel größerer Organismen. Damit komme ich zu einer zweiten Feststellung, ohne die man die erste nicht treffen darf: *Wir haben nicht allein auf die sichtbaren Strukturen zu achten, auf die großen Feuer- und Explosionsstätten, die wir gerade dank ihrer hohen Energien wahrnehmen, sondern auf die immensen Räume, die dazwischen liegen.*

Erinnern wir uns an das Apfelbeispiel von der Osten-Sakkens: Die Sterne in den offenen Sternhaufen der Galaxien sind voneinander ebenso weit entfernt wie Äpfel, von denen sich jeweils ein einziger in den europäischen Hauptstädten befindet. Nehmen wir an – ein wenig unpoetisch –, es würde sich statt Äpfel um Handgranaten handeln. Wenn die Handgranate in Paris explodiert, ebenso die Handgranaten in Bern, Rom und Madrid, so bleiben die weiten Gebiete Südfrankreichs, der Westalpen, Oberitaliens, um nur die nächsten zu nennen, davon völlig unberührt. Nichts anderes gilt für den gesamten Bereich unserer Milchstraße, wo sich die übrigen 200 Milliarden Handgranaten auf eine Fläche vom 7milliardenfachen des europäischen Kontinents verteilen würden. Über so weite Strecken büßen die höchsten Temperaturen, die stärksten Strahlungen, die mächtigsten Anziehungskräfte ihre verheerenden Wirkungen also gänzlich ein. Wir erleben täglich den Beweis dafür. Die Planeten, auch unsere Erde, bewegen sich, nur einige Häuser weit um ihre Handgranate, die Sonne, herum. In derselben Straße also tun uns die ungeheuren Kernprozesse im Innern unserer Sonne schon nichts mehr an. Im Gegenteil, nach wenigen Schritten hat sich ihr Böses in Gutes verwandelt, ihre tödliche Hitze und Strahlung sind zu unentbehrlichen Quellen unseres Lebens geworden.

Was folgt daraus? *Der Toleranzgrad wird nicht von den Energiequellen selbst, sondern von den sie umgebenden Räumen bestimmt. Die punktuelle Lebensfeindlichkeit ist noch lange keine Lebensfeindlichkeit des ganzen Systems.*

Das zeigt schon das Beispiel der Temperaturen. Wie leicht verfällt man in den Irrtum, wenn von den höllischen Hitzegraden, von den unablässigen Kernreaktionen gesprochen wird, das ganze Weltall müßte ein brodelnder Feuerkessel, ein gigantischer Atompilz sein. Nichts dergleichen. Temperaturmäßig ist das Weltall kalt. »Ein leerer Raum«, so Littrow, »hat überhaupt keine Temperatur, ebensowenig ein einziges Molekül oder Atom, das diesen Raum durcheilt.« Und Hannes Alfvén: »Die Erwärmung eines festen Körpers ist selbst in einem heißen Plasma vernachlässigbar klein.« Der britische Astronom Sir Bernard Lovell hält es sogar für möglich, daß Urorganismen für eine Lebensevolution auf fremden Planeten schon in einer Protosternwolke überleben könnten, einem wahren Hexenkessel von Druck und Temperatur. Wieviel mehr müßte das für kosmische Riesenkörper möglich sein, die ja wohl ungleich höhere Toleranzgrenzen hätten als Gebilde von der Größe einer menschlichen Zelle.

Kurz, die leeren Räume zwischen der Materie, nicht die Materie selbst entscheidet über die Frage der Lebenstoleranz oder Lebensintoleranz. Jeder Organismus aber besteht zur Hauptsache aus leerem Raum. Der Mensch ist aus etwa 7 000 000 000 000 000 000 000 000 000 Atomen zusammengesetzt, eine einzige seiner Zellen aus mehreren Milliarden Atomen. Dennoch sind Atomhülle und Atomkern im Verhältnis zu ihrer Größe weiter voneinander entfernt als die Planeten von der Sonne. Wenn man so will, ist der Mensch also unvorstellbar leer. Bei einem kosmischen Superorganismus wäre das nicht anders. Seine eigentliche »Substanz« wären überweite Räume von äußerst geringer Dichte. Lokale Partien der Galaxie, die uns als absolut lebensfeindlich erscheinen, büßen somit ihre Gefährlichkeit ein, sobald wir sie aus der Perspektive des Gesamtsystems sehen.

Für besonders sensible Strukturteile kommen möglicherweise auch *besondere Schutzfaktoren* in Betracht. Das alles läßt sich nur andeuten. Man könnte zum Beispiel an *Antimaterie* denken, deren Existenz im Weltall nachgewiesen ist und die offenbar ein Element der Energiebindung und der Stabilität darstellt, solange sie sich mit Materie nicht unmittelbar berührt. Der Schwede Hannes Alfvén hat sich um die Erforschung dieses noch geheimnisvollen Gebietes besonders verdient gemacht. Überhaupt gilt es nicht außer acht zu lassen, daß die Natur große Energien durch ebenso große Gegenenergien zu *binden* pflegt. Das trifft gerade für komplizierte Gebilde zu, auch für organische. Wir haben eben die Anzahl der Atome in einer menschlichen Zelle erwähnt. Man verzeihe das makabre Beispiel: Die Atome eines einzigen Menschen, vollständig in Energie verwandelt, würden viele Milliarden Kilowattstunden Elektrizität liefern. Das beweist doch nichts Geringeres, als daß auch in Organismen ungeheure Energiemengen auftreten, von denen wir erst behaupten dürfen, sie seien tödlich, wenn wir auch nachweisen können, daß sie ungebunden sind. Haben wir aber nicht gerade bei den Galaxien gesehen, daß sie sich trotz ihrer energetischen Prozesse im Gleichgewicht halten?

Übrigens wären auch gewisse Schutzschichten denkbar, die Teile eines galaktischen Organismus vor schädlichen Energieeinflüssen bewahren. So berichtet Hans Elsässer, daß komplexe, hochempfindliche Moleküle, die in Galaxien nachgewiesen worden sind, offenbar durch dichte Staubwolken vor der tödlichen kosmischen Ultrastrahlung abgeschirmt werden.

Wie sollten die Substanzen, die *chemischen Grundstoffe,* beschaffen sein, die einen galaktischen Organismus »ernähren«? Es ist schon etliche Jahre her, daß der britische Astronom M. W. Ovenden, als er einmal die Frage lebender Sterne gestreift hat, kurz und bündig erklärte, jegliches Leben im Weltall, auch ein uns unbekanntes, sei an das Vorhandensein von Kohlenstoff gebunden:

> »Einer Tatsache dürfen wir wenigstens sicher sein – wo immer im Weltall Leben auftritt, beruht seine Chemie auf Kohlenstoff. Zu diesem Ergebnis kamen wir nicht, indem wir nur postulierten: Alles Leben auf der Erde beruht auf Kohlenstoff, sondern indem wir tatsächlich den Lebensvorgang als solchen untersuchten.«

Aber so einfach liegen die Dinge nicht. Zunächst sollten wir uns einer Tatsache bewußt sein, die ganz allgemein zu einer gewissen Vorsicht zwingt: Es ist äußerst schwierig, Überlegungen darüber anzustellen, *wovon* etwas lebt, von dem wir zwar vermuten können, *daß* es lebt, von dem wir aber nicht wissen, *wie* es lebt. *Schon deshalb dürfen wir uns nicht allein an die Eiweißschablone halten, nur weil sie für irdische Lebewesen gilt.* Wir würden geradezu in ein vorkopernikanisches Zeitalter zurückfallen, wollten wir bei der Frage des Chemiehaushalts außerirdischer Lebewesen – ob es nun kosmische Superorganismen oder unbekannte Planetenbewohner sind – immer nur auf unseren eigenen Chemiehaushalt starren.

Damit will ich nicht sagen, daß es in interstellaren oder intergalaktischen Räumen Elemente gibt, von denen wir auf der Erde nichts wissen. Jedenfalls geht meine Hypothese nicht von einer solchen Annahme aus. Es würde ihr sonst mit Recht vorgeworfen, sie stütze sich auf Voraussetzungen, die empirisch nicht abgesichert sind. Daß es in diesem Punkt aber ernste Zweifel geben kann, wird auch von namhaften Wissenschaftlern nicht bestritten. Derselbe M. W. Ovenden sagt an anderer Stelle: »Haben wir das Recht anzunehmen, daß das Universum grundsätzlich aus demselben Material wie die Erde besteht? Könnten die Sterne nicht aus ganz anderen Atomen bestehen, von denen wir auf der Erde nichts wissen?«

Pascual Jordan erklärte einmal, daß »statt der uns bekannten Lebensformen, auf der Chemie des Kohlenstoffs aufgebaut, auch abweichende chemische Möglichkeiten als denkbar zugelassen werden könnten«. Von der Osten-Sacken meldet sogar die Frage an, ob die Möglichkeit einer anderen Chemie nicht die ganze Gültigkeit der Spektraluntersuchungen berührt: »Sind wir denn berechtigt, die Eigentümlichkeiten der Spektren, wie wir sie von den uns nahe gelegenen Objekten kennen, ohne weiteres auf die ganz fernen Galaxien zu übertragen? Könnten dort nicht nur andere Temperaturen herrschen, sondern die Sterne, falls es sich überhaupt um Sterne der uns gewohnten Art handelt, eine völlig andersartige chemische Zusammensetzung haben?«

Übrigens sind wir in der Frage außerirdischen Lebens auch gar nicht darauf angewiesen, daß es uns fremde chemische Stoffe gibt. Die, die wir kennen, sind auch im Weltall reichlich vorhanden. Hören wir den Schweizer Exobiologen J. Eugster:

> »Wenn wir Helium und vielleicht auch noch Neon ausnehmen, dann sind die vier häufigsten Elemente im Universum: Wasserstoff, Sauerstoff, Kohlenstoff und Stickstoff. In der Tat, Wasserstoff macht den Hauptteil aus, und Sauerstoff, Kohlenstoff und Stickstoff sind alle mehrfach so häufig als das nächsthäufige Element Silicium. Es ist von ganz besonderem Interesse, zu beobachten, daß diese vier Elemente

genau mit den vier wesentlichsten Elementen des Proteins (des Eiweißes) und den meisten organischen Verbindungen in lebenden Organismen identisch sind.«

Laboratoriumsversuche haben längst bewiesen, daß sich diese anorganischen Substanzen unter dem Einfluß ultravioletter Strahlung relativ rasch in organische Verbindungen, so in Aminosäuren umformen lassen. An dieser ultravioletten Strahlung aber ist in der Galaxie kein Mangel. Der amerikanische Forscher J. L. Greenstein meint denn auch, die uns bekannten lebenden Substanzen könnten in ihrer Zusammensetzung eher als Probe aus dem Universum denn aus unserer »toten Erde« gelten. Was wäre die Konsequenz? Doch wohl die, daß das irdische Leben möglicherweise gar nicht auf der Erde selbst entstanden ist und nicht Einzeller in den seichten Urmeeren die ersten Stufen unseres Lebens waren, sondern biologische Systeme, die sich im weiten Weltraum befanden.

Neuerdings vertreten denn auch die britischen Astronomen und Physiker Fred Hoyle und Chandra Wickramasinghe die umstürzende Hypothese, das irdische Leben sei älter als die Erde, älter auch als die Sonne und Planeten. Urformen des Lebens hätten sich bereits in interstellaren Gas- und Staubwolken gebildet, in winzigen Staubklumpen des frühen Universums, durch eine Art Zellwand vor hohen Strahlungsdosen und Temperaturen geschützt. Plasmaströme, Meteoriten und andere »Transportmittel« hätten sie dann auf die Erde befördert und dort die weitere, uns bekannte Evolutionskette in Gang gesetzt. Ähnlich äußern sich auch deutsche Wissenschaftler, so der Paläontologe Hans-Dieter Pflug und der Raumfahrtbiologe Rudolf von Baumgarten. (Man sieht, alles kehrt wieder. Schon 1907 hat der schwedische Chemiker Svante Arrhenius die sogenannte »Panspermie-Hypothese« aufgestellt. Danach soll das Leben durch Keime aus dem Weltraum auf die Erde und auf andere Sterne übertragen worden sein.)

Um das spekulative Element dieser Untersuchung möglichst einzuschränken sei wiederholt: Wir wollen nicht davon ausgehen, daß es in der Galaxie, wie überhaupt im Universum, andere chemische Grundstoffe gibt als die, die wir auf der Erde kennen. Aber die Behauptung sei gestattet, daß die Natur unter anderen als irdischen Bedingungen auch durchaus in der Lage ist, Leben auf einer anderen Basis als der uns geläufigen zustande zu bringen. Wie diese Basis aussehen könnte, das freilich wissen wir nicht. Es wäre auch töricht, darüber irgendwelche Mutmaßungen anzustellen – nicht weniger töricht, als wenn man sich etwa fragen wollte, wo denn ein galaktischer Organismus seinen Kopf, seinen Magen, seine Leber hätte. Hier gibt es eine solche Fülle unbekannter Größen, daß man vor voreiligen Kombinationen nicht genug warnen kann. Man denke einmal allein an die Tatsache, daß der Stoffwechsel eines solchen Organismus, wie seine Lebensdauer von vielen Jahren zeigt, ein extrem langsamer sein muß. Schon daraus ergeben sich Konsequenzen für den zeitlichen und stofflichen Ablauf der notwendigen chemischen Reaktionen, die wir gar nicht abschätzen können.

In einem Aufsatz über unsere technologischen Möglichkeiten im Weltraum schreibt der russische Kybernetiker A. Luk: »Das Sonnensystem könnte zum Beispiel nicht Teil eines großen vernunftbegabten Systems sein, da sich in ihm die Wechselbeziehungen nur sehr langsam vollziehen. Außerdem ist auch die Struktur ganzer Galaxien qualitativ primitiver als die Molekularstruktur, denn in den Galaxien werden Verbindungen nur durch Gravitation aufrechterhalten.« Das soll doch etwa heißen: Im Vergleich zu der komplizierten Gliederung, zu den raschen Abläufen bei irdischen Lebewesen sind Aufbau und Dynamik der Sterne und der Sternsysteme viel zu grob, zu schwerfällig, als daß man ihnen die Eigenschaft eines Organismus zubilligen könnte. Anders ausgedrückt: Nur die feingliedrige und aktive molekulare Struktur kann Grundlage des Lebendigen sein.

Wie voreilig. Was Luk, was wir alle als »sehr langsame

Wechselbeziehungen« empfinden, geht in Wahrheit viel rascher vor sich. Wir müssen es eben immer nur wieder an der unterschiedlichen Lebensdauer messen (Zeitlupeneffekt). Nur weil wir unendlich viel kürzer leben als die Sterne und Sternsysteme, erscheint uns das Tempo ihrer körperlichen Prozesse so gering; nicht anders wie ein Bazillus, den wir in uns tragen und der für einige Sekunden zu leben hat, uns insgesamt für nahezu bewegungslos halten muß. Und was die molekulare Struktur angeht: Wer sagt denn, daß die Gravitation so viel »primitiver« sei als die elektromagnetischen Kräfte, auf denen der Bau der Atome und damit auch der Moleküle beruht? Nicht einmal diejenigen sagen das, die in den Galaxien anorganische Gebilde sehen. Nicht umsonst haben sich bedeutende Physiker – vergeblich bisher – bemüht, Kräfte wie Gravitation und Elektromagnetismus in einer einheitlichen Feldtheorie zusammenzufassen. Wer sagt auch, daß die Gravitation die einzige Kraft sei, die das Leben einer Galaxie bestimmt? Es sei nur an die unsichtbaren Magnetfelder erinnert, die neben den Dichtewellen die Wege der interstellaren Materie lenken, und die vielfach verschlungenen Bahnen der kosmischen Strahlung. Es ist gar nicht ausgeschlossen, daß sie die eigentlichen Nervenstränge der Milchstraßen bilden, nicht weniger wichtig für die Aufrechterhaltung ihrer Lebensfunktionen als die Gravitation. Nur daß wir sie nicht sehen können, auch nicht an ihren unmittelbaren Wirkungen. Erst neuerdings haben Zoologen wieder bestätigt, daß sich die Zugvögel auf ihrem Weg zu ihren Sommer- und Winterquartieren an den magnetischen Feldern der Erde orientieren. Sie »sehen« sie, wir nicht.

Nein, auch wenn wir nur Bruchstücke davon wahrnehmen, an der Kompliziertheit der galaktischen Struktur ist kein Zweifel mehr, mag nach dem jetzigen Stand unseres Wissens auch nicht das Molekül, sondern das Atom als unterstes Bauelement dominieren. Wolfgang Stegmüller hat die Komplexität einer menschlichen Zelle mit der Gesamtheit aller Fabriken der Welt verglichen. Die Galaxien würden einen noch viel gigantischeren Vergleich verdienen.

Fassen wir zusammen: Auch hinsichtlich der Lebens*bedingungen* einer Galaxie, nicht nur hinsichtlich ihrer Lebens*eigenschaften,* müssen wir davon ausgehen, daß im Kosmos eine unübersehbare Fülle von Lebensvarianten herrscht; von Erscheinungen, die, wie der Biologe A. Gorbovsky sagt, »der unmittelbaren menschlichen Erkenntnis verschlossen sind«. Wo wir solchen Erscheinungen begegnen, wird unser Urteilsvermögen immer nur ein begrenztes sein; begrenzt durch die uns angeborene Neigung, nur das uns Vertraute und Sichtbare wahrhaben zu wollen.

Ich lehne, wie man verstehen wird, alle Mutmaßungen darüber ab, in welche Gruppe des Lebendigen galaktische Organismen eingeordnet werden könnten. Die uns geläufigen Kategorien wie Mensch, Tier, Pflanze, Mehrzeller, Einzeller usw. müssen wir uns gänzlich aus dem Kopf schlagen. Für religiöse und mythische Vorstellungen mag das wichtig gewesen sein, biologisch betrachtet, führt es nur zu Lächerlichkeiten. Es gibt einen Mythos, der das Weltall als Baum betrachtet, an dem die Gestirne hängen – ein schönes Bild. Aber wenn ich mich auch entschlossen habe – als Zugeständnis an die wachsende Physikalisierung unseres Denkens –, der Hypothese eines *physisch* lebenden Kosmos nachzugehen, nur um uns überhaupt wieder das Bild eines lebenden Weltalls vor Augen zu rücken, so sollten wir doch der Versuchung widerstehen, allzu »terrestrische« Vergleiche dabei anzustellen.

5.
Ergebnis

Das Bild, das sich nun am Schluß dieses Kapitels ergibt, bestätigt eine der wichtigsten Erkenntnisse der neueren Astronomie: Was wir von den Galaxien wissen, ist ebenso lückenhaft wie faszinierend. Lückenhaft, weil sich immer deutlicher zeigt, welche ungeheure Fülle von Prozessen sich in den Milchstraßen abspielt und wie wenig wir von diesen Prozessen im Grunde noch wissen. Faszinierend, weil uns dieses Wenige schon von Jahr zu Jahr immer größere Rätsel aufgibt und uns nun endgültig vor die Frage stellt, die wir nur allzu lange beiseite geschoben haben: was die Milchstraßen denn ihrer Natur nach eigentlich sind.

Zu Beginn wurde behauptet, sie zeigten schon rein phänomenologisch gewisse Parallelen zu lebenden Systemen. Hat sich dieser Eindruck nun verdichtet? Wird man sagen können, daß die Hypothese eines lebenden Weltalls, was die Galaxien angeht, eine Bestätigung erfahren hat?

Hier sei eine möglichst klare Antwort gegeben. Die Fakten reichen dazu auch aus. Bei aller gebotenen Skepsis wird sich etwa folgendes sagen lassen:

Es gibt ziemlich deutliche Anzeichen dafür, daß gewisse Erscheinungen in den Galaxien mit den Merkmalen übereinstimmen, die nach allgemeiner biologischer Erfahrung für Organismen typisch sind. Daher ist es durchaus denkbar, daß es sich bei den Galaxien – nicht unbedingt auch bei ihren Teilstrukturen – tatsächlich um lebende Systeme handelt. *Wenn nicht alles täuscht, so sind sie die organischen Grundeinheiten des Universums.*

Unser Erkenntnisvermögen reicht allerdings nicht annähernd aus, um die Natur dieser möglichen Superorganismen zu beschreiben. Immerhin dürfen wir annehmen, daß im Kosmos, trotz hoher lokaler Intoleranzen, die nötigen Bedingungen vorhanden sind, die eine Existenz solcher überdimensionalen Lebenseinheiten erlauben.

Mehr zu sagen wäre verfrüht. Verfrüht wäre vor allem zu behaupten, daß es für die organische Natur der Galaxien schon feste *Beweise* gibt. Dazu ist das Beobachtungsmaterial, über das die Wissenschaft heute verfügt, noch viel zu gering – ein Mangel, unter dem *alle* Kosmologien leiden. Aber wir sollten fortan mit der sehr naheliegenden Möglichkeit rechnen, daß die Galaxien lebende und nicht tote Gebilde sind. In diesem

Punkt scheint mir das wichtigste Ergebnis unserer Untersuchung zu liegen. Wir müssen endlich jene Vermutung des Anorganischen revidieren, wir müssen zugeben, daß es keinen ausreichenden Grund mehr gibt, die Galaxien ohne weiteres als unbelebte Systeme anzusehen.

Und wir müssen uns bereit finden, erst einmal zu begründen, warum sie eigentlich tot sein sollten, ehe man sie für tot erklärt.

Ob nicht insgeheim schon ein Wandel im Gange ist, ob es nicht nur an Mut fehlt, diesen Wandel einzugestehen? Manchmal habe ich fast den Eindruck, als dächten gerade einige bedeutende Astronomen und Kosmologen längst an die Möglichkeit, daß sich in den neuerlich entdeckten Erscheinungen der Galaxien ein organischer Aufbau des Weltalls offenbart. Da findet sich plötzlich das Wort von möglichen »Einzellern«, oder man liest, wie »interessant« es sei, »daß wir bei der Herausbildung kosmischer und biologischer ›Gestalten‹ auf eng verwandte Grundprinzipien stoßen«. Warum tut man nicht das Selbstverständlichste, was die Wissenschaft in solchen Fällen erwarten darf: die Frage hypothetisch zur Diskussion zu stellen? Hat man denn Angst, mit der Hypothese von einem lebenden Weltall als unseriös zu gelten? Ist die Hypothese vom Urknall, mit ihrer so unerklärbaren, darum so peinlichen Frage nach der Herkunft der Urmaterie, denn weniger »unseriös«?

Ein Beispiel, wie nahe man meiner Hypothese schon ist. In einem Aufsatz, in dem er die »stürmischen Ereignisse« in den Galaxien beschreibt, sagt der russische Astronom Josif Schklowski:

> »Im Grunde genommen können wir heute die Galaxien als riesige, periodisch arbeitende ›Maschinen‹ betrachten, die über lange Zeiten hinweg gewaltige Mengen elektromagnetischer und materieller Energie mit hohem Wirkungsgrad aus dem Primärvorrat der Gravitationsenergie erzeugen.«

Der Satz stimmt in mehrfacher Hinsicht nachdenklich; nicht nur macht er deutlich, wie sehr die statischen Milchstraßen von einst zu dynamischen geworden sind; nicht nur wird die »Periodik« der geheimnisvollen Schöpfungsprozesse bestätigt; es taucht hier auch der vielsagende Vergleich mit den »Maschinen« auf – der Geschichte der Naturwissenschaften nur allzu vertraut. Es wäre nicht das erste Mal, daß man die Maschinentheorie zur Hilfe ruft, um nicht offen von Leben sprechen zu müssen.

Eine letzte Frage muß noch zurückgestellt werden. Wenn es sich bei den Galaxien um lebende Strukturen handelt, haben wir es dann mit *Individuen* oder nur mit Teilen von Individuen zu tun? Ein Organismus gilt als Individuum, wenn er (so von Bertalanffy) »ein räumlich, zeitlich und dynamisch von anderen unterschiedenes lebendes Einzelwesen darstellt, das als solches einen bestimmten Lebenszyklus durchläuft«. Das klingt etwas kompliziert, aber es leuchtet ein, was gemeint ist. Individuen sind *selbständige Existenzen,* komplette Ganzheiten, ein Baum zum Beispiel, ein Tier, ein Mensch. Könnten lebende Galaxien solche kompletten Ganzheiten sein? Oder wären sie nur als Elemente einer noch größeren, umfassenderen biologischen Struktur anzusehen?

Als solche größeren Strukturen kämen nur die galaktischen Haufen oder das Universum in Betracht. Daher wird man zunächst untersuchen müssen, ob diese beiden Stufen oberhalb der Galaxie ebenfalls lebende Systeme sein könnten. Wenn ja, so ergibt sich die Antwort von selbst: Die Galaxien würden dann nur den Charakter unselbständiger Teilsysteme haben, sie wären nicht »Individuen«, sondern »Dividuen«, was freilich an ihrer Eigenschaft als Organismus nichts ändern würde.

KAPITEL VI: DIE GALAXIENHAUFEN

Wir erinnern uns: Über den Milchstraßen, auf den nächsten Stufen der universalen Hierarchie, erscheinen die galaktischen Zusammenschlüsse, zunächst die Doppel- und Mehrfachsysteme, dann die Milchstraßengruppen, unter ihnen die »lokale Gruppe« von über 20 Systemen, der auch unsere eigene Milchstraße angehört, zuletzt die riesigen Milchstraßenfamilien, die »galaktischen Haufen«, die mehrere Tausend, ja bis zu 100000 Mitglieder zählen. Viele der uns bekannten Galaxien sind in solchen Supergalaxien vereinigt. Die Entdeckung dieser Mammutverbände war einer der großen Meilensteine bei der Durchmusterung des Himmels zu den Grenzen des Universums hin. Fortan war klar, daß die Billionen Sterne, die Milliarden Milchstraßen nicht willkürlich im Weltraum verstreut sind.

Dieser Weltraum, trotz seiner unermeßlichen Dimensionen, entpuppte sich vielmehr als ein Gebäude von strenger Architektur. In seiner obersten Etage nun wohnen diese unzähligen Sippen, deutlich voneinander distanziert. Von ihnen wird hier gesprochen. *Könnten auch sie, die Galaxienhaufen, einheitliche, in sich geschlossene Organismen sein?* Lebende Systeme, denen die einzelnen Milchstraßen dann als unselbständige Glieder angehören würden?

Es hat wenig Sinn, der Frage einen breiteren Raum zu widmen – man weiß über die Galaxienhaufen noch viel zu wenig. Um ungefähr beurteilen zu können, ob so etwas wie eine Einheitlichkeit ihrer Organisation besteht, ist es daher das beste, wenn wir uns zunächst um einen allgemeinen Gesamteindruck bemühen. Einige positive Gesichtspunkte seien einigen negativen gegenübergestellt. Vielleicht sehen wir dann etwas klarer.

Was spricht *für* eine Systemeinheit der galaktischen Haufen, was könnte Anlaß sein, auch bei ihnen eine Art *biologischer Ganzheit* zu vermuten?

Da ist zunächst die Tatsache, daß es unter den rund 100 Milliarden Galaxien nur relativ wenige zu geben scheint, die keinem Haufen angehören. Mitte der vierziger Jahre hat man noch das Gegenteil angenommen. Seitdem, um mit Fritz Zwicky zu sprechen, »hat sich der Spieß radikal umgekehrt«. Man rechnet heute damit, daß nur rund ein Zehntel aller Milchstraßen »frei« sind, etwa 90 % sind »organisiert«. *In den galaktischen Haufen wird man daher ein Bauelement sehen müssen, das für das ganze Universum typisch ist.*

Vieles deutet auch auf einen gemeinsamen Geburtsvorgang hin. In diesem Punkt stimmen die verschiedenen Entstehungstheorien, wenigstens im Ergebnis, überein. Ich skizziere das nur. Nach der Verdichtungstheorie gerät die Urwolke (die sich nach dem Urknall gebildet hat) in einen turbulenten Bewegungszustand, sie spaltet sich in Teilwolken (»Turbulenzelemente«), diese in immer weitere Zerfallstufen bis herab zu den Protosternen. Daraus folgen dann die einzelnen Generationen: erste Generation die Galaxienhaufen, zweite die Galaxien, dritte die Kugelhaufen und offenen Haufen, vierte die Sterne. Die Vorkörper-(oder Materiequellen-)theorie geht, genau wie bei den Sternen und Galaxien, vom Kleinen zum Großen aus. Die »Urquelle« (ein unbekannter Vorkörper von großer Materiedichte) spaltet sich; infolge des »Rückstoßeffekts« streben die einzelnen Teile auseinander und werden zu den Vorkörpern (Materiequellen) der Einzelgalaxien.

Dieser gemeinsame Geburtsprozeß der galaktischen Haufen wird mit Recht als ein besonders starkes Indiz für ihre Einheitlichkeit angesehen. Aber es gibt eben doch auch manches, was gegen diese Einheitlichkeit spricht. Am wichtigsten scheint mir zu sein, daß man bisher keine gemeinsame Bewegung hat feststellen können, besonders keine einheitliche Rotation. Nicht minder bedeutsam: Die Mitglieder der galaktischen Haufen folgen der allgemeinen Expansion des Universums, sie entfernen sich also voneinander. Dabei erinnern wir uns, daß bei den Galaxien das genaue Gegenteil beobachtet wurde. Ihre einzelnen Strukturen, die Sterne, Sternhaufen, Spiralarme usw., strebten durchaus nicht voneinander fort, sie nahmen nicht selbständig an der Expansion des Universums teil, nur die Galaxie als Ganze. An deren Zusammenhalt änderte sich also nichts. Gerade das sprach ja stark für ihre systematische Geschlossenheit. Und ein Letztes: Nirgends finden sich Anhaltspunkte, daß in den galaktischen Haufen eine gemeinsame innere Dynamik herrscht, nicht der geringste Hinweis auf einen einheitlichen Stoffwechsel oder gar auf eine zentrale Steuerung solcher Vorgänge.

Wägt man das alles gegeneinander ab – und mangels weiteren Beobachtungsmaterials kann das nur sehr vage geschehen –, so muß man doch mehr einer *negativen* Schlußfolgerung zuneigen. Meine Hypothese über die Galaxien lautete im Ergebnis so, daß es sich bei ihnen um die lebenden Grundeinheiten des Universums handelt (um selbständige oder unselbständige). Diese Hypothese läßt sich nun um einen weiteren Punkt ergänzen:

Es gibt keine ausreichenden Anzeichen dafür, daß auch die galaktischen Haufen selbständige Organismen oder unselbständige Teile solcher Organismen sind.

Das kann dann im Grunde doch nur folgendes bedeuten:

Wenn wir feststellen sollten, daß das Universum als Ganzes eine biologische Einheit ist, dann müssen wir auch den galaktischen Haufen einen biologischen Charakter zugestehen. Aber dieser wäre dann – anders als bei den Galaxien – als solcher nicht erkennbar. Auch könnten wir die Rolle, die die galaktischen Haufen in diesem größeren Organismus spielten, nicht erklären.

Ist das Universum aber kein Organismus, dann sind biologisch aufgebaute Galaxien *selbständige Lebenseinheiten (Individuen),* und die galaktischen Haufen können nur eine Art *überindividueller Lebensgemeinschaften* sein, wie sie auch die Biologie irdischer Lebewesen kennt (Schwärme, Wälder usw.; auch hier aber sei vor allzu »terrestrischen« Vergleichen gewarnt). Diese Lebensgemeinschaften hätten dann eine einheitliche genetische Grundlage, da sie offenbar eine gemeinsame Entstehungsgeschichte durchlaufen haben.

KAPITEL VII: DAS UNIVERSUM ALS MÖGLICHER GESAMTORGANISMUS

1.
Die beiden Alternativen

Hier, auf der obersten Stufe der kosmischen Hierarchie, wird die Basis des Beobachtbaren immer schmaler. Dafür haben wir den Vorteil, auf eine Fülle von Theorien zu stoßen, mit denen wir uns auseinandersetzen können. Die Dinge liegen hier anders als bei den Galaxien. Man hat sich zwar viele Gedanken über die Entstehung der Galaxien gemacht, man hat sich auch große Mühe gegeben, ihre Strukturen zu erforschen, neuerdings auch, hinter die Geheimnisse ihrer dramatischen Dynamik zu kommen. Worin aber das *Wesen* der nun einmal entstandenen und von solcher Dynamik beherrschten Milchstraßen besteht, was ihre *funktionale Rolle* im Gesamtuniversum sein könnte, darüber hat man nur wenig nachgedacht. Das Morphologische ist zu kurz gekommen. Jetzt dagegen, wo wir uns der Betrachtung des Ganzen zuwenden, treffen wir auf eine Fülle anderer Hypothesen, und es ist nun möglich, sie Schritt für Schritt zum Vergleich heranzuziehen.

Eine kritische Anmerkung freilich auch hier. In den Überlegungen, die man über den Aufbau des Universums anstellt, scheint der Akt seiner Entstehung noch immer unbedingten Vorrang zu haben, einen Vorrang, der nur zu bedauern ist. Nicht nur, daß er auf Grundannahmen beruht, über die man sich eingestandenermaßen ausschweigen muß, nämlich auf dem »Uratom« und auf dessen Herkunft aus dem Nichts. Das ginge noch hin; schließlich fußen alle Kosmologien, auch wenn sie sich noch so sehr den Anschein strikter Kausalität geben, mehr oder minder auf willkürlichen Prämissen. Aber daß man auch hier so wenig dem *Wesen* des einmal Geschaffenen nachgeht, daß man fast manisch auf die berühmten »ersten drei Minuten« starrt, statt die Frage in den Vordergrund zu stellen, was denn dieses Universum als Naturgebilde, als »*Urphänomen*« eigentlich darstellt, ist beklagenswert.

Der Grund liegt in jener traurigen »Physikalisierung« unseres gesamten naturwissenschaftlichen Denkens. Es lassen sich eben die packendsten kausalen Abläufe ausmalen, wenn man sich just auf diesen Akt der Entstehung kapriziert (und die Sekunden *vor* diesem Akt wie selbstverständlich in den Bereich des »wissen wir nicht« verweist); und es lassen sich auch ganze Bibliotheken mit mathematischen Formeln füllen, wenn man sich darauf beschränkt, das Universum zu beschreiben, indem man es nach allen nur denkbaren Varianten »relativistisch« durchrechnet – als ob es damit im mindesten *erklärt* sei.

Wir wollen versuchen, hier den gegenteiligen Weg zu gehen. Zunächst sei nach der *Natur* des Universums gefragt, dann erst wird zu überlegen sein, wie es entstanden sein könnte. Als erstes behandeln wir daher, wie schon bei den Galaxien, das Problem der *Lebenskriterien.* Gibt es Anhaltspunkte dafür, daß sich auch im Universum als Ganzem Merkmale eines Organismus finden, daß das Weltall ein einheitliches Lebewesen ist? Wenn sich tatsächlich solche Anhaltspunkte finden sollten, werden sich daraus ganz von selbst gewisse Rückschlüsse auf die Art der Entstehung des Universums ergeben. Methodisch werden wir also ähnlich wie im vorigen Kapitel verfahren.

Mit einem Unterschied freilich. Er betrifft die Unzulänglichkeit des vorhandenen Beobachtungsmaterials. Es ist ja nicht nur so, daß die Fakten, auf die sich die verschiedenen Theorien über das Weltall stützen können, immer lückenhafter werden. In Wahrheit stellen sie nur einen winzigen Bruchteil der Wirklichkeit dar. *Wir wissen über das Universum heute so gut wie nichts.* Wir wissen nichts über seinen Anfang – hat es überhaupt einen Anfang gegeben? –, wir wissen nichts über seinen Gesamtaufbau – wir sehen nur einen kleinen Ausschnitt von ihm. Wir wissen nichts über seine äußere Gestalt – anders als bei den Milchstraßen –, vor allem aber wissen wir nichts oder nur wenig über seine inneren Bewegungsvorgänge; und wir wissen absolut nichts darüber, wohin diese Bewegungen führen werden.

Hinzu kommen tiefgehende Widersprüche zwischen den einzelnen kosmologischen Theorien, oft auch darüber, wie diese oder jene Entdeckung zu deuten ist. Insgesamt ein äußerster Grad an Verschwommenheit. Um so größer die Gefahr, daß man wild drauflos spekuliert. Dieser Gefahr wollen wir nicht erliegen. Die Hypothese eines lebenden Weltalls mutet auf den ersten Blick ohnehin ziemlich phantastisch an. Darum gilt es, sich im folgenden darauf zu beschränken, das Für und Wider eines Problems darzulegen, soweit nicht schon endgültige Schlüsse möglich sind. Die Zukunft mag dann entscheiden, ob die organische oder die anorganische Lösung zutrifft.

Schon jetzt aber, meine ich, ist das Resultat ungewöhnlich genug:

Entweder haben wir mit einem Universum zu rechnen, das die Wohnstatt einer großen Familie lebender Galaxien ist, oder es könnte ein Universum geben, das mehr ist, nämlich ein lebendes System selbst; eine Summe von Organismen in einem anorganischen Medium oder ein einziger Organismus mit einer Summe organischer Teilstrukturen. *So oder so – ein lebendes Weltall;* lebend, weil es milliardenfach die Existenz galaktischer Organismen erlaubt; oder lebend, weil es diese galaktischen Organismen, als Zellen gleichsam, zu einer großen kosmischen Lebenseinheit vereinigt. Es wäre nicht mehr dasselbe Weltall wie heute, nicht mehr die bloße Anhäufung toter Massen, als das es in allen gängigen Theorien gilt. Bis an die fernsten Horizonte, zu denen unsere Instrumente dringen, wäre es mit unbekanntem Leben erfüllt.

2.
Die biologischen Merkmale

Am ehesten wird sich noch sagen lassen, daß das Universum einen *Stufenbau* darstellt. Hier kann auf alles verwiesen werden, was an früherer Stelle über seine Hierarchie gesagt worden ist. Wir hatten acht Stufen gezählt (ohne die Sternhaufen in den Galaxien). Sie reichten von den Planeten und ihren Satelliten – nach dem Beispiel von Erde/Mond – über die Fixsterne, die Milchstraßen, die kleineren Zusammenschlüsse der Milchstraßen, die galaktischen Haufen bis zum Weltall als Ganzem. Wir hatten auch erfahren, daß es zwischen den Galaxienhaufen und dem Weltall keine weitere Zwischenstufe zu geben scheint. Jedenfalls hat man solche Familienverbände von Milchstraßen (»Haufen von Haufen«) bisher nicht nachweisen können.

Wir erinnern uns auch noch, daß wir diesen Stufenbau des Universums, anders als den der Galaxien, in einer großen *zeitlichen Dehnung* sehen. Dies hängt damit zusammen, daß das Licht, trotz seiner hohen Geschwindigkeit von 300000 Kilometern pro Sekunde, oft lange Zeit unterwegs ist, um von weit entfernten Objekten zu uns zu dringen. Wir erblicken sozusagen alle Altersstufen des Universums hintereinander geschichtet, niemals das Ganze in seiner Gleichzeitigkeit. Die Sonne ist immer schon acht Minuten älter, als wir sie sehen, der nächste Fixstern vier Jahre, unsere Zwillingsmilchstraße, der Andromedanebel, 2 Millionen Jahre. Die fernsten Galaxien, zu denen unsere Fernrohre und Radioteleskope gerade noch dringen, nehmen wir in einem Zustand wahr, in dem sie sich vor vielen Milliarden Jahren befanden. Wie sie heute aussehen, ob sie überhaupt noch existieren, wissen wir nicht, wir können es nur vermuten. Es ist, als sei das Weltall in lauter zeitliche Scheiben geschnitten, je näher es ist, um so jünger ist es, je weiter entfernt, um so älter – bis zu 15 Milliarden Jahren alt.

Das wirft ein ernstes Problem auf. Statt eines einzigen Organismus, als den wir das Universum zu sehen meinen, könnten wir sehr wohl eine ganze Evolutionsfolge von Organismen vor uns haben. Es wäre nicht anders, als wenn Bewohner ferner Himmelskörper auf die Erde blickten. Auch sie, dank ihrer verschiedenen Entfernungen, würden nicht etwa ein und dieselben Lebewesen auf der Erde wahrnehmen, sondern einzelne Evolutionsstufen, die das irdische Leben bei seiner Höherentwicklung durchlaufen hat.

Ein Beobachter auf dem 2 Millionen Lichtjahre entfernten Andromedanebel zum Beispiel sähe unsere Erde immerhin schon vom Homo habilis, einem Vormenschentyp, bewohnt, der Beobachter auf einem 3 Milliarden Lichtjahre entfernten Stern entdeckte auf der Erde nur erst Amöben, der auf der 8 Milliarden Lichtjahre entfernten Radiogalaxie 3 C 123 suchte nach der ganzen Erde überhaupt vergebens, sie würde erst 3 Milliarden Jahre später entstehen. Weite Teile des Himmels sind für uns also nicht nur, um mit Portmann zu sprechen, »Bereiche des Unsichtbaren«, sie sind auch »Bereiche des Nichtgegenwärtigen«.

Um nun bei unserer weiteren Untersuchung nicht jeden Boden unter den Füßen zu verlieren, gehen wir von der Annahme aus, daß das Universum von Anfang an, seit etwa 15 Milliarden Jahren, *seine Identität bewahrt* hat. Das steht im Einklang mit anderen kosmologischen Theorien. Die verschiedenen Altersschichten gehören also einem und demselben Universum an, es sind nicht mehrere Universa, die einander gefolgt sind. Daher sind auch die Veränderungen, die wir beobachten, der Formenwandel, die Dynamik, Veränderungen eines *einzigen* Systems (Geburt, Wachstum usw.) und keine Evolution.

Um ein Organismus sein zu können, muß das Universum ein *endliches Volumen* haben. Mit dieser Endlichkeit stoßen wir auf ein Lebensmerkmal, das bei den Galaxien noch keine besondere Rolle gespielt hat. Wir wußten, daß es räumlich begrenzte Gebilde waren. Anders das Universum. Seine räumliche Endlichkeit ist nicht unbestritten. Manche Weltmodelle gehen davon aus, daß es räumlich *unendlich* sei. Räumlich unendliche Lebewesen kann es aber nicht geben, höchstens als geistige, nicht als biologische. Es ist eine biologische Grunderfahrung, daß sich jeder Organismus durch klare Umrisse von seiner Umgebung abhebt, also ein endliches Ganzes darstellen muß. So gehört es nun einmal zum Wesen eines lebenden »Körpers«.

Die Annahme eines endlichen Universums steht mit den heutigen physikalischen Erkenntnissen aber durchaus im Einklang. Sie widerspricht vor allem nicht der Einsteinschen Allgemeinen Relativitätstheorie. Wir erinnern uns an das »raum-zeitliche Kontinuum«, den gekrümmten Raum, der sich in einer geschlossenen Kurve in sich zurückbiegt. Dieses aus Raum und Zeit aufgebaute Gebilde, so hörten wir, ist zwar ohne Grenzen, ähnlich einer Kugel; ein ausgesandter Sonnenstrahl würde nirgendwo enden, in einem großen Weltkreis kehrte er nach 56 Milliarden Erdjahren wieder zu seinem Ausgangspunkt zurück. Obwohl unbegrenzt, wäre diese »Kugel« dennoch endlich, das heißt in sich geschlossen, sie hätte einen bestimmten Radius, ein bestimmtes Volumen, eine bestimmbare Dichte ihrer Substanz. Gerade diese Endlichkeit des Universums war es ja, die den eigentlichen Bruch mit den überlieferten Anschauungen herbeigeführt hat. Bis dahin hatte das Weltall allgemein als ein unendliches gegolten. Das Universum Giordano Brunos war in seiner Ausdehnung »ohne Grenzen«, Newton hatte von der gleichmäßigen Verteilung der Materie »in einem unendlichen Raum« gesprochen.

Beim Lebensmerkmal der räumlichen Endlichkeit können wir also Einstein und vielen anderen folgen, die einen Kosmos mit begrenztem Volumen und mit bestimmbarem Radius annehmen. Dagegen sind vom Standpunkt unserer Hypothese alle Kosmologien abzulehnen, die ein Weltall mit unendlichem Raum zugrunde legen. Einstein selbst hat ein räumlich endliches Universum vermutet. Seine Allgemeine Relativitätstheorie läßt rechnerisch aber auch das Gegenteil, eine räumliche Unendlichkeit, zu; dann nämlich, wenn das raum-zeitliche

Kontinuum nicht positiv, nach Art einer Kugel, sondern negativ (hyperbolisch), nach Art eines Sattels gekrümmt ist. Im letzteren Fall wendet sich die Krümmung nicht nach innen, ins Endliche, sondern nach außen, ins Unendliche. Es gibt bedeutende Physiker und Astronomen, Gamow zum Beispiel, die den Standpunkt vertreten, das Universum krümme sich nach außen, wir lebten also in einer offenen, räumlich unendlichen Welt. *Ein lebendes Universum dagegen müßte sich wie jeder Organismus »nach innen krümmen«, nur dann könnte sein Volumen ein endliches sein.*

(Diese Überlegungen sind nicht ohne allgemeine Bedeutung. Sie zeigen, inwieweit allgemeine physikalische Erkenntnisse auch auf ein lebendes Universum Anwendung finden können. Auch ein organisch aufgebautes Weltall unterliegt der physikalischen, insbesondere der relativistischen Gesetzlichkeit. Diese Gesetzlichkeit muß aber dort ihre Grenze finden, wo sie in Widerspruch zu der biologischen steht, zu dem Wesen des Lebendigen. Ob ein solcher Widerspruch vorliegt, hängt von dem einzelnen Problem ab. Es ist nicht anders als bei irdischen Lebewesen. Der Mensch beispielsweise ist aus Atomen zusammengesetzt, daher hat bis zu gewissem Grade auch die Atomphysik für ihn ihre Geltung. Aber sie wird überdeckt von den Gesetzen der Biologie. Dieses Zusammenspiel von physikalischer Gesetzlichkeit einerseits und biologischer Gesetzlichkeit andererseits bietet für uns den Vorteil, daß wir in vielen Punkten den Grundannahmen folgen können, die die Astronomie für ein anorganisches Universum entwickelt hat.)

Mit einem endlichen Volumen des Universums, mit seiner physischen Begrenztheit, wäre es durchaus zu vereinbaren, daß die »Welt« als Ganze eine unendliche ist. Unter Universum verstehen wir nur jenen Teil des Himmels, von dem wir aufgrund exakter Beobachtung hoffen können, eines Tages Näheres über seinen Aufbau und seine Gestalt zu erfahren. Wenn seine Gestalt auch eine endliche ist, könnte sie sich doch in einem unbegrenzten Raum bewegen, eben in einer unendlichen Welt. Nur läge diese Welt jenseits des Beobachtbaren und wohl auch jenseits des Geltungsbereichs physikalischer oder biologischer Gesetze.

Ein im biologischen Sinn lebendes Universum muß nicht nur räumlich, sondern auch *zeitlich ein begrenztes* sein. Es muß einen Anfang und ein Ende haben, es kann nicht »von Ewigkeit zu Ewigkeit« bestehen (wie etwa jene Welt, von der eben die Rede war). Daraus ergeben sich einige wichtige Folgerungen gegenüber herrschenden Theorien.

So sind zunächst alle sogenannten stationären kosmologischen Modelle abzulehnen. Sie betrachten das Weltall nicht nur räumlich, sondern auch zeitlich als *un*begrenzt, mit anderen Worten als ein ewiges. Biologisch gesehen kann es aber keinen derartigen Dauerzustand geben, auch wenn er, wie von den Anhängern dieser Theorien gelegentlich behauptet, lokale Veränderungen zulassen sollte. Vom Standpunkt meiner Hypothese vermag ich daher der »Steady State Theory« von Hoyle, Bondi, Gold, McCrea usw. nicht zuzustimmen. Sie wird heute auch von den meisten Kosmologen abgelehnt, wenn auch aus anderen Gründen.

Dagegen kann ich sehr wohl den sogenannten »Entwicklungstheorien« folgen, die davon ausgehen, daß sich das Weltall aus einem Kleineren zu einem Größeren entwickelt hat. Danach besteht auch Übereinstimmung mit allen Modellen eines expandierenden Universums. Gerade wenn man das Weltall als einen Gesamtorganismus ansieht, wird seine Expansion verständlich. Sie müßte unter biologischen Gesichtspunkten geradezu gefordert werden. Ich sehe auch keine Schwierigkeit darin, daß man den Beginn dieser Expansion, also die Entstehung des Universums, auf einen Zeitpunkt fixiert, der etwa 15 Milliarden Jahre zurückliegt. Überhaupt besteht zu den physikalischen Hypothesen insoweit kein grundsätzlicher Widerspruch.

Das gilt auch für die *Lehre vom Urknall,* von der bereits die Rede war und die unter den Entwicklungstheorien den Vorrang hat. Auch mit ihr befinde ich mich im Einklang. Auf ihre zahlreichen Varianten (Lemaître, Gamow usw.) brauchen wir hier nicht einzugehen. Gemeinsam ist ihnen allen, daß die gegenwärtig existierende Materie zu Beginn des Weltalls in einem überdichten Paket von extrem kleinem Volumen enthalten war. Dieser Urkörper ist explodiert und hat die noch heute andauernde Expansion des ganzen Weltalls in Gang gesetzt. Daß die hohen Energiedichten und -ausbrüche, wie sie beim Urknall angenommen werden, biologischen Geburtsvorgängen nicht unbedingt entgegenstehen, wurde schon bei der Vorkörpertheorie der Galaxien dargelegt. Wir müssen nur immer, auch für dieses Anfangsstadium, die großen kosmischen Leerräume bedenken, die trotz hoher lokaler Temperaturen ganz andere Lebensbedingungen erlauben, als sie uns bei den kleinen irdischen Ausmaßen geläufig sind.

Widersprechen muß ich nur jenen Entwicklungstheorien (denen von Hannes Alfvén und O. Klein zum Beispiel), die zu Beginn nicht ein kleines Volumen annehmen, sondern zunächst eine riesige Wolke von etwa 1 Billion Lichtjahren Durchmesser, dem Vielfachen des heute geschätzten Weltallumfangs; die Wolke, bestehend aus Materie und Antimaterie, soll sich im weiteren Verlauf zu einem Durchmesser von 1 Milliarde Lichtjahren zusammengezogen haben, um dann wieder zu expandieren. Gegen diese Variante der Entwicklungstheorien habe ich dieselben Einwände wie gegen die Kondensationstheorie bei der Geburt der Galaxien. Etwas Lebendiges kann sich nur vom Kleineren zum Größeren, nicht umgekehrt entwickeln. (Der Alfvén-Kleinschen Ansicht scheint mit der Entdeckung der bereits erwähnten Drei-Grad-Kelvin-Strahlung übrigens der Boden entzogen zu sein. Diese Strahlung, von den äußersten Grenzen des Universums, also von dort, wo wir es noch in seinem Zustand vor vielen Milliarden Jahren wahrnehmen, wird als Beweis dafür angesehen, daß es sich anfangs tatsächlich um einen »kleinen« Urkörper gehandelt haben muß. Sie entspricht ziemlich genau der errechneten, inzwischen abgekühlten Reststrahlung einer Urexplosion.)

Doch nun zu der entscheidenden Frage: *Wie könnte in bio-*

logischer Sicht das Universum entstanden sein? Folgen wir der Urknalltheorie – billigen wir damit nicht automatisch auch die These, daß sich der Schöpfungsakt des Weltalls allein aus mechanischen, nämlich aus kernphysikalischen Ursachen erklärt? Die Antwort ist einfach: *Die Urknalltheorie schließt eine biologische Deutung des kosmischen Geburtsvorgangs keineswegs aus.* Die Verfechter der Urknalltheorie – wie schon die Anhänger der Vorkörpertheorie bei den Galaxien – wissen nämlich nicht, woher die Materie kommen soll, die sich bei der Entstehung des Universums in jener überdichten, explodierenden Masse zusammenfand, und es ehrt sie, daß sie auch nicht versuchen, dieses Nichtwissen zu beschönigen. Was vor der Urexplosion liegt, wird teils als göttlicher Schöpfungsakt, teils als Zeitlosigkeit, als Nichts oder schlichtweg als Rätsel bezeichnet. »Es ist vollkommen illusorisch«, sagt von der Osten-Sacken, »sich vernünftige und naturwissenschaftlich einigermaßen befriedigende Gedanken über den Zustand der Materie zum Zeitpunkt Null, also bei Explosionsbeginn, machen zu wollen. Sie würden allen bekannten und anerkannten Naturgesetzen kraß widersprechen.« Und in einem neueren Fachwörterbuch heißt es: »Ein Zurückgehen bis in die Urexplosion und darüber hinaus ist physikalisch sinnlos.« In diesem Dilemma des Nichtwissens befinden sich übrigens nicht nur die Entwicklungstheorien, wie die vom Urknall, sondern auch die Dauerzustands-(Steady-State-)theorien. Auch für sie bleibt die Herkunft des seit undenklichen Zeiten bestehenden Kosmos rätselhaft, desgleichen die Neuschöpfung von Materie, die ihn trotz Expansion ständig zu gleichbleibender Dichte auffüllen soll.

Die Hypothese eines gesamtorganischen Universums hat für das Problem nun keineswegs eine Patentlösung zur Hand. Aber sie kann gewisse Voraussetzungen nennen, unter denen sich nach empirischer Gesetzmäßigkeit ein »Urkörper« hätte bilden können. Ob diese Voraussetzungen tatsächlich vorgelegen haben, muß bei dem gegenwärtigen Stand der Forschung allerdings offenbleiben. Doch lassen sich auf diese Weise einige Überlegungen anstellen, die in das *Stadium vor dem Urknall* zurückreichen und dieses Vorstadium ein wenig aufhellen können:

Ein organisches Universum könnte nur auf organischem Wege entstanden sein. (Natürlich ließe sich auch denken, daß es sich im Wege der Evolution aus anorganischer Materie entwickelt hat, wie etwa die ersten Einzeller auf der Erde. Dann würde es sich aber nicht, wie wir angenommen haben, um ein Objekt handeln, das von Anfang an identisch war, sondern um eine Serie mehrerer, sich höher entwickelnder Objekte, wofür nicht der geringste Anhaltspunkt besteht.)

Ein organischer Ursprung aber würde verlangen, daß das Universum bereits in seinem allerersten Zustand ein offenes System gewesen ist. Unter gleichbleibender oder abnehmender Entropie hätte es sich dann zu immer größerer Ordnung und Organisation entwickelt.

Um ein offenes System zu sein, hätte das Universum in einer Umgebung entstehen müssen, die ihrerseits bereits Materie enthielt. Andernfalls wäre ein Stoffwechsel nicht möglich gewesen.

Die Hypothese eines biologisch aufgebauten Universums läuft damit, schon was seine Entstehung angeht, zwangsläufig auf die Existenz eines noch größeren, von Materie erfüllten Kosmos hinaus (sofern man die Entstehung nicht überhaupt als ein akausales Geschehen, etwa als einen göttlichen Schöpfungsakt ansehen will).

Wir stehen also vor der Frage, *ob es noch einen größeren Kosmos gibt, der unser Universum als kleineres Gebilde umschließt.* Nur unter dieser Voraussetzung könnte das Weltall als ein offenes System gelten, wie es für seine Eigenschaft als Gesamtorganismus erforderlich wäre.

Um es vorwegzunehmen: *Es gibt weder Beobachtungen noch Naturgesetze, die es ausschließen, daß das uns bekannte Weltall, belebt oder unbelebt, als abgrenzbares Objekt in einem solchen größeren Kosmos existiert.* Der britische Astronom Sir Bernard Lovell hat schon vor Jahren erklärt: »Man wird unwillkürlich dazu geführt, zu fragen, ob unser Universum wirklich der ganze Kosmos ist. Diese Frage kann aber heute noch nicht sinnvoll diskutiert werden. Zwar gibt es in keiner Theorie Aussagen, wodurch die Existenz anderer Welten, die zu verschiedenen Zeiten erschaffen wurden, ausgeschlossen werden kann; aber wenn unsere Interpretation der Beobachtungen nicht völlig verkehrt ist, dann gibt es keinen vorstellbaren Weg, auf dem man zu diesen Bereichen von Raum und Zeit vordringen könnte.« Einen solchen vorstellbaren Weg gibt es in der Tat nicht. Trotzdem sollten wir einmal darüber nachdenken, welche Gründe *für* das Bestehen eines größeren Kosmos sprechen könnten, und ob sich nicht gewisse Erscheinungen, die uns bisher rätselhaft sind, mit der Existenz einer materiellen Außenwelt des Universums besser erklären ließen.

Wir stoßen hier von neuem auf das Problem der Hierarchie. Diese Hierarchie, so haben wir gesehen, reicht über viele Etagen, vom Erde/Mond-System über die Fixsterne, die Sternhaufen, die Galaxien usw. bis hinauf zum Universum als Ganzem. *Warum sollte dieser hierarchische Aufbau mit dem Universum unbedingt beendet sein?* Gibt es irgendwelche zwingenden Argumente dafür, daß er gerade dort aufhört, wohin unsere Teleskope noch dringen? Wenn wir Mikrokosmos und Makrokosmos zusammenfassen, so bietet sich uns eine schier unermeßliche Stufenfolge, die von den kleinsten Dimensionen (Atomkern, Atom, Molekül, lebende Zelle usw.) zu einer unvorstellbar großen führt, dem errechneten Durchmesser des Weltalls von mehr als 10 Milliarden Lichtjahren.

Wer sagt uns aber, daß diese Dimensionen nach unten und nach oben wirklich die letzten sind? Vor 40 Jahren glaubte man noch sicher zu sein, mit den Protonen, Neutronen und Elektronen die kleinsten Bausteine der Welt gefunden zu haben. Heute sind sich die Atomphysiker darin einig, daß es noch viel kleinere Teilchen gibt, die »Quarks«, die freilich allen Versuchen spotten, sie als selbständige Einheiten zu isolieren;

als gäbe es zwischen uns und ihnen erkenntnistheoretische Schranken, die sich nicht überschreiten lassen. Warum muß das im Größten anders sein? Sind umfassendere Systeme als das Universum nur deshalb ausgeschlossen, weil wir außerstande sind, sie zu erkennen?

Die These einer weiteren hierarchischen Stufenfolge über das Universum hinaus wird denn auch von einigen ernsten Forschern vertreten, unter anderem von Hannes Alfvén und von O. Klein, in Anlehnung an C. V. L. Charlier. Dabei wird eine Mehrheit von »Metagalaxien« (Metagalaxie = Universum) vermutet, die sich zu immer größeren Systemen zusammenschließen. »Außerhalb unserer Metagalaxie«, so schreibt Hannes Alfvén, »könnte es weitere Metagalaxien geben, die zusammen ein noch größeres System bildeten, eine ›Teragalaxie‹, um ein neues Wort einzuführen, abgeleitet vom griechischen Wort teras, das unerhört groß bedeutet. Eine große Zahl von Teragalaxien bildete dann ein noch größeres System usw.«

Entscheidend an dieser These ist nun nicht, daß sie eine Stufenfolge vorsieht, die bis ins Unendliche reicht. In diesem Punkt kann man sicher verschiedener Meinung sein. Wichtig ist vielmehr, daß man hier eine Fortsetzung der kosmischen Hierarchie über das Universum hinaus unter physikalischen Gesichtspunkten ausdrücklich für möglich, ja für wahrscheinlich hält.

Damit stehen wir vor der Frage, *wie eine solche höhere Stufe, die sich räumlich um das Universum stülpt, etwa beschaffen sein könnte.* Es ist klar, daß wir dabei auf rein theoretische Annahmen angewiesen sind, konkrete Beobachtungen liegen nicht vor. Aber es lassen sich doch gewisse Parallelen zu der uns bekannten Hierarchie *innerhalb* des Universums ziehen, nämlich zu den Galaxien. Danach wäre etwa folgendes zu vermuten:

In dieser uns bekannten Außenwelt müßte das Universum ein *endliches,* einigermaßen klar abgrenzbares Gebilde sein, das trotz seiner hierarchischen Unterordnung eine gewisse Geschlossenheit gegenüber seiner Umgebung bewahrt. Das ergibt sich nicht nur daraus, daß ein lebendes Weltall ein endliches Volumen haben muß. Es folgt auch aus seiner Eigenschaft als physikalisches System, als das es weiterhin zu gelten hätte (wenn auch als ein offenes System und nicht als ein isoliertes).

Die Umgebung würde nur *dünnverteilte* Materie enthalten, die Dichte ihrer stofflichen Zusammensetzung wäre also um vieles niedriger als die des Universums selbst, ähnlich wie das im Raum zwischen den Galaxien der Fall ist.

Außerhalb unseres Universums könnte es auch *andere Universen* geben, in welcher Entfernung, in welcher Zahl mag auf sich beruhen. Diese Möglichkeit mutet ein wenig wie Sciencefiction an, aber wenn man es genauer überlegt, ist die Annahme einer Mehrheit von Universen, deren Gesamtheit dann eine höhere hierarchische Stufe bilden würde, um kein Grad willkürlicher als die Annahme, daß es nur ein einziges Universum gibt. Überhaupt drängt sich die Frage auf, warum das Problem einer Mehrzahl von Universen in allen kosmologischen Theorien bisher so peinlich ausgespart wird. Warum denken wir die Frage nicht einmal ganz unbefangen durch? Haben wir Angst, den so sicher scheinenden Boden der Allgemeinen Relativitätstheorie unter den Füßen zu verlieren, die sich nur auf ein einziges Universum bezieht? Ein wenig fühlt man sich an die ganz ähnliche Situation vor noch nicht 60 Jahren erinnert, als die kosmischen Stufen oberhalb der Milchstraßen nur deshalb geleugnet wurden, weil man glaubte, unsere Milchstraße sei die einzige der Welt.

Es scheint aber, daß die Dinge auch hier in Fluß geraten. Neuerdings vertreten der englische Astronom Fred Hoyle und sein Kollege J. V. Narlikar die Meinung, daß es ein ganzes »Ensemble« von Universen gibt. Unter anderem stützen sie sich auf die schon mehrfach erwähnte »Drei-Grad-Kelvin-Strahlung«, jene kosmische Hintergrundstrahlung, die bisher als Folge des Urknalls gilt, während sie nun als Licht anderer Universen gedeutet wird. Auch der Schwede O. Klein hat schon vor Jahren die Frage eines zweiten Universums aufgeworfen. Aus dem allgemeinen Prinzip der Symmetrie hat er gefordert, daß neben einem Universum aus Materie die Existenz eines weiteren aus Antimaterie anerkannt wird.

Soviel über den größeren Kosmos, der unser Universum umschließen könnte. Erinnern wir uns noch einmal, wie es zu diesen Überlegungen kam: Wenn das Weltall wirklich ein Organismus ist, muß es sich um ein offenes System handeln, das mit seiner Umgebung in einem ständigen Substanzaustausch steht; als eine solche Umgebung kommt nur eine hierarchische Stufe oberhalb unseres Universums in Betracht, diese Stufe müßte dann zwangsläufig ein noch größerer Kosmos ein.

Die Frage ist, wie gesagt, eine rein theoretische, da es noch an jeder Beweisbarkeit fehlt (es sei denn, man nimmt mit Hoyle/Narlikar an, daß die Hintergrundstrahlung ein erster Bote von fernen Universen sei). Doch sei auf einige Tatsachen hingewiesen, die das Thema um vieles aktueller machen, als wir noch heute meinen. Es geht um jene Entdeckungen über die *Neuschöpfung von Materie,* von denen schon im Zusammenhang mit den Galaxien die Rede war und die auch für das vorliegende Problem von großer Bedeutung sind. Diese Materieschöpfung scheint nicht nur das überkommene Bild von den Milchstraßen zum Einsturz zu bringen, sie zwingt uns offenbar auch, das überkommene Bild vom Universum zu revidieren.

Die Entstehung der Galaxien ist nach der Vorkörpertheorie nur denkbar, wenn wir annehmen, daß aus noch unbekannten Quellen neue Materie gebildet wird. Der Ort dieser Quellen muß im Kerngebiet liegen. Teils in eruptiver Form (»jets« usw.), teils in einem ruhigen, kontinuierlichen Materiefluß tragen diese Quellen zum Wachstum und zur Versorgung des galaktischen Systems bei.

Auch die Vermehrung der Galaxien ist nur auf diese Weise verständlich. Gewaltige Massen und Energien, in superdichten Paketen zusammengedrängt, werden aus dem Zentrum der Milchstraßen in den intergalaktischen Raum hinausgeschleudert und bilden dort die Geburtsstätten neuer Galaxien, ein Geschehen, das nicht nur im Zeitpunkt der Entstehung des Universums stattgefunden hat, sondern noch immer andauert. Wie auf der hierarchischen Stufe der Sterne und Sternhaufen, sind somit auch auf der Stufe der Milchstraßen, über das ganze

Universum verteilt, milliardenfache Schöpfungsprozesse im Gange. Wir erinnern uns an die neuentdeckten Quasare, die man mit diesem Frühstadium junger Galaxien in Verbindung bringt – auch sie ungeheure Ansammlungen von Materie auf kleinstem Raum, deren Herkunft gleich rätselhaft ist.

Mit den geltenden physikalischen Gesetzen sind diese Schöpfungsprozesse nicht zu erklären. Sie widersprechen dem Prinzip von der Erhaltung der Energie, nach dem die Gesamtmenge der Energie im ganzen Universum von Anfang bis Ende die gleiche bleiben muß. Entstehung, Wachstum und Vermehrung der Galaxien werfen daher physikalisch ungelöste Probleme auf (»Elementarprozesse«). Wir haben gesehen, daß sie erklärlich werden, wenn wir ihnen biologische Abläufe zugrunde legen. Als Organismen wären die Galaxien in der Lage, dem intergalaktischen Raum die nötigen Stoffe zu entnehmen, die sie zu ihrem Wachstum, ihrer Versorgung und ihrer Vermehrung befähigen. Die Entdeckung der intergalaktischen Materie war in diesem Zusammenhang von großer Bedeutung.

Nun aber die Frage: *Reicht die intergalaktische Materie für diese Schöpfungsprozesse aus?* Die Antwort darauf: Wir wissen das nicht.

Hier zeigt sich ein allgemeines Dilemma, in dem sich die Astronomie befindet. Einerseits ist der gegenwärtige Stand ihrer Beobachtungen noch überaus lückenhaft; schließlich hat man vor einem Menschenalter weder von intergalaktischer Materie noch von Schöpfungsprozessen das geringste gewußt. Andererseits überstürzen sich die Entdeckungen in solchem Maße, daß sie präzise Schätzungen völlig unmöglich machen; Zahlen und Fakten, die wir heute für gültig halten, sind morgen durch neue Zahlen und Fakten überholt. So erscheint es am vernünftigsten, wenn wir von zweierlei ausgehen: Erstens, daß wir bisher nur einen Bruchteil aller Materieschöpfungen kennen, die im Universum im Gange sind; zweitens, daß uns die genaue Menge der im Weltall vorhandenen intergalaktischen Materie ebenfalls unbekannt ist. Daraus wieder kann der Schluß gezogen werden, daß wir mit beiden Möglichkeiten zu rechnen haben: Mit der einen (von der man heute stillschweigend auszugehen scheint), daß es genügend intergalaktische Materie gibt, um den Schöpfungsprozessen die nötigen Massen und Energien zur Verfügung zu stellen; mit der anderen, daß die Vorräte hierzu ungenügend sind, die Materiequellen also zusätzlich von anderswo gespeist werden müssen. Auch diese zweite Alternative muß kosmologisch durchdacht werden.

Nun gibt es schon seit längerer Zeit Weltmodelle, die sich mit einer laufenden Materieneubildung im Weltall beschäftigen. Beispielsweise ist die »Steady State Theory« von Hoyle, Bondi usw. – jene Lehre, wonach sich das Weltall in einem räumlich und zeitlich unbegrenzten Zustand gleichbleibender Dichte befindet – notwendig darauf angewiesen, daß sich Weltmaterie noch heute und bis in alle Zukunft von neuem erzeugt. Hier wird bereits eine »kontinuierliche Schöpfung« behauptet – etwa 100 Sonnenmassen pro Sekunde –, lange bevor sie tatsächlich entdeckt worden ist. (Die Theorie gilt heute als widerlegt, nachdem die entdeckte Hintergrundstrahlung für einen Urknall zu sprechen scheint; mit der Hypothese eines lebenden Weltalls steht sie schon deshalb in Widerspruch, weil sie dem Universum keinen zeitlichen Anfang zuerkennt.) Auch Paul Dirac und Pascual Jordan nehmen eine ständige Bildung neuer Materie an. Nach ihrer Theorie resultiert diese Neubildung daraus, daß die Gesamtenergie im Weltall trotz angeblicher Abnahme der Schwerkraft nur bei laufender Zunahme der Weltmasse erhalten bleiben kann.

Gegenüber diesen Weltmodellen wurde immer eingewandt, daß sie keinerlei plausible Erklärung dafür liefern, wie diese Neubildung von Materie eigentlich vor sich gehen soll. Der Streit entbrannte zu einer Zeit, als der wahre Umfang der Neubildung noch gar nicht bekannt war; es gab noch keine Vorkörper und Quasare, noch keine »jets« und Materiebrükken, noch keine Neugeburten ganzer Galaxien. Darum haben es die Verfechter dieser Theorien auch noch für ausreichend gehalten, die Schöpfungsprozesse mit Vorgängen *innerhalb* des Universums zu erklären (was ihnen nach Ansicht ihrer

Kollegen allerdings nicht gelungen ist). Jetzt, angesichts des riesigen Ausmaßes der Neubildungen, können uns die Theorien schon aus diesem Grunde nicht weiterhelfen. Solange wir nicht sicher sind, das für die ganz neue Größenordnung genügend intergalaktische Materie vorhanden ist, dürfen wir uns mit unseren Erklärungsversuchen nicht länger auf den Raum innerhalb des Universums beschränken.

Es bleibt dann nur die Hypothese übrig, daß die benötigte Materie von außerhalb des Universums zugeführt wird. Nur auf diesem Wege könnten die unzähligen Materiequellen im Universum gespeist werden, wenn der Vorrat an intergalaktischer Materie tatsächlich zu gering sein sollte. Mehr noch: *Nur unter dieser Voraussetzung ließe sich endlich auch eine brauchbare Antwort auf die Frage Nummer 1 der heutigen Kosmologie finden: Woher nämlich die Materie stammt (die Materie des ganzen Universums!), die nach der Theorie vom »Big Bang« in dem explodierenden Urkern enthalten war.*

Es ist gewiß anerkennenswert, daß die meisten Forscher einräumen, die Herkunft dieser Materie nicht erklären zu können. Aber die Resignation, mit der man die Ereignisse *vor* dem Zeitpunkt Null aus den Theorien ausklammert, steht doch in merkwürdigem Gegensatz zu der Kühnheit, mit der man den genauen Ablauf schon wenige Sekunden *nach* diesem Zeitpunkt zu kennen glaubt.

George Gamow, einer der Väter der Urknalltheorie, hat nach den Worten Hannes Alfvéns »mit Vergnügen beschrieben, was von Minute zu Minute nach dem Schöpfungsaugenblick geschah«. Seine Schrift »Die erste halbe Stunde der Schöpfung« (1951) hat bis zum heutigen Tag unzählige Veröffentlichungen über das gleiche Thema ausgelöst, alle von einem bewundernswerten Optimismus getragen: Man meint, die Ereignisse nun lückenlos rekonstruieren zu können, als habe sich endlich der lange gesuchte Augenzeuge gefunden, der uns über dieses erste Lebensstadium unserer Welt authentisch Auskunft gibt (Steven Weinberg, 1977: »Es ist etwas Bemerkenswertes, daß man jetzt sagen kann, wie das Universum am

Ende der ersten Sekunde, der ersten Minute oder des ersten Jahres beschaffen war.«) Doch überall bleibt die Frage, was *vor* dem Urknall geschah, unbeantwortet. Für Gamow war der Raum um den Urkern leer. Vom Nullpunkt ab wird also streng nach Kausalität verfahren, eine Sekunde davor herrscht Akausalität.

So kann es nicht gewesen sein. Ex nihilo nihil – aus nichts kommt nichts. *Das Auftauchen von Materie an einem Ort, wo vorher keine Materie war, ist nur denkbar, wenn sie von einem anderen Ort herbeigeschafft worden ist.* Nur so kann die Lücke in dem Geschehensablauf geschlossen werden. Nicht nur die Schöpfungsprozesse innerhalb des Universums, auch die Schöpfung des Universums selbst führt zwangsläufig zur Existenz eines größeren Kosmos hin.

Wie es freilich zur Verdichtung der außerhalb befindlichen Materie zum Urkern gekommen ist, muß offenbleiben. Als wahrscheinlichstes drängt sich auch insoweit eine Parallele zur Welt der Galaxien auf. *In dem Medium, das unser Universum umschließt, könnte sich eine Art Vorkörper, ein »universaler Quasar«, gebildet haben, herausgeschleudert aus einem Nachbaruniversum, der dann die weitere Entwicklung unseres Universums in Gang gesetzt hat.* Es liegt ohnehin nahe, in den »Protosternen«, den galaktischen »Vorkörpern«, den »Quasaren« ein allgemeines kosmisches Schöpfungsmodell zu sehen. Sollte es nicht auch auf die Entstehung des Universums als Ganzes zutreffen, nachdem wir schon so weit gegangen sind, an den Anfang einen überdichten »Urkern« zu setzen?

Nun bietet ein solcher Hergang noch keinen Anlaß, ein *biologisches* Geschehen anzunehmen; alles ließe sich auf physikalisch-mechanische Weise erklären. Aber die Dinge ändern sich, sobald wir sie in die uns bekannten Zusammenhänge rükken. Wenn sich seine Entstehung tatsächlich so zugetragen hätte, so wäre das Universum nicht nur ein offenes (und kein isoliertes) System, das fähig ist, Materie aus seiner Außenwelt aufzunehmen; es würde ihm diese Stoffzufuhr von außen auch ganz offenbar dazu dienen, von Stufe zu Stufe, über die Bildung von Galaxien, Sternhaufen und Sternen seine Hierarchie laufend auszubauen und örtliche Materiequellen zu erzeugen, die ihrerseits wieder, auf den einzelnen Stufen, ständig neue Strukturen entstehen lassen. Mit anderen Worten, es würde sich nicht um ein offenes System handeln, dessen Ordnung einer immer größeren Unordnung zustrebt, wie es das Bild einer Ur-*Explosion* nahelegt. Vielmehr würde das System von Anbeginn an in der Lage sein, immer kompliziertere Architekturen zu errichten und seine innere Dynamik, bis herab zum Erde-Mond-System, Schritt für Schritt zu verfeinern. Ein fortlaufender, kaskadenförmiger Ausbau seiner Organisation also, verbunden nicht mit Verlust, sondern mit Neubildung von Materie und Energie (und zwangsläufig auch mit einem Gleichbleiben oder einer Abnahme seiner Entropie). *Das aber vermag nur eine einzige Art offener und hierarchischer Systeme: der Organismus! Womit die Möglichkeit, daß es sich beim Universum tatsächlich um ein lebendes System handeln könnte, nun deutlich näherrückt.*

Es genügt somit nicht, wie es bereits gelegentlich geschieht (durch Hoyle/Narlikar zum Beispiel, 1959 schon durch V. A. Bailey), daß man einen Nachschub von Materie für wahrscheinlich hält, die von einem Ort außerhalb unseres Universums stammt. Man muß dann konsequenterweise das Universum auch als ein offenes System anerkennen und sich ebenso konsequent die Frage vorlegen, ob dieses System weiterhin als ein anorganisches zu gelten hat, da es ja nicht einfach wie eine Handgranate in lauter Stücke auseinanderfliegt, sondern die Fähigkeit besitzt, sich zu immer höherer Komplexität zu organisieren – wie ein Organismus das eben tut.

Wie steht es im Universum mit dem Merkmal des *Fließgleichgewichts,* jener Eigenschaft des Organismus, sich in einem quasistationären Zustand zu erhalten? Ein solches fließendes Gleichgewicht, das ist klar, können wir nur vermuten, wenn eine irgendwie geartete Dynamik vorliegt; in einem völlig statischen Universum kann es keinen Geschehensfluß mit der Außenwelt geben. Wir kennen aber nur eine einzige Art von Dynamik, die das ganze Universum erfaßt, die Expansion. Somit die Frage: Könnte die Expansion des Universums mit dem Merkmal eines Fließgleichgewichts in Beziehung stehen?

Rufen wir uns einiges ins Gedächtnis. In den zwanziger Jahren machte der amerikanische Astronom Edwin P. Hubble anhand der sogenannten Rotverschiebung in den Spektren die umstürzende Entdeckung, daß die Galaxien von uns aus gesehen nach allen vier Himmelsrichtungen auseinanderjagen. Die Geschwindigkeit, mit der ihre »Flucht« verläuft, ist ungeheuerlich. Sie wächst mit dem Abstand, der die einzelne Galaxie von uns trennt; je weiter entfernt, desto schneller fliegt sie davon. Die am weitesten entfernten Galaxien (diejenigen also, die sich uns noch in ihrem Zustand vor vielen Milliarden Jahren zeigen) »fliehen« mit einer Geschwindigkeit, die der des Lichts nahekommt (300000 Kilometer pro Sekunde). »Die Explosion eines Schrapnells«, so Georg Gerster, »ist dagegen die reinste Schneckenbewegung.«

Lassen wir einmal beiseite, daß noch immer nicht klar ist, ob die Rotverschiebung wirklich nur mit einer solchen großräumigen Bewegung der Galaxien erklärt werden kann oder ob sie nicht auf anderen Ursachen beruht. Wichtig ist im Augenblick, daß in jedem Falle das Bild einer »Flucht« trügt. Der Himmel strebt nicht etwa von uns fort, und wir stehen auch nicht in seinem ruhigen Mittelpunkt, vielmehr entfernen sich *alle* Himmelsobjekte voneinander, so daß der Beobachter auf einer anderen Galaxie genau den gleichen Eindruck hätte wie wir: während er meint, sich in Ruhe zu befinden, flöge unsere eigene Milchstraße von ihm davon. Am besten ist noch immer Walter Baades Vergleich:

»Stellen Sie sich unter der Expansion des Weltraums das Aufgehen eines Kuchens vor, der mit Rosinen gespickt ist. Oder einen Ballon, der aufgeblasen wird und mit zahlreichen, gleichmäßig verteilten Flicken aus einem unelastischen Material besetzt ist. Jede Rosine, jeder Flicken bedeutet eine Milchstraße, von jeder Rosine oder jedem Flicken her sieht die Ausdehnung des Kuchens bzw. des Ballons grundsätzlich gleich aus – auch dehnen sich nicht die Rosinen und die Flicken, nur der Teig und die Ballonhülle zwischen ihnen. Das heißt für die Expansion des Weltalls: Die Entfernungen innerhalb unserer Milchstraße vergrößern sich nicht, und alle materiellen Körper behalten ihre Dimensionen. Nur der Raum zwischen ihnen dehnt sich wie die elastische Ballonhülle.«

Wichtig ist weiter, daß die »Flucht«geschwindigkeit der Galaxien nicht wirklich mit ihrer wachsenden Entfernung zunimmt. Mit wachsender Entfernung blicken wir nur in eine immer weiter zurückliegende Vergangenheit. Das bedeutet, daß das Weltall, und zwar nach allen Richtungen, sich früher schneller ausgedehnt hat als heute, weshalb man in der Expansion ja auch den überzeugendsten Beweis dafür sieht, daß es aus einer Explosion auf kleinstem Raum, eben dem Urknall, hervorgegangen ist: Als Folge jenes ersten Feuerballs fliegt die Welt noch immer auseinander, einst mit hoher Geschwindigkeit, wie wir sie noch heute an den Grenzen des sichtbaren Universums feststellen können, heute mit viel geringerem Tempo, abzulesen an Objekten, die uns näher stehen.

Die Entdeckung der Expansion wird mit Recht als einer der tiefsten Einschnitte in der modernen Astronomie angesehen. Ihre Konsequenzen für die Kosmologie sind noch immer nicht zu überblicken. Sie ist es in erster Linie gewesen, die das statische Bild des Universums endgültig in ein dynamisches verwandelt hat. Wie revolutionär dieses dynamische Bild war, wie zögernd man es akzeptierte, wird am Beispiel Einsteins deutlich. In seiner Allgemeinen Relativitätstheorie 1917 hat er noch eine völlig statische Lösung angestrebt, eine »quasistatische Verteilung der Materie«, und zu diesem Zweck in seine Gleichungen eine »kosmologische Konstante« eingefügt. Später, nach Entdeckung der Expansion, hat er diese Konstante als den »größten Schnitzer seines Lebens« bezeichnet.

Aber gerade angesichts der umwälzenden Bedeutung der Expansion mutet es merkwürdig an, daß niemals der Gedanke aufgekommen ist, sie könnte ein biologisches Geschehen sein. Man muß sich einmal vorstellen: Bis zu jenem Jahr 1929, als Hubbles Entdeckung bekannt wird, gilt das Universum als ein festgefügter, unbewegter, eherner Block, nach allen Seiten hin abgeschlossen, in seinem Zustand starr und unveränderlich. Nun mit einem Mal gerät dieser Block in Bewegung. Richtiger gesagt, er bewegt sich selbst, er dehnt sich aus, alle seine Strukturen, ohne dabei ihre Stabilität einzubüßen, rücken wie in einer großen, systematischen Anschwellung auseinander. Liegt es da nicht nahe, dasselbe zu tun, was wir auf der Erde tun würden, wenn sich ein regloses Gebilde plötzlich zu bewegen beginnt, daß wir uns nämlich fragen, ob dieses Gebilde nicht etwa lebt? Gerade am Beispiel der Expansion scheint mir die verhängnisvolle Spirale deutlich zu werden, in der unser astronomisches, unser gesamtes naturwissenschaftliches Denken verläuft. Weil uns die Technik so großartige Entdeckungen beschert, neigen wir immer mehr dazu, das, was wir entdecken, auch als etwas Technisches anzusehen. Und das Ergebnis: Die Suche nach dem Lebendigen kommt zu kurz.

Zeigen wir einige Gesichtspunkte auf, die sich aus einer biologischen Deutung der Expansion ergeben könnten.

Wenn man annimmt – so die überwiegende Meinung –, die Expansion verliefe von der Entstehung des Universums an bis zu seinem Ende in monotoner Gleichmäßigkeit (wenn auch mit abnehmender Geschwindigkeit), so könnte sie allenfalls das Anzeichen eines Wachstums, nicht eines Stoffwechsels sein. Die Dynamik eines Fließgleichgewichts vollzieht sich stets in zwei entgegengesetzten Richtungen; sie führt dem offenen System Materie von außen zu, und sie führt Produkte aus ihm heraus; zwei sich überlagernde Strömungen also, nicht eine einzige. *Bei einer linear sich fortsetzenden Expansion spräche daher vieles für ein unbelebtes Modell.* Es würde sich um einen Prozeß in immer derselben Richtung handeln, unaufhaltsam strebte er einer wachsenden Verdünnung der Weltmaterie zu. Sein Endpunkt wäre die unersättliche Leere (was manche Autoren offenbar dazu reizt, die Trostlosigkeit dieser Entwicklung ausgiebig zu schildern). Dieses Weltall, ein sich endlos ausdehnendes und zerfließendes, wäre das leibhaftige Porträt einer wachsenden Unordnung und Entropie, das absolute Gegenteil eines Organismus.

Es gibt freilich ernste Zweifel, ob die Ausdehnung des Universums wirklich so einförmig weiterverläuft. Der erste ist der, daß es nach Ansicht mancher Forscher *»örtliche« Variationen* der Expansion geben kann, Verlangsamungen, Beschleunigungen, Überschneidungen oder auch vollkommene Ruhezustände einiger Bereiche. Hier ließe sich bereits an gewisse Parallelen zu den Bewegungen lebender Körper denken. Es gibt auch Kosmologien, die vermuten, daß sich die Expansion lediglich auf den uns überschaubaren Teil des Universums beschränkt. *Dann könnten in nicht überschaubaren Teilen Gegenbewegungen stattfinden, wie sie zur Typologie eines Stoffwechsels gehören.*

Eng damit hängt zusammen, daß wir uns selbst unter Zugrundelegung der Einsteinschen Gesetze das Universum nicht unbedingt als einen einheitlich gekrümmten, kugelartigen Raum vorzustellen brauchen. Physikalisch sind durchaus Gebilde denkbar, die in ihrer äußeren Gestalt die unterschiedlichsten Abwandlungen aufweisen. Auch das käme der Formenfülle eines organischen Weltalls entgegen. Nach dem russischen Physiker Wladimir Laptschinski gibt es »keine Garantie, daß es gelingen wird, sämtliche Felder mit ihren Quellen zu geometrisieren« – eine sehr weittragende Feststellung (desselben Autors übrigens, der »das Universum als Ganzes eine einheitliche selbstorganisierende Gesamtheit« nennt).

Der zweite Einwand gegen eine linear verlaufende Expansion ist noch bedeutsamer. Die relativistischen Gesetze lassen auch Weltmodelle zu, in denen die Ausdehnung des Universums, statt sich geradlinig und auf unabsehbare Zeit fortzusetzen, in eine Zusammenziehung übergeht. Darunter findet sich sogar das Modell eines *pulsierenden Weltalls,* bei dem sich

Ausdehnungen und Zusammenziehungen in dauerndem Wechsel ablösen. Dieses pulsierende Weltall hat unter den modernen Kosmologien seinen festen Platz.

Wie könnte es zu einer solchen Pulsation kommen? Wir haben gesehen, daß sich die fernen Objekte schneller fortbewegen als die nahen. Das Tempo der Ausdehnung ist also früher größer gewesen als heute, die Expansion verlangsamt sich (worüber alle Theorien sich einig sind). Der Grad dieser Verlangsamung hängt nun davon ab, wie stark die Schwerkraftanziehung ist, die die im Weltall vorhandenen Massen aufeinander ausüben. Ist die Dichte dieser Massen verhältnismäßig groß, so ziehen sie sich stark genug an, um sich in ihrer Expansionsbewegung abzubremsen.

Der weitere Verlauf der Expansion wird somit von der Quantität der im intergalaktischen Raum vorhandenen Massen bestimmt. Gamow ist Ende der fünfziger Jahre noch davon ausgegangen, daß es keine intergalaktische Materie gäbe, folglich konnte auch keine Abbremsung stattfinden, die Expansion setzte sich bis zur totalen Auflösung des Universums fort: »Wenn der intergalaktische Raum Materie enthielte, deren totale Masse größer als das Siebenfache der Gesamtmasse der Galaxien wäre, müßten wir unseren Schluß ändern und feststellen, daß das Universum pulsierend ist. Bisher gibt es keine Anzeichen, daß im intergalaktischen Raum Materie vorhanden ist.« Dieser letzte Satz Gamows war falsch. Wir wissen heute, daß es eine solche intergalaktische Materie gibt, und wir haben gesehen, daß sie, bezogen auf das gesamte Weltall, sogar eine riesige Menge ausmacht. Daher wird heute immer häufiger die Meinung vertreten, daß die beobachtete Expansion später wieder in eine Schrumpfung übergeht. Bei genügender Dichte könnte die so kontrahierende Masse, wie schon beim Urknall, dann ein zweites Mal explodieren, der Zyklus der Ausdehnung begänne von neuem. Man hört sogar die Ansicht, wir befänden uns bereits heute in einer wiederholten Phase der Expansion. Dabei bezieht man sich auf Berichte, wonach es Sternhaufen und Fixsterne mit einem viel höheren Alter zu geben scheint (20 bis 25 Milliarden Jahre), als man es heute allgemein dem Universum zubilligt (ca. 15 Milliarden Jahre).

Die Möglichkeit eines pulsierenden Universums kommt der Hypothese von einem biologisch aufgebauten Universum auf überraschende Weise entgegen. Schon rein phänomenologisch entspräche eine Pulsation den Bewegungen eines Organismus. Diese verlaufen ja niemals ohne irgendwelche Intervalle oder Rhythmen in einer einzigen Richtung, womöglich noch ohne je zur Ruhe zu kommen. Der belebten Natur ist eine solche Monotonie gänzlich fremd. Darum können wir auch in keinem einzigen Fall hoffen, lebende Bewegungen nach mathematischen Gesetzen aufgrund ihrer ersten Phase für alle weiteren Phasen vorauszuberechnen. Die Dynamik des Lebendigen wird eben nicht allein von mechanischen Ursachen, sondern von den wechselnden, individuellen Bedürfnissen des Organismus bestimmt, von seinem Wachstum, seinem Stoffaustausch, seiner Vermehrung, seinem Älterwerden, seinem Tod; nirgendwo ist sie bloße Bewegung nach dem Lineal. Leben verläuft in Kurven, Schwingungen, Perioden, es kennt »Umkehrungen«, wie das zum Wesen des fließenden Gleichgewichts gehört, Zyklen, die dazu dienen, den Organismus als Ganzen, trotz aller Veränderungen im einzelnen, in seiner Geschlossenheit zu bewahren.

Vor allem aber wäre eine Pulsation die logische Folge unserer bisherigen Grundannahme, daß nämlich die Neuschöpfung von Materie ein biologischer Vorgang ist; diese Neuschöpfung wäre es nun, die zu einer größeren Massenverdichtung beiträgt und dadurch (Schwerkraftanziehung, Abbremsung der Expansion) den Rhythmus der Zusammenziehung auslöst. Zwischen beiden, Neubildung von Materie und Pulsation, bestünde somit ein funktioneller Zusammenhang. Für diesen Zusammenhang ließe sich dann folgendes vermuten:

> daß die in Pulsation übergehende Expansion Teil eines vom Universum entwickelten Bewegungsmechanismus ist, der durch seine periodischen Ausdehnungen und Zusammen-

ziehungen die Zufuhr und den Austritt von Materie, also den Stoffwechsel mit der Außenwelt steuert;
daß die Pulsation in ihrer augenblicklichen Expansionsphase mit Hilfe dieses Stoffwechsels die Neubildung von Materie und damit die zahlreichen Schöpfungsprozesse innerhalb des Universums ermöglicht;
daß sie mit ihrer Periodik zugleich das Fließgleichgewicht in Gang hält, dem das Universum, anders als ein ständig expandierendes, seinen quasistationären Zustand verdankt.

Jetzt zeichnet sich eine bemerkenswerte »Indizienkette« ab:
Die Materieneubildung zwingt zur Annahme, daß das Universum ein offenes System ist und in einer materieerfüllten Außenwelt schwebt; sie zwingt weiter zu der Annahme einer wachsenden Organisation innerhalb des Universums auf allen hierarchischen Stufen, mit sich vermindernder Entropie (und wachsender Entropie seiner Außenwelt); sie unterstützt ferner die Vermutung einer Pulsation und über die Pulsation wieder die Annahme einer allgemeinen Dynamik, die dem Stoffwechsel mit der Außenwelt dient und der Erhaltung des inneren Gleichgewichts – alles Kennzeichen eines lebendigen Systems.

Die Möglichkeit einer Pulsation führt uns noch einmal zur Frage eines größeren Kosmos zurück. Wir haben offengelassen, ob eine Außenwelt des Universums anorganischer oder organischer Natur sein könnte. Beides ist denkbar. Der Raum, der ein biologisches Universum umgibt, kann ein *anorganisches Medium* sein, er muß dann nur die Grundstoffe enthalten, aus denen sich ein kosmischer Organismus aufzubauen und zu entwickeln vermag. Es könnte aber auch sein, daß diese Außenwelt in einer weiterreichenden biologischen Welthierarchie einen noch größeren, *überuniversalen Organismus* bildet, der einer *eigenen Dynamik* fähig ist.

Für diesen letzteren Fall wäre denkbar, daß sich die gegenwärtige Expansion des Universums aus einer völlig gleichartigen Bewegung dieses noch höheren Systems herleitet und daß auch die zu erwartende Wiederzusammenziehung des Universums einer Rhythmik dieser übergeordneten Stufe folgt. Ein solches Bild strapaziert unsere Phantasie beträchtlich. Es wird aber selbst unter rein physikalischen Gesichtspunkten für möglich gehalten. Ich möchte nur den schwedischen Nobelpreisträger Alfvén zitieren, dem ich die Anregung zu dieser Idee verdanke: »Möglicherweise sind Modelle mit abwechselnder Expansion und Kontraktion . . . nur zeitlich begrenzte Ausschnitte einer *oszillierenden Welt.*«

Zu der Frage einer Duplikation, also einer *Vermehrung,* gibt es keinerlei konkrete Beobachtungen, auch die existierenden Materiequellen helfen uns nicht viel weiter. Die kosmologischen Theorien lassen uns völlig im Stich, was begreiflich ist; ein Universum, das als ein lebloses, zumeist auch isoliertes System gilt, pflanzt sich nicht fort.

Gewisse Anhaltspunkte bietet allenfalls wieder die Analogie zu den Milchstraßen. Nach der *Vorkörpertheorie,* der wir gefolgt sind, verlaufen die Vermehrungsprozesse bei den Galaxien, auch auf ihren unteren Ebenen, vom Kleinen zum Großen, wie das der allgemeinen Lebensentwicklung von Organismen entspricht. Die Sterne bilden sich nicht aus Kondensationen großer Gaswolken, sondern aus Vorsternkörpern, ebenso entstehen die Galaxien aus supermassiven Körpern kleinsten Ausmaßes, nicht aus gigantischen Gasmassen, die sich etwa zusammenziehen. Die Entdeckung der Quasare scheint diese morphologische Linie vom Kleinen zum Großen bestätigt zu haben. Entsprechendes gilt für die Fortpflanzung der Galaxien: Die Geburt der neuen Galaxie erfolgt aus dem Kern der Muttergalaxie.

Ein Vermehrungsprozeß des Universums müßte also wohl einem ähnlichen Ablauf folgen und sich ebenfalls vom Kleinen zum Großen vollziehen: *Wie bei der Bildung von Tochtergalaxien würde er von einem Kerngebiet des Universums seinen Ausgang nehmen.*

Die Annahme eines solchen Kerngebiets stünde nun freilich

mit einigen noch heute geltenden Grundstützen der Astronomie in Widerspruch. Nach den sogenannten kosmologischen Prinzipien hat das Weltall weder einen Mittelpunkt noch eine Achse; es ist im großen und ganzen gleichförmig aufgebaut, auch sind Materie und Bewegung im Weltall gleichmäßig und in allen Richtungen mit gleichen Eigenschaften verteilt. Diese »Homogenität« und »Isotropie« bewirken – so die Forderung Einsteins –, daß das Weltall, abgesehen von lokalen Unregelmäßigkeiten, von jedem Beobachtungsort und in jeder Beobachtungsrichtung stets den gleichen Anblick bietet.

Viele Weltmodelle tragen diesem Erfordernis Rechnung. Als weiterer kosmologischer Grundsatz käme hinzu, daß die Entropie im Universum wächst (also sich nicht etwa gleichbleibt oder gar verringert, wie es beim offenen System eines Organismus der Fall ist). Diese Zunahme der Entropie folgt aus der Tatsache, daß das Universum als ein isoliertes System angesehen wird, in dem die Prozesse irreversibel, das heißt nicht umkehrbar ablaufen, und daß es infolge der Expansion in Zustände immer dünnerer Materie- und Energiedichte, mithin in immer größere Unordnung übergehen wird.

Aber Homogenität und Isotropie, lange Zeit die Tabus der Kosmologie, sind heute längst fraglich geworden. Man stimmt durchaus nicht mehr darin überein, daß das Weltall von jedem Standort aus den gleichen Anblick bietet. Der russische Astronom L. W. Mirsojan bezeichnet Homogenität und Isotropie des Kosmos als »völlig willkürliche vereinfachende Annahmen«, die sich von den tatsächlichen Beobachtungen erheblich unterscheiden. Was die Entropieveränderungen im Universum angeht, so tappt man vollends im dunkeln. Wie sollte man sie auch messen können – anders als rein rechnerisch –, wo man doch erst den kleinsten Teil des Weltalls überblickt? Nach E. L. Schatzman gilt es daher noch immer, »herauszufinden, ob die Entropie des kugelförmig geschlossenen Universums ansteigt oder nicht«.

Würde ein Kerngebiet tatsächlich existieren, so müßte dies zur Folge haben, daß in bestimmten, uns noch unbekannten

Regionen des Universums große Massen und Energien konzentriert sind, in Größenordnungen, die die Verhältnisse in den Zentren der Milchstraßen um ein Vielfaches übertreffen. Auch weitere Parallelen zu den Galaxien böten sich dann an. So könnte ein Kerngebiet zusätzliche Erklärungen für die Expansion, vielleicht auch für eine Pulsation liefern; was uns als Ausdehnung erscheint, könnte Teil eines allgemeinen Hin- und Zurückströmens der im Universum vorhandenen Materie sein, wie wir es als Kreislauf der interstellaren Materie in der Galaxie beobachtet haben, auch dort gesteuert vom Kerngebiet. Es könnte eine »Kontinuumsquelle« existieren, die laufend Materie produziert – Materie in Form dichter Portionen oder in Form jenes dünn verteilten Plasmas, das den intergalaktischen Raum erfüllt. Es könnte ein »Schwarzes Loch« in universalen Ausmaßen geben, mit starker Sogwirkung auf seine Umgebung. Vor allem aber ließe sich an das eruptive Herausschleudern universaler Massen in den extrauniversalen Raum denken. Davon könnten dann die Geburtsprozesse neuer Universen ihren Ausgang nehmen, ähnlich den Ereignissen, wie wir sie, ausgehend von einem Nachbaruniversum, für die Entstehung unseres eigenen Universums vermuten.

Das alles greift tief ins Reich der Phantasie. So weit unsere Fernrohre, unsere Radioteleskope auch dringen, so rätselhaft viele Botschaften auch sind, die sie empfangen, von irgendeinem Zentrum unseres Universums haben sie uns noch nichts berichtet. Darum sind diese Überlegungen vorerst reine Spekulation. Und daher wird es auch nicht zulässig sein, solange diese letzte Frage der Vermehrung noch offen ist, das Universum schon jetzt als einen möglichen *Gesamt*organismus zu betrachten und die Hypothese von einem lebenden Weltall in dieser Variante als gesichert anzusehen.

Eine Hypothese bedarf noch keiner Beweise, aber sie bedarf einer gewissen Schlüssigkeit. Sie soll schlüssig genug sein, um die Wissenschaft zu weiteren Untersuchungen anzuregen. Hier läßt sich noch nichts untersuchen; was die Totalgestalt des Universums angeht, sind wir noch blind.

Aber was heute Phantasie ist – die Astronomie hat es in den letzten Jahren nur allzuoft erfahren müssen –, kann morgen der Schimmer einer ersten Beobachtung sein, in einem Jahr eine Hypothese, in zwei Jahren eine Theorie. Niemand vermag zur Stunde zu sagen, welche Erkenntnisse uns etwa die sich stürmisch entwickelnde Röntgenastronomie, die erst in den Anfängen steckende Messung der Schwerkraftwellen noch bringen wird. Alles und jedes ist möglich in der Astronomie.

Immer und immer wieder müssen wir bedenken, daß wir erst einen winzigen Ausschnitt des Weltalls überblicken. Unsere Kenntnisse von dem noch unsichtbaren Teil sind in hohem Grade fiktiv; sie stützen sich auf statistische Annahmen, vor allem aber an den Glauben an die Allgemeingültigkeit der uns bekannten physikalischen Gesetze. Doch diese Gesetze, auch die Gesetze Einsteins – und *er* wußte es –, bieten nur eine Beschreibung, eine Geometrie des Universums; gewiß eine vielfach bewährte Geometrie – aber sind sie die Wirklichkeit?

KAPITEL VIII: FOLGERUNGEN

Am Schluß des Kapitels über die Galaxien ist eine wichtige Frage offengeblieben: Könnte es sich bei ihnen um selbständige Organismen handeln oder nur um Glieder eines noch höheren Organismus, um Individuen oder um »Dividuen«? Jetzt, nachdem wir etwas klarer sehen, wie es mit den möglichen Lebensmerkmalen des Universums als Ganzem steht, läßt sich die Frage besser beantworten. In welcher Weise lebt das Weltall? Gibt es ein lebendes Weltall nur in Gestalt lebender Galaxien? Gibt es auch ein lebendes Weltall in Gestalt eines als Gesamtorganismus lebenden Universums? Gibt es ein lebendes Weltall überhaupt?

Vergegenwärtigen wir uns noch einmal, was sich für das Universum und für die Galaxien ergeben hat:

Wir dürfen mit ziemlicher Sicherheit annehmen, daß *das Universum insgesamt* ein stufenförmig aufgebautes, räumlich und zeitlich begrenztes Gebilde ist. Wir dürfen auch vermuten, daß sich im Universum ständig von neuem Materie bildet. Ein solcher Neuschöpfungsprozeß wäre am ehesten zu erklären, wenn die Materie von außen zufließt; dann hätte das Universum zugleich als ein im physikalischen Sinne offenes System zu gelten. Wir dürfen ferner annehmen, daß die Expansion des Universums Teil einer Pulsation ist und daß diese Gesamtdynamik nicht nur den Austausch von Materie und Energie mit einer uns nicht sichtbaren Außenwelt steuert, sondern auch das Wachstum des Universums bewirkt und seinen Zustand im

Gleichgewicht erhält. *Das alles wären Kennzeichen des Lebendigen.*

Trotzdem erscheint die Hypothese, daß das Universum einen großen kosmischen Organismus darstellt, nicht hinreichend gesichert. Der Grund ist der – ein Mangel, an dem alle kosmologischen Theorien leiden –, daß das vorhandene Beobachtungsmaterial noch zu dürftig ist. In unserem Fall fehlt es insbesondere an Anzeichen für eine materieerfüllte Außenwelt und für Massenverdichtungen im Universum, aus denen auf eine Kernaktivität mit Vermehrungsmöglichkeit geschlossen werden könnte. Solange es an bestätigenden Fakten dafür fehlt, ist eine biologische Natur des Universums ungewiß. Es gibt freilich auch keine eindeutigen Fakten, die einer solchen biologischen Natur des Universums entgegenstünden.

Um so entschiedener läßt sich nach den vorliegenden Erkenntnissen aber die Hypothese vertreten, daß es sich bei den Galaxien um belebte Systeme handelt. Es gibt schlüssige Anzeichen dafür – wir haben sie alle der Reihe nach untersucht –, daß die Galaxien die nötigen Lebenskriterien aufweisen, die von der Biologie als Mindestmerkmale von Organismen gefordert werden.

Danach ist die Antwort auf die Frage nach dem Wesen der Galaxien klar. *Solange der organische Charakter des Universums als Gesamtsystem ungewiß ist, muß angenommen werden, daß es sich bei den Galaxien um selbständige Organismen handelt.* Wir dürfen in ihnen – immer hypothetisch – nicht nur organische Teilstrukturen sehen, vielmehr müssen sie als geschlossene Individuen gelten, die das Universum bevölkern. Von den beiden denkbaren Varianten – das Universum ein einheitlicher Organismus, das Universum die Wohnstätte galaktischer Organismen – trifft offenbar die letztere zu. Dies jedenfalls nach dem Stand der Dinge, wie er sich uns heute bietet.

Das Universum selbst muß als ein anorganisches Medium gelten – vorerst wenigstens (so daß die Entropie dort insgesamt sehr wohl zunehmen könnte). In diesem Medium aber, in Gestalt der Milchstraßen, scheinen riesige, autonome Lebewesen zu existieren, ein jedes in der Dimension von vielen tausend Lichtjahren, milliardenfach über die unermeßlichen Weiten des Weltalls verstreut.

Eine Frage zum Schluß, sie wird im Streit über die verschiedenen Weltmodelle immer häufiger diskutiert. Ein derart lebendes Weltall – wäre es *determiniert?* Eine Theorie scheint neuerdings erst glaubwürdig zu werden, wenn es ihr gelingt, das Naturgeschehen im Kosmos mit Hilfe kausaler Abläufe möglichst vollständig zu erklären und vorauszubestimmen, kurz, es zu »determinieren«. Psychologische Ausgangspunkte sind auch hier die Einsteinschen Gesetze. Sie erfassen das Universum in allen seinen denkbaren Abwandlungen, als ein endliches, als ein unendliches Gebilde, in seiner Vergangenheit, seiner Gegenwart, seiner Zukunft, und so sind sie zum Inbegriff unseres stolzen Bewußtseins geworden, daß wir die großen kosmologischen Rätsel empirisch zu lösen vermögen; Inbegriff auch unseres uneingestandenen Verlangens, die Natur möge sich endlich unseren Erkenntnissen fügen (statt unsere Erkenntnisse der Natur). Einstein, über die Kausalität, hat uns zum Herrn der Welt gemacht.

Nun, was die Determiniertheit eines lebenden Weltalls angeht, so sei in erster Linie daran erinnert, daß alles Lebendige letzten Endes Geheimnis bleibt. Wir haben ausführlich darüber gesprochen. Viele Prozesse des Organismus lassen sich zweifellos anhand physikalischer und chemischer Gesetze besser erklären. Aber wir können nicht der Ansicht folgen, daß eines Tages das Leben als Ganzes in seinen kausalen Verknüpfungen erkennbar wird – nicht weil es uns an der nötigen Einsicht dazu fehlt, sondern an der nötigen Kausalität. Anders als im Bereich des Anorganischen verbleibt im Bereich des Lebendigen stets ein nie aufklärbarer, für die letzte Deutung aber entscheidender mystischer Rest von *Akausalität.* Das gilt sowohl für bekannte wie für unbekannte, sowohl für irdische wie für kosmische Lebewesen. Darum konnten ja auch, ich wiederhole es, die Lebenskriterien, die wir untersucht haben, nur Indizien, nur Krücken sein. Mag die Biologie noch so großen Wert auf sie legen, zur Erkenntnis des eigentlichen *Wesens* des Lebens taugen sie nicht.

Nur unter diesem allgemeinen Vorbehalt bejahe ich für ein *lebendes* Universum die Kausalität. Es besitzt die Kausalität alles Lebendigen, wie sie von der terrestrischen Biologie mehr und mehr erkannt wird, auch in ihrer Begrenztheit. Aber es besitzt nicht die Kausalität des bloß Physikalisch-Chemischen. Und nur insoweit, gemessen an den Grenzen des Lebendigen, ist es an seiner gesamten Entwicklung, seiner Entstehung, seinem Wachstum, seinem Ende auch *determiniert.*

Was insbesondere die Einsteinschen Gesetze angeht, so werden immer häufiger Zweifel geäußert, ob sie auch für ein Universum gelten können, das infolge einer anderen Art und Menge von Materie einen völlig verschiedenen strukturellen Aufbau hat; ob dann nicht Gesetze gelten müßten, »denen keine raum-zeitliche Beschränkung auferlegt ist«. Die Frage spielt hier keine Rolle. Indessen ist doch wichtig, daß vom Standpunkt der Hypothese eines lebenden Weltalls die Einsteinschen Gesetze durchaus ihre beschränkte Geltung haben können (wie ja auch die atomaren und molekularen Gesetzmäßigkeiten für den Menschen gelten, da er nun einmal aus Atomen und Molekülen zusammengesetzt ist). Für kosmische Organismen, wie sie der Hypothese zugrunde liegen, mögen sie sogar um so eher zutreffen, als deren riesige zeitliche und räumliche Dimensionen viel zahlreichere Analogien zur anorganischen Welt erlauben, als es bei irdischen Organismen der Fall ist. *Die Grenze wird nur immer da zu ziehen sein – wie auch bei der atomaren Gesetzmäßigkeit des Menschen –, wo das Lebendige mit den ihm eigenen Gesetzen an die Stelle des Anorganischen tritt.*

NACHWORT

Noch keine vierhundert Jahre sind es her, daß Giordano Bruno sein großartiges Bild vom lebenden Universum entworfen hat – der Kosmos ein »magnum animal«:

> »Die bewegende Seele und der bewegte Leib geben den unendlichen und unzähligen Welten die Möglichkeit, sich zu bewegen; diese großen und kleinen Tiere, verteilt in den Weiten des Universums, bergen in sich, ein jedes nach seiner Beschaffenheit und Bestimmung, den Urgrund seiner Bewegung, seiner Änderungen und seiner besonderen Verwandlungen.«

Das klang sehr viel poetischer als die trockene Beschreibung, die sich im Laufe dieser Untersuchung ergab. Es klang auch sehr viel sicherer. Giordano Bruno *wußte,* daß das Universum lebt, wir halten es nur für *möglich,* daß es lebt. Wie es zu diesem Wandel gekommen ist, haben wir im ersten Kapitel gesehen. Die großen Philosophen der Antike und des Mittelalters sind noch ganz ihrer Imagination gefolgt, wenn sie über den Kosmos nachgedacht haben. Wir dagegen, Anhänger – und Opfer – des Rationalismus, müssen zu Formeln und Beweisen greifen, um seinen Geheimnissen auf die Spur zu kommen. Nichts aber ist unsicherer als Beweise; sie entspringen dem Zweifel, und sie münden im Zweifel.

Noch aus einem anderen Grund möchte ich an die Stimmen

von einst erinnern. Das lebende Universum hat die Philosophie nie als eine rein biologische Erscheinung beschäftigt. Viel wichtiger war, daß es Geist und Seele besaß. Hören wir noch einmal die herrlichen Sätze Platons aus dem Dialog Timaios:

> »Von den aufgenommenen sterblichen und unsterblichen Wesen gänzlich erfüllt ist so dieser Kosmos, der als sichtbares lebendes Wesen das Sichtbare umfaßt hält und als Abbild des nur durch Denken Erfaßbaren ein wahrnehmbarer Gott ist, zum größten und besten, zum schönsten und vollkommensten, eben zu diesem einen Himmel geworden, der als einziger geschaffen.«

Ich zitiere das nicht, um nun am Schluß doch noch religiöse Betrachtungen anzustellen. Ob ein lebendes Universum Schöpfung oder gar Abbild Gottes ist oder nur einfach ein Produkt komplizierter physikalisch-chemischer Vorgänge, wie man das neuerdings auch von irdischen Lebewesen behauptet, möge jeder mit sich selbst ausmachen. Es geht um etwas anderes. In diesem Buch wurde allein von der *stofflichen* Seite eines lebenden Weltalls gesprochen und nichts über seine *geistige* Seite gesagt. *Ein lebendes Universum aber, auch nur als Stätte lebender Galaxien, wäre in der Tat nicht nur ein biologisches, es wäre auch ein geistiges Phänomen.* Mag die frühere Naturphilosophie, was die Gestalt des Universums angeht, noch so groben astronomischen Irrtümern erlegen sein, darin hat sie nicht geirrt: daß ein lebendes Weltall von ungeheuren geistigen Auswirkungen auf den Menschen ist. Daher meine ich, daß auch wir über diesen Punkt ein wenig nachdenken sollten; jeder für sich, mit welchem Ergebnis auch immer.

Eines ist sicher. Das unerwartete Auftreten einer uns an Dimensionen so überlegenen Existenz, einer Superkreatur, würde uns in unserem Selbstgefühl empfindlich treffen. Manchmal habe ich fast den Eindruck, daß wir gerade deshalb das jahrtausendealte Bild eines lebenden Universums aus unserem Bewußtsein verdrängt haben. Trotz Kopernikus fühlen wir uns noch immer als Mittelpunkt der Welt. Wir haben zwar die Erde astronomisch entthront, einige Jahrhunderte danach auch die Sonne, in jüngster Zeit auch unsere Galaxie. Aber erst nach Kopernikus haben wir so richtig begonnen, den Menschen geistig ins Zentrum der Schöpfung zu setzen. Der bloße Gedanke daran, es könnte damit sein Ende haben, macht uns angst.

Aber ist es nicht viel beängstigender, daß die Astronomie im Universum immer neue Anhäufungen von Massen entdeckt, und alle diese Massen sind tot? Könnten wir mit der Zeit nicht das Wunderbare begreifen, das sich hinter einem organischen Weltaufbau verbirgt? *Unsere zentrale Rolle ginge uns verloren; dafür sähen wir uns der Existenz eines Organismus gegenüber, in die unsere eigene Existenz tief eingebettet ist und die unser Leben, nicht nur das körperliche, mit den unendlichen Weiten des Kosmos verknüpft.* Das würde dem Bild einer so fremdartigen Kreatur vieles von seinem Schrecken nehmen. Wir würden erkennen, was man früher als etwas Selbstverständliches erkannt hat: daß ein lebendes Weltall vor allem Leben ist, Leben, wohin wir blicken und denken, eine große Einheit, die alles Lebendige umschließt – auch uns selbst.

LITERATURVERZEICHNIS

Alfvén, H.: Kosmologie und Antimaterie. Über die Entstehung des Weltalls, 2. Aufl. 1969.

Alfvén, H.: Antimaterie (Bild der Wissenschaft 1970/7).

Ambarzumjan, V. A.: Nichtstationäre Erscheinungen in der Welt der Sterne und Galaxien (Sterne und Weltraum 1972/12).

Ambarzumjan, V. A.: Probleme der modernen Kosmogonie, 1976.

Appenzeller, J., und Fricke, K.: Explodierende galaktische Kerne (Sterne und Weltraum 1973/11).

Baade, W.: s. unter Gerster, G.

Bailey, V. A.: The Steady-State Universe and the Deduction of Continual Creation of Matter (Nature, 1959, Vol. 184).

Barnett, L.: Einstein und das Universum, 1952.

Bavink, B.: Ergebnisse und Probleme der Naturwissenschaften, 1949.

Becker, Fr.: Geschichte der Astronomie, 1968.

Becker, U., und Sauermost, R.: Erforschter Weltraum, 1976.

Becker, W.: Die Spiralgestalt der Milchstraße (Bild der Wissenschaft 1969/10).

Benz, E.: Swedenborg in Deutschland, 1947.

Bertalanffy, L. v.: Das biologische Weltbild, 1949.

Bertalanffy, L. v.: Biologie und Erforschung des Lebens (Bild der Wissenschaft 1966/9).

Bertalanffy, L. v. (zusammen mit W. Beier und R. Laue): Biophysik des Fließgleichgewichts, 2. Auflage 1977.

Blacker, C. und Leowe, M.: Weltformeln der Frühzeit, 1977.

Bondi, H.: The Universe at Large, Views of Cosmology, 1960.

Bondi, H.: Where Life begins, 1969.

Breuer, R.: Gravitationswellen (Bild der Wissenschaft 1977/3).

Breuer, R.: Schwarzes Loch im Zentrum der Milchstraße (Bild der Wissenschaft 1977/11).

Burtt, E. A.: The Metaphysical Foundations of Modern Physical Science, 1925.

Caspar, M.: Johannes Kepler, 1948.
Chargaff, E.: Die Schrift ist nicht der Text. Genetik und Evolution (Gesprächsaufzeichnung von J. Dahl in Scheidewege, 1975/1).
Croce, A.: Giordano Bruno, 1970.
Denbigh, K. G.: An Inventive Universe, 1975.
Dessauer, F.: Naturwissenschaftliches Erkennen. Beiträge zur Naturphilosophie, 1958.
Ditfurth, H. v.: Kinder des Weltalls, 1970.
Ditfurth, H. v.: Der Geist fiel nicht vom Himmel, 1976.
Eddington, A. S.: Sterne und Atome, 1958.
Eigen, M., und Winkler, R.: Das Spiel. Naturgesetze steuern den Zufall, 1975.
Elsässer, H.: Probleme der Sternentstehung (Universitas, 1971/3).
Eugster, J.: Die Forschung nach außerirdischem Leben, 1969.
Fechner, G. Th.: Zendavesta oder die Dinge des Himmels und des Jenseits, 5. Aufl. 1922.
Fricke, K: s. Appenzeller, J.
Frisch, K. v.: Aus dem Leben der Bienen, 1953.
Gamow, G.: Die Geburt des Alls, 1959.
Gamow, G.: Die Evolutionstheorie des Universums (Sammlung Wissen und Leben, 1959).
Gerster, G.: Eine Stunde mit...(u. a. Gespräch mit W. Baade), 1956.
Gerwin, R.: Wo sich die Sterne bilden (Bild der Wissenschaft 1978/2.
Glasenapp, H. v.: Die fünf Weltreligionen, 1963.
Gorbovsky, A: Rätselhaftes bei Mensch und Tier (Bild der Wissenschaft 1971/2).
Greenstein, J. L.: Stellar Evolution and the Origin of Chemical Elements (American Scientist, 1961, Vol. 49).
Gurewitsch, L., und Tschernin, A.: Der Werdegang des Weltalls (Ideen des exakten Wissens 1970/8).
Hartmann, N.: Philosophie der Natur – Abriß der speziellen Kategorienlehre, 1950.
Herrmann, J.: Zur Entdeckungsgeschichte der kosmischen Hintergrundstrahlung (Sterne und Weltraum 1977/1).
Herrmann, J.: dtv-Atlas zur Astronomie, 3. Aufl. 1976.
Hoffmann, E.: Nikolaus von Cues, Zwei Vorträge, 1947.
Hoyle, F.: Das grenzenlose All, 1963.
Hoyle, F.: Das »beständige« (steady state) Universum (Sammlung Wissen und Leben, 1959).
Jaspers, K.: Nikolaus Cusanus, 1964.
James, W.: Das pluralistische Universum. Ins Deutsche übertragen 1914.
Jordan, P.: Schöpfung und Geheimnis, 1970.

Kanitscheider, B.: Philosophisch-historische Grundlagen der physikalischen Kosmologie, 1974.
Laptschinski, W.: Vakuum, Materie, Universum (Ideen des exakten Wissens, 1971/5).
Laskowski, W., und Pohlit, W.: Biophysik, 1974.
Littrow, J. J. v.: Die Wunder des Himmels, neubearb. von Stumpff, K., 1963.
Lovell, B.: Weltall, Erde, Mensch (X-Magazin 1970/11).
Lützenkirchen, W.: Leben im Rohzustand. Begann die Evolution schon im All? (Deutsche Zeitung v. 11. Nov. 1977).
Luk, A.: Weltall und Vernunft (Ideen des exakten Wisens 1973/1).
Meyer, A.: Wesen und Geschichte der Theorie vom Mikro- und Makrokosmos, 1900.
Meyers Handbuch über das Weltall, 1973.
Meyer, M. W.: Weltgebäude. Eine gemeinverständliche Himmelskunde, 1908.
Meyer Physik-Lexikon, 1973.
Mirsojan, L. W.: Kosmogonie der Sterne und Galaxien (in: Ambarzumjan, V. A., Probleme der modernen Kosmogonie, 1976).
Monod, J.: Zufall und Notwendigkeit, 1971.
Oparin, A. J.: Das Leben. Seine Natur, Herkunft und Entwicklung, 1963.
Osten-Sacken, P. von der: Die neue Kosmologie. 2. Aufl. 1976.
Ovenden, M. W.: Leben im Weltall? 1961.
Pauli, W.: Der Einfluß archetypischer Vorstellungen auf die Bildung naturwissenschaftlicher Theorien bei Kepler, 1952.
Peuckert, W. E.: Nikolaus Kopernikus, 1943.
Portmann, A.: An den Grenzen des Wissens, 1974.
Portmann, A.: Aufbruch der Lebensforschung, 1965.
Rensch, B.: Das universale Weltbild, 1977.
Sautter, H.: Astrophysik (Uni-Taschenbücher, 1972).
Schatzman, E. L.: Die Grenzen der Unendlichkeit, 1968.
Schklowski, J.: Galaktische Kerne und Quasare (Bild der Wissenschaft 1972/10).
Schmeidler, F.: Alte und moderne Kosmologie, 1962.
Sieber, W.: IAU-Symposion 77. Struktur und Eigenschaft naher Galaxien (Sterne und Weltraum 1977/12).
Steffes, J. P.: Thomas von Aquin und das moderne Weltbild, 1946.
Stegmüller, W.: Hauptströmungen der Gegenwartsphilosophie, 1975.
Sticker, B.: Bau und Bildung des Weltalls, 1967.
Stumpff, K.: s. von Littrow
Stumpff, K.: Astronomie (Das Fischer Lexikon), hrsg. von Voigt, H. H., 1972.

Teilhard de Chardin, P.: Le phénomène humain, deutsche Ausgabe (Der Mensch im Kosmos), 1969.
Unsöld, A.: Der neue Kosmos, 2. Aufl. 1974.
Unsöld, A.: Kosmische Evolution (Naturwissenschaftliche Rundschau, 1975/1).
Verhülsdonk, E.: Das kosmische Abenteuer, 1964.
Vogel, G., und Angermann, H.: dtv-Atlas zur Biologie, 4. Aufl. 1970.
Weigert, A., und Zimmermann, H.: ABC der Astronomie, 4. Aufl., 1974.
Weinberg, St.: Die ersten drei Minuten. Der Ursprung des Universums, 1977.
Weissmantel, C., Lenk, R., Forker, W., Ludloff, R., und Hoppe, J.: Kleine Enzyklopädie Atom. Struktur der Materie, 1970.
Wolf, R.: Geschichte der Astronomie, 1877.
Zigel, F. J.: Quasars und Quasags (Bild der Wissenschaft 1970/11).
Zwicky, F.: Durchmusterung der Himmelsobjekte (Bild der Wissenschaft 1964/3).

REGISTER

Absorptionslinien 158
Alfvén, Hannes 204, 215f., 239, 243, 248, 258
Alpha Centauri 164
Altertum 52
Ambarzumjan, Viktor A. 148, 152, 164, 170f., 175f., 196, 202f.
Ameisensäure 158
Ammoniak 158
Andromedanebel 127f., 139ff., 153, 234f.
Animisten 21
Anomalien 65
Antecedenzzustand 74
Antike 267
Antikollaps 196
Antimaterie 216
Anziehungskraft, s. Gravitation
Apelt, Otto 23
Aquin, Thomas von 53f.
Arecibo (Puerto Rico) 19
Argelander, Friedrich 64
Aristoteles 16, 25, 27, 45, 53f., 58
Arrhenius, Svante 219
Astronomie, Geschichte der 20
Astrophysik, Fortschritte der 60
Atmosphäre 39
Atomphysik 16, 77, 237

Baade, Walter 141, 145, 251
Baer, Karl Ernst von 122
Bailey, V. A. 250
Bakterien 117
Ballons 136
Bardonnet, L. 41
Barnett, Lincoln 61f., 211
Baumgarten, Rudolf von 219
Bauprinzip, atomares 97
Bavink, Bernhard 16
Becker, Wilhelm 138
Bennett, J. G. 41
Benz, Ernst 35, 40
Beobachtungstechniken 11, 49
Bertalanffy, Ludwig von 89, 106f., 225
Bessel, F. W. 56
Beteigeuze (Roter Riese) 66
Bethe/Weizsäckerische These über die atomaren Prozesse im Sterninneren 70, 83, 85
Bewegungsgesetz 58
Bewußtsein 40, 44, 49, 102, 133
–, mystisches 46, 48
Bibel 54
»Big Bang«, s. Urknall
Biologie 209, 266
–, Gesetze der 237
Biophysik 91
»black holes«, s. »Schwarze Löcher«
Boehme 35
Boltzmann, Ludwig 15
Bondi, Sir Hermann 238, 247
Botanik 105
Brahe, Tycho 16
Bruno, Giordano 16, 31ff., 38, 48f., 58, 236, 267
Burckhardt, Carl J. 138
Burtt, E. A. 75

Cäsar, Julius 26
Caspar, Max 30
Centaurus A 187, 194
Chardin, Teilhard de 40, 74
Chargaff, Erwin 94
Charlier, C. V. L. 243
Chemie 133
China 22
Christen 45, 55
Cicero, Marcus 26
Clausius, Rudolf 114
Code, genetischer 101
Computer 86, 101, 124, 206
Cusanus, Nikolaus 14, 16, 28, 33, 35, 45, 52, 55f., 58
Cygnus A 187

Dante Alighieri 44f., 75
Desoxyribonukleinsäure, s. DNS
Dessauer, Friedrich 55, 132
Dichtewellen 154f., 157, 161, 169, 210, 221
Dirac, Paul 247
Ditfurth, Hoimar von 102, 190
DNS 92, 94
DNS-Moleküle 100f.
Doppelgalaxien 189
3 C 123 140, 176, 235
3 C 273 176
»Drei-Grad-Kelvin-Strahlung« 73, 77, 239, 244

Eddington, Sir Arthur 97
Effelsberg/Eifel 88
Eigen, Manfred 112
Einstein, Albert 12, 51, 58–62, 68, 72, 78, 131f., 196, 211, 236, 252, 254, 259, 261, 265f.
Einzeller 219
Eiweiß 98, 101f., 158, 213, 217, 219
Elektra 29
Elektromagnetismus 211, 221
»Elementarprozeß« 192
Elsässer, Hans 150, 158, 167, 176, 217
Energie 113ff., 120, 127, 163, 165ff., 176, 178f., 182, 186f., 191, 193f., 200, 203, 205, 208, 213f., 224, 247, 250, 260, 263
–, Erhaltung der 114, 177, 205f., 243
Energieaustausch 188
Energiebindung 216
Entfernungen, Vergleich der 136
Entropie 111–115, 154, 179, 199ff., 208, 241, 250, 254, 257, 259, 264
»Entwicklungstheorien« 238f.
Eos 22
Erde, Alter der 63
»Erster Hauptsatz der Thermodynamik«, s. Thermodynamik, Gesetze der
Eugster, J. 218
Evolution 101, 179, 219, 235, 241
–, biologische 13, 103
–, Grundprinzip der 176
Ewigkeit 73, 238
»Exakte Wissenschaften«, Anhänger der 20
Exobiologie 16
Expansion, Abbremsung der 256

–, Prinzip der 175
Explosionen 196

Fechner, Gustav Theodor 37, 38ff., 41, 135, 214
Filamente 161
Finalisten 21
Fixsterne 126f., 213, 255
–, Dynamik der 146
–, Erforschung der 150
Fixsternsysteme 135
Fliehkraft 131, 191, 200
Fließgleichgewicht 108, 124, 130, 137, 154, 178, 182, 201, 206, 208, 250f., 253, 256f.
Formaldehyd 158
Fortpflanzung, s. Vermehrung
Friedell, Egon 49
Friedmann 71
Frisch, Karl von 122

»Galaktische Haufen« 227f.
Galaxien, Altersstadien der 181
–, äußerer Stoffwechsel der 182, 192, 196, 203, 207f., 209
–, Bewegungen in den 123
–, Doppelsysteme der 128, 227
–, Dynamik der 144
–, Entstehung der 167, 173, 245f.
–, Erforschung der 63
–, Expansion der 152
–, Fortpflanzung der 258
–, Gleichgewichtszustand der 199f.
–, Gravitationsfelder der 130
–, innere Anziehungskraft der 199
–, innerer Stoffwechsel der 182, 192, 207 f.
–, Lebenskriterien der 264
–, Mehrfachsysteme der 128, 227
–, organische Natur der 223
–, Stoffwechsel der 144, 152, 203
–, Strahlung der 207
–, Stufenbau der 141, 207
–, Vermehrung der 202, 245f.
–, Wachstum der 246
–, Zentrum der 162, 167, 189, 191, 193, 245
Galaxiengruppen 128, 227
Galaxienhaufen 128ff., 229f., 234
Galaxienkern, Aktivität des 196
Galaxiensysteme, Entstehung der 119
Galilei, Galileo 32, 53, 126
Gamow, George 71, 77, 237, 239, 248f., 255
»Ganzheiten«, kosmische 41
Gasmassen, Kondensation der 174
Gasmoleküle, Bewegung der 15
Gaswirbel 84
Gaswolken 86, 188
Geb 22
Geist, Evolution des 102
Genetik 102
Geometrie, euklidische 78
Gerster, Georg 251

Gesetze, biologische 238
Gesetze, biophysikalische 178
–, chemische 265
–, mathematische 25, 256
–, physikalische 75, 163, 166, 174, 176, 178, 192, 205, 237f., 246, 261, 265
Gesetzmäßigkeit, biologische 179
–, physikalisch-chemische 174
»Gezeitenwirkungen« 30, 39, 210
Glanzdorff 115
Gorbowsky, E. 222
Gotenburg 34
Goethe, Johann Wolfgang von 33f., 37, 49, 117, 138
Gott 23, 32 f., 37, 40, 54f., 268
Gravitation 60f., 65, 131, 211f., 220
–, Energie der 224
–, Gesetz der 58
–, Kräfte der 195
»Gravitationsschock« 193f.
Gravitationswellen 197
Greenstein, J. L. 219
Griechen 22f., 29, 74
»Großer Orionnebel« 158
Guyau, Jean Marie 41

Hahn, Otto 63
»Halo« 142, 159, 163, 169, 171, 175, 207
Hartmann, Nicolai 132
Haufen, offene 142, 159, 228
Helios 22
Helium 158
Heliumbrennen 83, 85
Helmholtz, Hermann von 63
Helmont, Franciscus Mercurius 35
Hermann, Joachim 71
Herschel, Wilhelm 16
Hertzsprung-Russel-Diagramm 85
Hesiod 22
Hierarchie, kosmische 125
Höllentrichter 44
Hörbiger, Hanns 50
Hoffmann, Ernst 28
Homer 22
Hoyle, Fred 153, 219, 238, 244f., 247, 250
Hubble, Edwin Powell 88, 127, 251
Humboldt, Alexander von 30
Huygens, Christian 16
Hylotoisten 21

Implosionen 196
Infrarotastronomie 11, 117, 141, 151
Infrarotbereich, Erschließung des 163

James, William 37, 50
Jansky 87
Jaspers, Carl 28, 104
Jesaja 22
»jets« 203, 214, 245, 247
Jondrell Bank (London) 88
Jordan, Pascual 13, 218, 247

Kanitscheider, Bernulf 25, 33
Kant, Immanuel 16, 34, 69f., 104
Kant/Laplacesche Theorie über die Sternenentstehung 201

Kausalität, Gesetze der mechanischen 100
Keimzellen, galaktische 180
Kelvin, Lord 62
Kepler, Johannes 14, 16, 29ff., 35, 38, 45, 52, 79, 135, 214
Kerngebiet, galaktisches 162
Klein, O. 239, 243f.
Koehler, Otto 104
Kohlenstoff 158, 218
»Koinzidenz der Gegensätze« 28
»Kollapsare« 193
Kollapse 196
Kollosionswolken 171
Kondensation 192, 209, 258
Kondensationstheorie 169f., 175, 239
»Kontinuumsquelle« 165, 174, 194, 209, 260
Kontraktion 175
Kopernikus, Nikolaus 29ff., 38, 56, 67, 79, 135, 268f.
Kosmobiologie 118
Kristalle 115
Kühner, Raphael 26
»Kugelhaufen« 142, 159f., 163f., 169, 171, 228
Kybernetik 101

Laplace, Pierre Simon 69f.
Laptschinski, Wladimir 254
Leben, außerirdisches 18, 218
–, Definition des Begriffs 99
–, Entstehung des 101
–, universales 42
Lebenskraft, immaterielle 100
Lebensmerkmale 121f., 212, 232, 236
Lebenstoleranzen 212
Lebewesen, Chemiehaushalt außerirdischer 217
Lehre, neuplatonische 29
Leibniz, Gottfried Wilhelm 33
Lemaître, Georges 71, 73, 239
Littow 162, 215
Logik 45, 95
»Lokale Gruppe« 227
Lovell, Sir Bernhard 67, 215, 242
Luk, A. 220
»L'Univers-organisme« 41
Lynds 203

M 13 19
M 51 188
M 82 203
M 87 188, 203
Maffei I 139
Magellansche Wolken 128, 140
Magnetfelder 153, 155, 161, 187f., 214, 221
Makrokosmos 22, 26, 32, 34, 41, 63, 75, 95, 97f., 117, 121, 212, 242
Marssonden 16
Massenverdichtung 256
Materie, intergallaktische 157, 160, 167, 185, 246ff., 255, 260
–, Neuschöpfung von 90
Materieaustausch 188
Materiebrücken 189f., 192, 204, 210, 247
Materiewolken 166

Max-Planck-Institut für Astronomie 155
McCrea 238
McDonald-Observatorium 66
Mehrfachgalaxien 128, 189
»Metagalaxien« 243
Metaphysik 28, 33, 53
Methylalkohol 158
»Metrisches Sein« 132
Meyer, Max Wilhelm 11, 57, 81
Mikrokosmos 23, 26, 28, 34f., 41, 95, 97, 117, 212, 242
Mikroorganismen 117
Milchstraße, s. Galaxie
Milton, John 75
Minkowski, Hermann 59
Mirsojan, L. W. 137, 203, 259
Mittelalter 25, 27f., 46, 52, 267
Molekularbiologie 104
Mondlandung 56
Mondsystem 126
Monod, Jacques 94, 101
Mount Hopkins (Arizona) 137
Mount-Palomar-Observatorium 141
Mount-Wilson-Observatorium 62

Narlikar, J. V. 244f., 250
Naturgesetze 17
–, Gleichheit der 31
–, Universalität der 48
Nebel 64, 127, 129
–, elliptische 140
–, linsenförmige 140
–, unregelmäßige 140
Neon 158
Neuplatoniker 27, 45
Neutronensterne, s. Pulsare
Newton 35, 48, 56, 58, 60
Newtonsche Gesetze 211
»Nichts« 178, 186, 193, 240
»Nova« 85, 146
Novae, Explosionen der 162, 176, 214
Novalis 75
Nullzeit 73
Nut 22

Offenbarung 54
Oparin, A. J. 145, 210
Organismus, allgemeine Definition des 109
–, kosmischer 222, 257
–, physikalische Beschreibung des 109
–, Stoffwechsel des 109
Osmose, Gesetze der 93
Osten-Sacken, Peter von der 142, 170f., 176, 204, 209, 214, 218, 240
Ovenden, M. W. 217f.

Panpsychisten 21, 33
»Panspermie-Hypothese« 219
Pantheismus 33, 54
Paracelsus 33f., 35f.
Pflug, Hans-Dieter 219
Planck, Max 58
Planeten 126
Plasma 184f., 188, 213, 215, 219, 260
Platon 13, 16, 23, 25, 33, 44f., 268

Plotin 27
Population I/II,
s. Sternpopulationen
Portmann, Adolf 95, 117, 138, 213, 235
»Positionsastronomie« 51, 56
Prigogine 115
Primärstrahlung, kosmische 147
Protein, s. Eiweiß
»Protogalaxien« 168
Protosterne 228, 249
Protosternwolke 215
Protozoen 117
Ptolemäus 45, 54
Pulsare 65, 85, 87, 131, 146f., 172, 193, 214
Purgatoriumsberg 44

»Quarks« 242
Quasare 172ff., 176f., 204f., 208, 214, 246f., 249, 258

Radioastronomie 11, 87, 117, 141, 151, 158, 160
Radiogalaxien 87, 140, 165, 171, 187, 194, 235
Radioquasare 204
Radioquellen 164, 204
Radiostrahlung 87, 170, 172f., 187
Radioteleskop 18f., 66, 87, 163, 194, 234, 260
Radiowellen 204
Rasensprengerprinzip 171, 175
Raumfahrt 17, 56
Raumkrümmung 211f., 236
Raum-Zeit-Kontinuum,
vierdimensionales 59f., 131, 236f.
Reaktion, thermonukleare 83
Relativitätstheorie, Allgemeine 12, 51f., 60f., 68, 211, 236, 244, 252
–, Spezielle 58, 132
Religion 22, 43, 52
Rensch, Bernhard 93
Riemann, Bernhard 59
Riesengalaxien 140, 172, 175, 182, 187
Riesenteleskop 137
Röntgenastronomie 11, 117, 141, 151, 206, 261
Röntgen-Hintergrundstrahlung 129
Röntgenstrahlung 186
Rotation 131, 140, 143, 148, 152f., 155ff., 159, 166, 168f., 191, 209, 229
–, Geschwindigkeit der 169, 209
–, Ordnungsfunktion der 156
–, Ursachen der 157
»Roter Riese« 83ff., 145
Rotverschiebung 251
»Rückstoßeffekt« 228

Sagittarius A 164
Samos, Aristarch von 29
Sandage, A. 172, 203
Sandford, Maxwell 66
Satelliten 163, 194
Sauerstoff 158, 218
Sautter, Helmut 189, 204
Schatzmann, E. L. 128, 169, 259
»Scheibenpopulation« 159

Schelling, Friedrich-Wilhelm 14, 36f., 45
Schklowski, Josif 224
Schleiermacher, Friedrich Ernst Daniel 14, 36
Schöpfung, Sinn der 55
Schöpfungsmodell, kosmisches 249
Schu (Luftraum) 22
»Schwarze Löcher« 193f., 195ff., 214, 260
»Schwarzer Zwerg« 83
Schwerkraft 93, 148, 150, 168, 170, 176, 189, 193, 200, 210f., 212, 214, 247
Schwerkraftanziehung 255f.
Schwerkraftwellen, Messung der 261
»Sein des Objekts« 132
Selene 22
Seyfert, C. K. 87, 165
»Seyfert-Galaxien« 165, 173, 188
»Seyfert-Sextett« 189, 204
Silicium 218
Sirius 22
»Sky and Telescope« (Zeitschrift) 188
Sonden 118, 126
Sonne, Alter der 63
Sonnenstrahlung 70, 77
Sonnensystem 69, 164
»Sonnenwind« 131, 187
Sophokles 29
»Spacelab« 151, 184
Spektralanalyse 51, 141, 184, 218
Spektrallinien 48
Spektraluntersuchungen, s. Spektralanalyse
Sphärentheorie, Aristotelische 31
Spiegelteleskope 123
Spinoza, Baruch 33
Spiralarme 153f., 161, 171, 189
Spiralnebel 140f., 182, 188f.
Staubwolken 86
»Steady State Theory« 238, 240, 247
Steffes, J. P. 54
Stegmüller, Wolfgang 68, 89, 221
»Stephans-Quintett« 189, 204
Sterne, Gravitation der 154
Sterngeschwindigkeiten 163
Sternhaufen 12, 139, 143, 181, 203, 214, 229, 234, 255
Sternmaterie, Zusammensetzung der 51
Sternpopulationen 141f., 159, 171, 181
Stickstoff 158, 218
Stoffwechsel 93, 113, 120, 124, 178, 190f., 199, 206, 210, 220, 229, 241, 253f., 256f.
Stoiker 26f.
Strahlung 168, 176f.
–, elektromagnetische 186
–, kosmische, bzw. ultraviolette 186f., 214f., 219
Stufenfolge 243
Stumpff, Karl 158
Supergalaxien 128, 227
»Supernova« 85, 146f., 192, 199
Supernovae, Explosion der 131f., 162, 165, 170, 176, 214

Swedenborg, Emanuel von 34 ff.
System, geozentrisches 67
–, geschlossenes 111, 186
–, heliozentrisches 67
–, hierarchisches 250
–, isoliertes 111, 186, 244, 249
–, offenes 107 f., 110 f., 113, 120, 137, 144, 182, 186, 192, 197, 207, 241, 244 f., 249 f., 253, 257, 259, 263

Temperatur 213 ff., 218 f.
Thales von Milet 211
Theosophie 41
Thermodynamik 177
–, Gesetze der 114 f., 201, 206
–, irreversible 115
Thomisten 54
»Timaios« 23, 44, 268
Trismegistros 29

Ultraschallstrahlung, kosmische 217
Ultraviolettstrahlung 186
Universum, Alter des 12, 234
–, anorganisches 237
–, Bauprinzip des 63, 127, 158, 224, 231 f.
–, Endlichkeit des 61, 236, 265
–, Entstehung des 69, 232, 240, 245, 253
–, euklidisches 61
–, Expansion des 71, 73, 88 f., 130, 168, 180, 229, 238 f., 251 f., 254 f., 257, 259 f., 263
–, Formenwandel des 89
–, Geometrie des 261
–, Größe des 97
–, »Homogenität« des 259
–, »Isotropie« des 259
–, Lebensmerkmale des 263
–, Massenverdichtung im 264
–, organisches 237 f., 241, 243, 247, 254, 256, 260, 265–269
–, Realzeit des 132
–, Rohstoff des 185
–, Stufenbau des 131, 133, 234
–, Unendlichkeit des 236
–, »Wärmetod« des 112, 200
–, Wiederzusammenziehung des 257 f.
Unsöld, A. 173
»Uratom« 71 ff., 90, 150, 166, 172, 232
Urexplosion 72, 77, 239 f., 250
Urgalaxien 170, 172
Urkern 248 f.
»Urknall« 73, 89, 118, 144, 150, 163, 168, 180, 192, 200, 224, 228, 239, 241, 244, 247 ff., 252, 255
Urknalltheorie 10, 71, 73, 77, 90, 166, 168, 171, 180, 240, 248
Urkörper 239 f.
Urmaterie 180
–, Herkunft der 224
Urnebel 70
»Urphänomen« 138
»Urpneuma« 26
»Urquelle« 228

Ursünde 54
Urwolke 228

Vakuum 185
»Verdichtungstheorie« 171, 174f., 179, 192, 228
Verhülsdonk, Eduard 122f.
Vermehrung 116, 182, 256, 258, 260
Vermehrungsfähigkeit 110, 120
Viallet 40
Viren 105, 118
Virgohaufen 129, 131, 187f.
Vitalisten 21
Vorkörper 204ff., 214, 228, 247, 249, 258
»Vorkörpertheorie« 171–175, 179, 192, 202, 209, 228, 239f., 245, 258

Wachstum 175, 180, 206, 235, 253, 256, 266
Wasser 158
Wasserstoff 158, 218
Wasserstoffbrennen 83, 85
Wasserstoffwolken 188
Weber, J. 197
Weinberg, Steven 248
»Weißer Zwerg« 83ff., 145
Weizsäcker, Carl Friedrich von 70, 83
Wellen, elektromagnetische 187
Weltall, s. Universum
Weltbild, kopernikanisches 78
»Welteistheorie« 50
»Weltformel« 212
»Weltgebäude« 11
»Weltinseln« 127, 139
Weltmaterie 253
Weltmodelle 9, 74, 207, 235, 247, 254, 259, 265
Weyl, Hermann 60
Whitehead, Alfred North 104
Wickramasinghe, Chandra 219
Wirbelsturm 115
Woronzow-Weljaminow 204

»Zeitlupeneffekt« 151, 180, 189, 196, 221
Zeitmaß, endogenes 123
Zellen 106, 108, 113, 125, 157, 160, 210, 215f., 221, 233, 242
Zellforschung 92
Zellstrukturen 106
Zellvorgänge 105
Zentrifugalkraft 169
Zigel, F. J. 173, 196
»Zweiter Hauptsatz der Thermodynamik«, s. Thermodynamik, Gesetze der
Zwerggalaxien 128, 140, 175, 182, 204
Zwicky, Fritz 129, 183, 189, 228

Luis E. Navia

Das Abenteuer Universum

Der Weg zur kosmischen Gesellschaft

304 Seiten, 20 Fotos, 10 Zeichnungen, gebunden

Ein Buch über die Mysterien des Weltalls, die Entstehung von Sternen und Planeten, die Entwicklung des Lebens auf der Erde und ähnliche Entwicklungen im Weltraum. Ein Buch über das wachsende kosmische Bewußtsein durch Technik und Raumfahrt, über die Möglichkeiten des Menschen, seine Isolation zu durchbrechen.

Unsere Wiege steht im Kosmos

Das Weltbild einst und heute

256 Seiten, gebunden

»Der Autor belegt mit wissenschaftlicher Akribie exakt die allen frühen Hochkulturen gemeinsame Vorstellung von menschenähnlichen Göttern und überrascht mit erstaunlichen Schlußfolgerungen.«

Das neue Zeitalter

»Beim Lesen des Buches ist viel Platz für eine eigene Meinung, und man sollte sich auch nicht ohne einschlägige Vorkenntnisse an die Lektüre wagen. Navia bleibt immer auf dem Boden der Wissenschaft und wagt sich nie an allzukühne Behauptungen.«

Tagespost, Graz

Joachim Rehork

Der Jüngste Tag blieb aus

Untergang und Neubeginn in der Geschichte

428 Seiten, 8 Seiten Bildteil, 4 Karten, gebunden

»In zehn Kapiteln zeigt Joachim Rehork, warum es Katastrophen in der Geschichte gab, aber der oft prophezeite Weltuntergang nicht stattfand. Er schildert den Untergang der minoischen Kultur, den Ausbruch des Krakatau, das Massada-Massaker in Israel, die gewaltige Umschichtung des Matriarchats zum Patriarchat, die Pestkatastrophen des Mittelalters, den Untergang von Atlantis, Troja und Pompeji, die Vernichtung von Hiroshima. Er weist nach, warum solche Katastrophen zu keinem ›Jüngsten Tag‹ wurden und warum schon häufig Prognosen eines Weltunterganges gestellt wurden, die nie eintrafen. Der Autor verknüpft in diesem weiträumig und fundiert angelegten Buch Untergänge und Ursachen, Neubeginn und Hoffnungen zu einem neuen, spannend zu lesenden Aspekt unserer Geschichte.«

Südwest Presse

»Ein hochinteressantes Buch. Nüchtern und anregend lesbar geschrieben, gut ausgestattet, instruktiv bebildert, von fundierter Bildung getragen.«

Die Welt

Felix R. Paturi

Zeugen der Vorzeit

Auf den Spuren europäischer Vergangenheit

344 Seiten, 205 Abbildungen, 5 Karten, gebunden

»Wer sich für Menhire und Nuraghen, Felsbilder und Sonnentempel interessiert, wer sich beweisen lassen möchte, daß Europas Vorgeschichte hochinteressant sein kann, wenn sie lebendig geschildert wird, der wird sich mit diesem gründlich erarbeiteten, zugleich mit leichter Hand geschriebenen Buch nachhaltig befreunden.«

Westermanns Monatshefte

»Das Buch liest sich wie ein Abenteuerroman: Abenteuer Archäologie, wer sich ihr verschrieben hat, kommt nicht mehr davon los. Wie lebten unsere Vorfahren? Paturi gibt Antworten.«

Recklinghäuser Zeitung